Zu diesem Buch

Dieses Skriptum enthält den Lehrstoi der Vorlesungen über Regelungstechnik, die der Verfasser an der Fachhochschule Hamburg im Fachbereich Elektrotechnik im 4. - 7. Semester hält. Es wendet sich vorzugsweise an Studenten der Elektrotechnik.

Die Kenntnis mathematischer und elektrotechnischer Grundlagen wird vorausgesetzt, wie sie in der Regel für die Vorprüfung erforderlich sind. Für das Selbststudium wird zur Vorbereitung Band 7 dieser Reihe (P. Vaske, Übertragungsverhalten elektrischer Netzwerke) empfohlen. Das Buch eignet sich auch für Elektroingenieure in der Praxis, die ihre theoretischen Kenntnisse vertiefen wollen.

Regelungstechnik

Von Dipl.-Phys. Tjark Ebel

Professor an der
Fachhochschule Hamburg

5., überarbeitete
und erweiterte Auflage
Mit 106 Bildern und 40 Beispielen

B. G. Teubner Stuttgart 1987

Prof. Dipl.-Phys. Tjark Ebel

1927 in Hamburg geboren. 1947 bis 1952 Physikstudium an der Universität Hamburg. 1953 bis 1958 Entwicklungsingenieur im Zentrallaboratorium der Siemens und Halske AG in München und bei LM Ericsson in Darmstadt. Seit 1958 Dozent an der Fachhochschule Hamburg. Seit 1970 Leiter des Labors für elektrische Regelungstechnik an der Fachhochschule Hamburg.

CIP-Kurztitelaufnahme der Deutschen Bibliothek

Ebel, Tjark:
Regelungstechnik / von Tjark Ebel. - 5., überarb. u. erw. Aufl. - Stuttgart : Teubner, 1987.
(Teubner-Studienskripten ; 57 : Elektrotechnik)
ISBN 3-519-40057-X

NE: GT

Printed in Germany
Gesamtherstellung: Druckhaus Beltz, Hemsbach/Bergstraße
Umschlaggestaltung: W. Koch, Sindelfingen

Vorwort

Das vorliegende Skriptum ist eine Niederschrift der Vorlesungen "Lineare Regelungstechnik", "Nichtlineare Regelungstechnik" und "Digitale Regelungstechnik", die an der FH Hamburg für Studenten der Elektrotechnik mit Schwerpunkt Regelungstechnik im 4. bis 7. Semester gehalten werden. Für Studenten anderer Schwerpunkte ist es (bei Fortfall der Hauptabschnitte 7 und 8) ebenfalls geeignet. Vorausgesetzt werden Grundkenntnisse in der Elektrotechnik (Gleich- und Wechselstromtechnik, Ortskurven, Schwingkreise, Anfangskenntnisse über elektrische Maschinen und Verstärker), ferner sollte Band 7 dieser Reihe (P. Vaske: Das Übertragungsverhalten elektrischer Netzwerke, s. Nr. [1] im Literaturverzeichnis) bekannt sein. Auf dieses Buch wird an mehreren Stellen verwiesen.

Die Theorie der Laplace-Transformation sollte dem Leser vertraut sein. Um ihre Anwendung zu erleichtern, befindet sich im Anhang eine ausführliche Korrespondenztabelle. Für die komplexe Kreisfrequenz wird das Formelzeichen s benutzt. (Das Zeichen p hat in der einschlägigen Literatur nicht überall die gleiche Bedeutung.) Um Verwechselungen zu vermeiden, wird die Zeiteinheit Sekunde mit sec abgekürzt.

Vom Einfachen zum Schwierigen fortfahrend wird das Verhalten linearer Regelkreise in den ersten sechs Hauptabschnitten dargestellt. Besonderes Gewicht wird dabei auf Stabilitätsuntersuchungen und die Dimensionierung von Reglern nach Bode-Diagrammen (Abschn. 4) gelegt. Im Hauptabschnitt 7 wird auf die wichtigsten Methoden (Linearisierung, Zustandskurven, Harmonische Balance) zur Untersuchung nichtlinearer Regelkreise eingegangen. Der letzte Hauptabschnitt soll einen Einblick in die Probleme der Abtasttechnik, wie sie insbesondere in Regelkreisen mit digitalen Reglern auftreten, vermitteln. In 34 Beispielen wird der dargebotene Stoff veranschaulicht.

Symbole und Formelzeichen richten sich in erster Linie nach DIN 19226. Abweichend werden die Zeichen r (statt R) für den Regelfaktor und K_o (statt V_o) für die Kreisverstärkung verwendet, um Verwechselungen mit dem Wirkwiderstand bzw. mit dem Volumen zu vermeiden. Ferner werden DIN 1304 und für die Bezeichnungen der Einheiten DIN 1301 beachtet. Für veränderliche Größen werden Kleinbuchstaben, für konstante Größen Großbuchstaben (ausgenommen, wenn für beide bereits verschiedene Bedeutungen festgelegt sind) verwendet. Um Zahlenwerte der linearen und der logarithmischen (Dezibel-) Skala in Beziehung zu setzen, werden die Zeichen $\hat{=}$ (entsprechend), $\hat{\leqq}$ (kleiner oder gleich entsprechend) und $\hat{\geqq}$ (größer oder gleich entsprechend) benutzt. In allen elektrischen Schaltungen wird das Verbraucher-Zählpfeil-System verwendet. Alle Gleichungen sind Größengleichungen.

Aus technischen Gründen lassen sich die Bode-Diagramme nur mit geringer Genauigkeit wiedergeben. Dem Leser sei daher empfohlen, die Kurven auf sog. halblogarithmischen Papier (Teilung der Abszissenachse in 4 Dekaden) nachzuzeichnen. Die in den Beispielen angegebenen Werte sind auf drei Stellen bzw. auf 0,1 dB genau berechnet. Nur im letzten Hauptabschnitt ist eine höhere Genauigkeit erforderlich, weil in den Endergebnissen häufig die kleinen Differenzen größerer Werte gebildet werden müssen.

Die folgenden Auflagen wurden jeweils der Entwicklung angepaßt, übersichtlicher gestaltet und durch den achten Hauptabschnitt (Abtastregelungen) erweitert.

Hamburg, im Dezember 1986 Tjark Ebel

Inhalt

Verzeichnis der Beispiele

1. Einführung

1.1 Begriffe

Unter einer Regelung versteht man einen Vorgang, bei dem der vorgegebene Wert einer physikalischen Größe fortlaufend durch Eingriffe auf Grund von Messungen dieser Größe hergestellt und aufrechterhalten wird.

Der Zusatz: "auf Grund von Messungen dieser Größe" ist wesentlich. In vielen Fällen läßt sich der vorgegebene Wert zumindest näherungsweise auch auf Grund von Messungen anderer Größen und Berücksichtigung ihrer Einflüsse aufrechterhalten. Man spricht dann von Steuerung.

Die Heizung eines Zimmers werde beispielsweise in Abhängigkeit von der Außentemperatur ein- bzw. ausgeschaltet. Auf Grund von Erfahrungen ist bekannt, wie stark bei der jeweiligen Außentemperatur zu heizen ist. Diese Erfahrungen sind in einem "Programm" gespeichert (Bild 1).

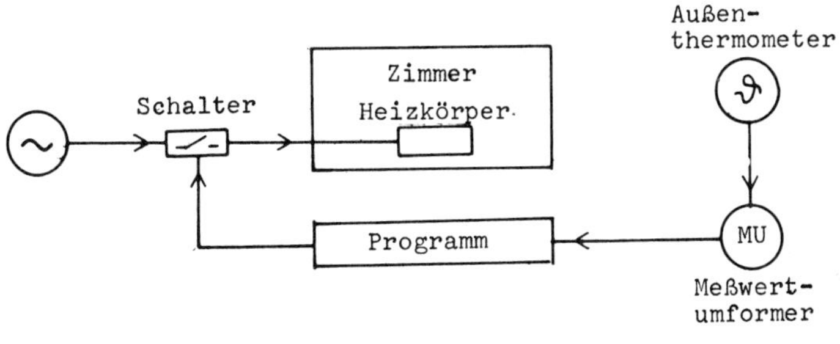

Bild 1 Beispiel für eine Steuerkette

Da die zu beeinflussende Größe, die Zimmertemperatur, nicht gemessen wird, kann es sich hier auch nicht um eine Regelung handeln. Hier wird vielmehr die Innentemperatur in Abhängigkeit von der Außentemperatur gesteuert. Da die Zimmerheizung nicht auf die Außentemperatur wirkt, ist die Wirkungskette offen (offene Steuerkette).

Schaltet man die Heizung nicht in Abhängigkeit von der Außen-, sondern von der Innentemperatur, so geht die Anordnung in eine Regelung über (Bild 2).

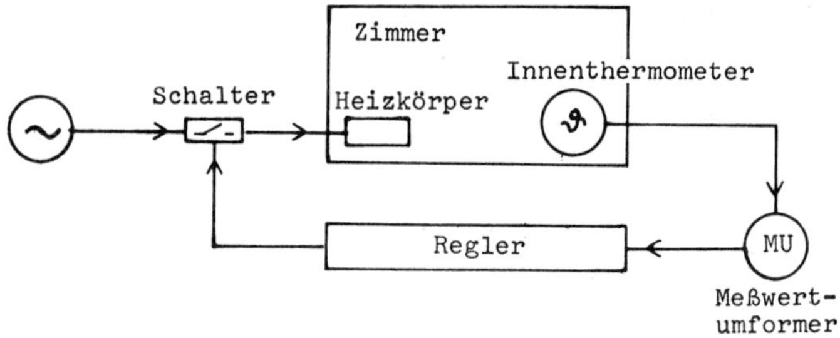

Bild 2 Beispiel für eine Regelung

In diesem Fall bildet die Wirkungskette einen geschlossenen Kreis (Regelkreis). Wir erkennen als wichtiges Merkmal einer Regelung:

Der Wirkungsablauf einer Regelung ist geschlossen.

Ferner ist uns schon bekannt:

Die zu regelnde Größe muß stets gemessen werden.

Der so gewonnene Meßwert muß dann mit dem vorgegebenen Wert, der Führungsgröße (oder Sollwert), verglichen werden:

Bei jeder Regelung muß ein Sollwert-Istwert-Vergleich durchgeführt werden.

Die Regelung hat gegenüber der Steuerung erhebliche Vorteile: Eine Steuerung berücksichtigt im allgemeinen nur den Einfluß einer einzigen oder einiger Störgrößen. So wird im Beispiel von Bild 1 nur die Wirkung der Außentemperatur, nicht aber der Einfluß eines geöffneten Fensters oder einer geöffneten Tür berücksichtigt; eine Regelung wirkt dagegen jeder Störung entgegen. Zudem kann das bei der Steuerung vorgesehene "Pro-

Originalfunktion	Bildfunktion
$\delta(t)$ Einheitsimpuls	1
$1(t)$ Einheitssprung	$\frac{1}{p}$
t	$\frac{1}{p^2}$
t^n	$\frac{n!}{p^{n+1}}$
$\frac{1}{(n-1)!} \cdot t^{n-1}$	$\frac{1}{p^n}$
e^{-at}	$\frac{1}{p+a}$
$t \cdot e^{-at}$	$\frac{1}{(p+a)^2}$
$t^n \cdot e^{-at}$	$\frac{n!}{(p+a)^{n+1}}$
$\frac{1}{(n-1)!} \cdot t^{n-1} \cdot e^{-at}$	$\frac{1}{(p+a)^n}$
$\frac{1}{a} \cdot \sin at$	$\frac{1}{p^2+a^2}$
$\frac{1}{a} \cdot \sinh at$	$\frac{1}{p^2-a^2}$
$\cos at$	$\frac{p}{p^2+a^2}$
$\cosh at$	$\frac{p}{p^2-a^2}$
$\frac{1}{a} \cdot e^{-bt} \cdot \sin at$	$\frac{1}{(p+b)^2+a^2}$
$e^{-bt} \cdot \cos at$	$\frac{p+b}{(p+b)^2+a^2}$
$\frac{1}{\omega_n\sqrt{1-\zeta^2}} \cdot e^{-\zeta\omega_n t} \cdot \sin(\omega_n\sqrt{1-\zeta^2} \cdot t)$	$\frac{1}{p^2+2\zeta\omega_n p+\omega_n^2}$ $\zeta<1$
$\frac{1}{\sqrt{1-\zeta^2}} \cdot e^{-\zeta\omega_n t} \cdot \sin(\omega_n\sqrt{1-\zeta^2} \cdot t+\varphi)$ $\varphi = \arctan\frac{\sqrt{1-\zeta^2}}{-\zeta}$	$\frac{p}{p^2+2\zeta\omega_n p+\omega_n^2}$ $\zeta<1$

Tabelle 3: Korrespondenzen der Laplace-Transformation

gramm" sehr kompliziert werden und muß genau arbeiten. Es läßt sich nur auf Grund von Untersuchungen erstellen, die in jedem Einzelfall erneut vorgenommen werden müssen. An den Regler vom Bild 2 werden geringere Anforderungen gestellt. Oft genügen ein Sollwert-Istwert-Vergleich und eine anschließende Leistungsverstärkung.

Doch auch eine Steuerung hat ihre Vorteile: Sie kann meist erheblich schneller auf Störungen reagieren. Sinkt im Beispiel von Bild 1 die Außentemperatur ab, so greift die Steuerung bereits ein, bevor sich die Störung auf die Innentemperatur ausgewirkt hat. Das ist bei der Regelung nicht ohne besondere Maßnahmen möglich (s. Abschn. 6).

Geregelt werden können nur physikalische Größen (z. B. Spannung, Leistung, Umdrehungsfrequenz (Drehzahl), Lagewinkel, Temperatur). Die zu regelnde Größe heißt <u>Regelgröße</u> x. Sie wird am <u>Regelort</u> (oder <u>Meßort</u>) gemessen. Die Regelgröße (in diesem Zusammenhang auch <u>Istwert</u> genannt) wird mit der <u>Führungsgröße</u> w (auch <u>Sollwert</u> genannt) durch Differenzbildung verglichen. Die Differenz

$$x_w = x - w \tag{1}$$

heißt <u>Regelabweichung</u>. Ihr Negativwert

$$x_d = -x_w = w - x \tag{2}$$

wird als <u>Regeldifferenz</u> bezeichnet.

Gl. (2) enthält eine Vorzeichenumkehr; sie ist im Regelkreis stets nötig, um eine <u>Gegenkopplung</u> und dadurch eine Gegenwirkung gegen die auftretenden Störungen zu erzielen.

Die Regeldifferenz x_d ist die Eingangsgröße des <u>Regelverstärkers</u>. Seine Ausgangsgröße ist die <u>Stellgröße</u> y, die am <u>Stellort</u> auf das <u>Stellglied</u> einwirkt. Zwischen Stellglied und Regelort liegt die <u>Regelstrecke</u>, die vom Stellglied beeinflußt wird und deren Ausgangsgröße die Regelgröße ist.
Der Sollwert-Istwert-Vergleich wird im <u>Vergleicher</u> durchge-

führt. Der Regler besteht aus Vergleicher und Regelverstärker. Alle Geräte mit Ausnahme der Regelstrecke bilden zusammen die Regeleinrichtung.

Auf Regelstrecke und Regeleinrichtung wirken verschiedene Störgrößen z ein. Es ist die Aufgabe der Regelung, den Einfluß dieser Störgrößen möglichst auszuschalten. Die Stelle, an der eine bestimmte Störung eingreift, heißt Störort.

Außerdem benutzen wir die Zeichen x_e für Eingangsgröße und x_a für Ausgangsgröße, sofern nach den vorangegangenen Definitionen keine anderen Bezeichnungen gewählt werden müssen.

Im Beispiel von Bild 2 besteht die Regelstrecke aus Heizkörper und Zimmer, die Regelgröße ist die Zimmertemperatur, als Regelverstärker genügt ein Leistungsverstärker, der den Schalter betätigt, der als Stellglied dient. Hinzu kommt ein Meßfühler (hier ein Thermometer, z.B. Widerstandsthermometer) und ein Meßwertumformer (z.B. eine Meßbrücke), der den Meßwert in eine für den Regelverstärker geeignete Eingangsgröße (z.B. Spannung) umsetzt.

In diesem Beispiel kann das Stellglied nur zwei Zustände (Ein-Aus) einnehmen. Wir sprechen hier von einer Zweipunktregelung. Zweipunktregler - oder allgemein Mehrpunktregler - sind einfach in Aufbau und Wirkungsweise, doch ist ihre theoretische Behandlung schwieriger. Aus diesem Grunde wenden wir uns zunächst den analog arbeitenden Regeleinrichtungen zu, bei denen die Stellgröße (zwischen gewissen Grenzwerten) jeden Wert annehmen kann.

1.2 Wirkungsplan

Zur Veranschaulichung der physikalischen Zusammenhänge in Geräten und Anlagen hat sich die Darstellung in Wirkungsplänen als zweckmäßig erwiesen. Diese Methode wird in [1], Abschn. 2.2 entwickelt. Es genügt daher, die wichtigsten Elemente der Wirkungspläne kurz wiederzugeben.

Rechteckige Blöcke geben Gerätefunktionen oder auch mathematische Zusammenhänge wieder. Die einzelnen Blöcke werden durch Wirkungslinien verbunden (Bild 3). Diese sind stets gerichtet, die Richtung wird durch Pfeile angegeben. Entsprechend gibt es keine Rückwirkungen über die Wirkungslinien, ebenso werden die Blöcke als rückwirkungsfrei angenommen. Tatsächlich vorhandene Rückwirkungen sind daher stets durch besondere Wirkungslinien darzustellen.

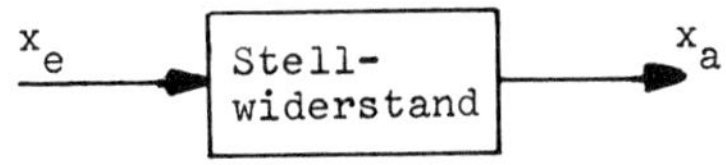

Bild 3 Darstellung einer Gerätefunktion im Wirkungsplan

Ein Punkt bezeichnet eine Verzweigungsstelle. In ihr wird eine Wirkungslinie in mehrere aufgespalten; das Signal wird dabei in jede Richtung unverändert weitergegeben (Bild 4a).

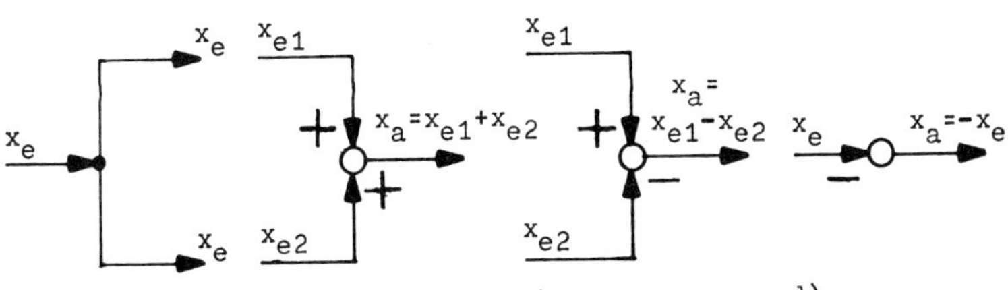

Bild 4 Verzweigungsstelle (a), Additionsstelle (b und c) sowie Vorzeichenumkehr (d)

Eine Additionsstelle wird durch einen offenen Kreis dargestellt (Bild 4b und 4c). Die Signale aller Eingänge werden addiert bzw. subtrahiert, wenn rechts neben der Pfeilspitze (in Pfeilrichtung gesehen) ein Minuszeichen steht. Eine Additionsstelle kann beliebig viele Eingangssignale, aber stets nur ein Ausgangssignal haben. Das positive Vorzeichen neben der Pfeilspitze kann auch fehlen. Eine Vorzeichenumkehr wird ebenfalls durch einen Kreis dargestellt, der jedoch nur einen

Eingangspfeil hat. In Pfeilrichtung rechts neben der Pfeilspitze muß das Minuszeichen stehen (Bild 4d).

Beispiel 1: Es soll der **Wirkungsplan** eines belasteten Spannungsteilers (Bild 5a) aufgestellt werden. Dieser **Wirkungsplan** soll die Wirkung des Laststromes i_L auf die Ausgangsspannung u_a wiedergeben.

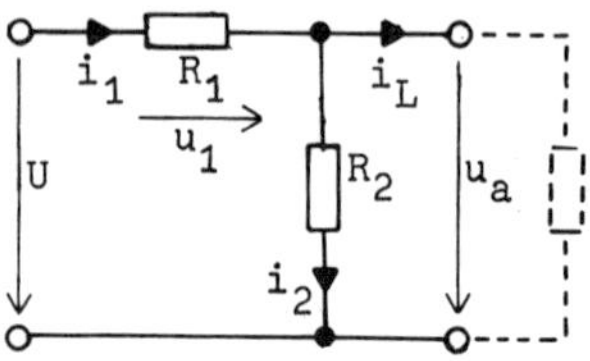

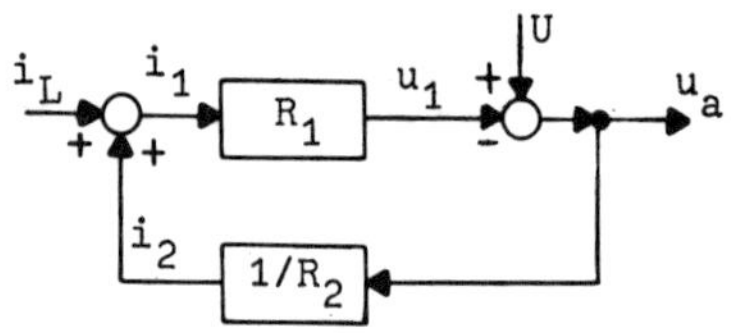

Bild 5 Belasteter Spannungsteiler (a) und dazugehöriger **Wirkungsplan** (b)

Aus Bild 5a lassen sich die Beziehungen

$$i_1 = i_2 + i_L \qquad u_a = U - u_1 \qquad u_1 = R_1 i_1 \qquad i_2 = \frac{u_a}{R_2}$$

herleiten. Die beiden ersten Gleichungen werden im Wirkungsplan von Bild 5b durch Additionsstellen dargestellt, die beiden anderen als Blöcke. Es handelt sich um Übertragungsglieder, bei denen die Ausgangsgröße der Eingangsgröße proportional ist (sog. Proportionalglieder oder P-Glieder). Ihre Übertragungsbeiwerte R_1 und $1/R_2$ werden (vorläufig) in die Blöcke geschrieben (Bild 5b).

2. Lineare Regelkreise

Ein Regelkreis ist linear, wenn er nur aus linearen Übertragungsgliedern besteht. Ein Übertragungsglied ist linear, wenn seine Ausgangsgröße eine lineare Funktion der Eingangsgröße ist. Es spielt dabei keine Rolle, ob diese Funktion durch eine algebraische Gleichung oder eine Differentialgleichung beschrieben wird.

Für lineare Regelkreise und Übertragungsglieder gilt das Überlagerungsprinzip:

> Hat das Eingangssignal x_{e1} das Ausgangssignal x_{a1} zur Folge und das Eingangssignal x_{e2} das Ausgangssignal x_{a2}, so hat das Eingangssignal $x_{e1} \pm x_{e2}$ das Ausgangssignal $x_{a1} \pm x_{a2}$ zur Folge.

Aus dem Überlagerungsprinzip folgt, daß eine Vervielfachung des Eingangssignales die gleiche Vervielfachung des Ausgangssignales zur Folge hat, so daß beliebig große Ausgangssignale möglich sind. Da es kein Gerät gibt, das diese Forderung erfüllt, kann es in der Praxis kein streng lineares Verhalten geben. Lineare Übertragungsglieder verhalten sich nur linear, solange Eingangs- und Ausgangsgrößen innerhalb bestimmter Grenzen bleiben.

Von jedem Regelkreis ist zu fordern, daß er stabil ist, d.h. daß er nach dem Auftreten jeder Störung wieder einem stationären Zustand zustrebt, in dem alle physikalischen Größen zeitlich konstant sind. Dieser stationäre Zustand ist einer der möglichen Zustände des Regelkreises; durch eine Störung kann dieser in einen anderen Zustand übergehen. Bei linearen Regelkreisen ist es meistens einfacher, die Größen des neuen Zustandes nicht für sich, sondern als Abweichungen vom alten zu berechnen. Nach dem Überlagerungsprinzip folgen diese Abweichungen denselben Gleichungen wie die Gesamtsignale.

Um den Unterschied zwischen Gesamtsignalen und Abweichungen

deutlich zu machen, verabreden wir:

Große Buchstaben (z.B. X) bezeichnen zeitlich konstante Größen bzw. einen stationären Zustand.

Kleine Buchstaben (z.B. x) geben den tatsächlichen Wert (Gesamtwert) einer Größe zur Zeit t, den sogenannten Augenblickswert, an. Sie sind daher stets Zeitfunktionen.

Ein großes Delta vor einem kleinen Buchstaben (z.B. Δx) bezeichnet die Abweichung vom stationären Zustand. Diese Abweichungen sind ebenfalls Zeitfunktionen. Es gilt

$$x = X + \Delta x \qquad \text{usw.} \tag{3}$$

Bei der Untersuchung von Regelkreisen unterscheiden wir das statische und das dynamische Verhalten. Das statische Verhalten beschreibt den stationären Zustand und seine Veränderung unter dem Einfluß von stationären Störgrößen. Die dynamischen Eigenschaften sind dagegen für die Einschwingvorgänge beim Übergang von einem stationären Zustand zum anderen verantwortlich.

2.1 Statisches Verhalten von Regelkreisen

Zur Untersuchung des statischen Verhaltens denken wir uns einen möglichst einfachen, idealisierten Regelkreis, in dem keine Einschwingvorgänge auftreten. Ein derartiger dynamisch idealer Regelkreis ist in Bild 6 dargestellt. Beide Blöcke seien Proportionalglieder; der obere bildet die Regelstrecke mit dem Übertragungsbeiwert (Streckenverstärkung) K_S, der untere den Regelverstärker mit dem Beiwert K_R. Der Sollwert-Istwert-Vergleich findet in der Additions-

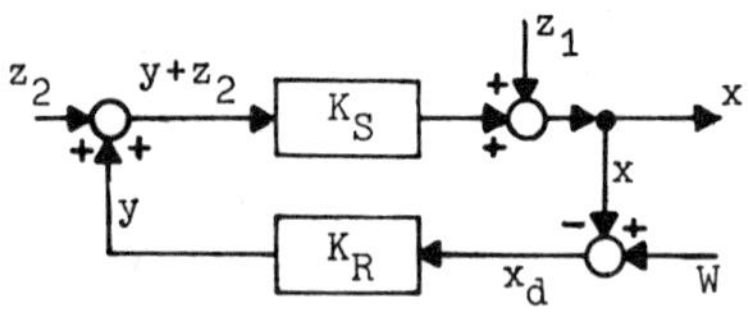

Bild 6 **Wirkungsplan eines** idealisierten Regelkreises

stelle rechts unten statt; hier wird die Regeldifferenz x_d nach Gl. (2) aus Führungsgröße w und Regelgröße x gebildet. Ferner greifen zwei Störgrößen ein: z_1 am Ausgang und z_2 am Eingang der Regelstrecke.

Wir gehen davon aus, daß beide Störgrößen zunächst null sind; der stationäre Zustand habe sich eingestellt. Setzt nun die Störung z_1 ein, so ändere sich die Regelgröße x um Δx_1, dann ändert sich die Regeldifferenz x_d um $-\Delta x_1$. Diese Änderung wird im Regelverstärker auf $\Delta y_1 = -K_R \Delta x_1$ verstärkt und verändert die Ausgangsgröße x der Strecke um $\Delta x = K_S \Delta y_1 = -K_S K_R \Delta x_1$. In der oberen Additionsstelle addiert sich die Störgröße z_1 hinzu, dadurch entsteht

$$\Delta x_1 = z_1 - K_S K_R \Delta x_1$$

Daraus folgt

$$\Delta x_1 = \frac{z_1}{1 + K_S K_R} \tag{4}$$

Nach dem Überlagerungsprinzip dürfen wir die Wirkungen der beiden Störungen getrennt untersuchen; die gesamte Wirkung ist dann die Summe der einzelnen Wirkungen. Um den Einfluß der Störgröße z_2 zu ermitteln, dürfen wir also davon ausgehen, daß zunächst beide Störgrößen verschwinden und dann z_2 einsetzt. Dadurch ändere sich die Regelgröße x um Δx_2, so daß sich die Stellgröße y um $\Delta y_2 = -K_R \Delta x_2$ und die Eingangsgröße der Strecke sich um $z_2 + \Delta y_2 = z_2 - K_R \Delta x_2$ ändert. Dieser Wert wird in der Regelstrecke auf

$$\Delta x_2 = K_S (z_2 - K_R \Delta x_2)$$

verstärkt, und wir erhalten

$$\Delta x_2 = \frac{K_S z_2}{1 + K_S K_R} \tag{5}$$

Wäre keine Regelung vorhanden ($K_R = 0$), so würde die Störung z_1 voll am Ausgang erscheinen, während z_2 mit dem Beiwert K_S multipliziert würde. Somit lassen sich Gl. (4) und (5) so interpretieren:

Durch die Regelung wird die Wirkung jeder Störung durch Multiplikation mit dem <u>Regelfaktor</u>

$$r = \frac{1}{1 + K_o} \qquad r < 1 \tag{6}$$

verkleinert. K_o bedeutet hier das Produkt $K_S K_R$. Sind im Regelkreis weitere Übertragungsglieder vorhanden, so sind ihre Übertragungsbeiwerte ebenfalls zu berücksichtigen. Allgemein ist K_o das Produkt aller Übertragungsbeiwerte im Regelkreis und wird als <u>Kreisverstärkung</u> bezeichnet.

Die Bedeutung des Regelfaktors läßt sich auch mit der folgenden Regel beschreiben:

> Der Regelfaktor ist das Verhältnis der Wirkung einer Störung mit Regelung zur Wirkung derselben Störung ohne Regelung.

Diese Regel gibt über das Verhalten dynamisch idealer Regelkreise vollständig Auskunft; bei anderen Regelungen gilt sie nur für das statische Verhalten (d.i. das Verhalten für $t \to \infty$). Sie gilt ferner nur bei stationären Störungen und läßt sich nur bei Regelkreisen anwenden, die sich ausschließlich aus <u>stabilen Übertragungsgliedern</u> zusammensetzen.

Nach Gl. (6) ist der Regelfaktor r um so kleiner und damit die Regelung um so besser, je größer die Kreisverstärkung K_o ist. Da diese jedoch stets endlich ist, kann der Regelfaktor r nicht zu null werden; wir haben eine <u>bleibende Regelabweichung</u>. Es gilt daher der Satz:

> <u>Regelungen, die nur mit stabilen Übertragungsgliedern arbeiten, haben stets bleibende Regelabweichungen</u>.

<u>Beispiel 2</u>: Elektronische Spannungsregelung

Bild 7 zeigt das Schaltbild einer elektronischen Spannungsregelung. In dieser Schaltung verlaufen die Einschwingvorgänge so schnell, daß sie für die meisten Anwendungen ohne Bedeutung sind. Wir können die Regelung daher als dynamisch ideal ansehen.

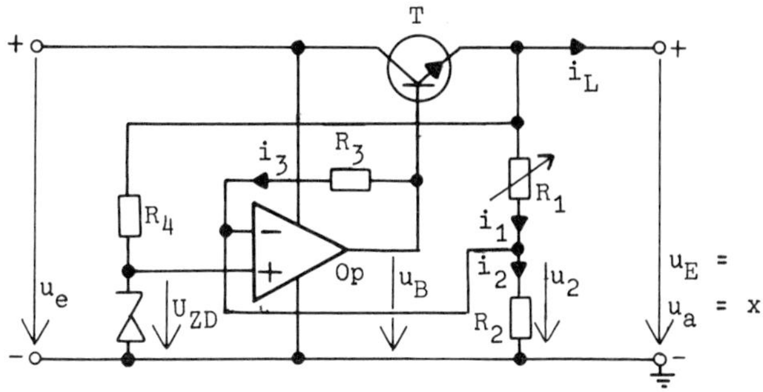

Bild 7 Schaltbild der elektronischen Spannungsregelung

Links an den Klemmen im Bild 7 liegt die ungeregelte Gleichspannung u_e ; an den rechten Klemmen soll die geregelte Gleichspannung u_a = x (Regelgröße) erscheinen. Diese muß immer kleiner sein als u_e , weil eine Teilspannung am npn-Transistor T abfallen muß. Dieser soll über den Operationsverstärker Op so gesteuert werden, daß sich die richtige Ausgangsspannung u_a einstellt. Vermindert sich diese unter dem Einfluß einer Störgröße (z.B. durch Belastung), so wird dadurch auch die Teilspannung u_2 am Widerstand R_2 kleiner. Da diese am negierenden Eingang (Minuseingang) des Operationsverstärkers Op liegt, vergrößert sich (erheblich verstärkt) seine Ausgangsspannung u_B , die Basisspannung des Transistors T . Dieser öffnet sich weiter und wirkt dadurch der Störung entgegen.

Der Operationsverstärker hat eine sehr hohe Gleichspannungsverstärkung. Soll seine Ausgangsspannung im Rahmen der anderen in der Schaltung vorkommenden Spannungen liegen, muß seine Eingangsspannung (zwischen den beiden Eingängen gemessen) vernachlässigbar klein sein; das bedeutet, daß die Spannung u_2 näherungsweise gleich der Spannung U_{ZD} der Zenerdiode ist. Wegen des hochohmigen Einganges des Operationsverstärkers ist außerdem sein Eingangsstrom zu vernachlässigen. Mit diesen Vereinfachungen erhält man die Gleichung

$$i_1 + i_3 = i_2$$

und daraus

$$\frac{u_a - U_{ZD}}{R_1} + \frac{u_B - U_{ZD}}{R_3} = \frac{U_{ZD}}{R_2}$$

oder nach einfacher Umformung

$$u_B = (1 + \frac{R_3}{R_2})U_{ZD} + \frac{R_3}{R_1}(U_{ZD} - u_a)$$

Der Transistor T arbeitet in Kollektorschaltung. Seine Basis-Emitterspannung im Leerlauf sei U_{BEo} ; sie kann näherungsweise als konstant angesehen werden. Am Emitter liegt dann im Leerlauf gegen Masse die Spannung $u_{ao} = u_B - U_{BEo}$. Der Innenwiderstand der Kollektorstufe ist gleich dem Reziprokwert der Steilheit S . Somit ergibt sich eine Verminderung der Ausgangsspannung um den Wert i_L/S als Folge des Laststromes i_L .

Der Widerstand R_1 (s. Bild 7) ist als Stellwiderstand vor-

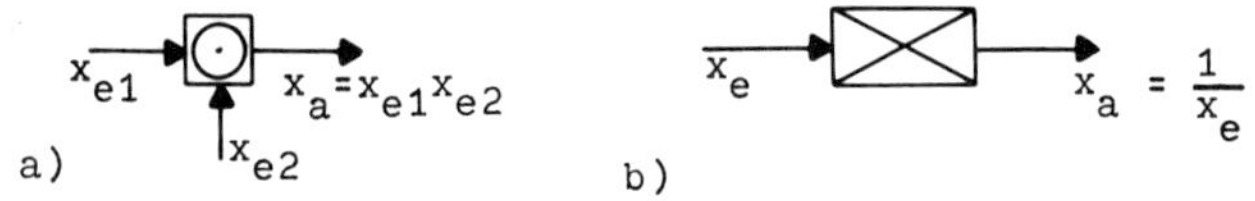

Bild 8 Multiplizierglied (a) und Inversion (b)

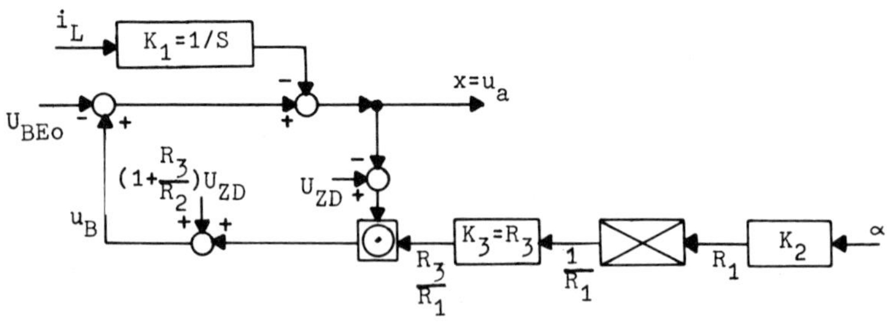

Bild 9 Wirkungsplan der elektronischen Spannungsregelung

gesehen; er übernimmt die Aufgabe eines Sollwertstellers, weil die von der Zenerdiode gelieferte Vergleichsspannung U_{ZD} nicht veränderbar ist. Wird R_1 als Drehpotentiometer ausgeführt, so ist sein eingestellter Widerstandswert proportional zum Verdrehungswinkel α

$$R_1 = K_2\alpha$$

Diese Zusammenhänge werden im Wirkungsplan von Bild 9 dargestellt. Dabei treten zwei uns bisher nicht bekannte Blöcke auf: Das Multiplizierglied (Bild 8a) und die Inversion (Bild 8b).

Der Sollwert-Istwert-Vergleich erscheint in diesem Wirkungsplan auf zwei Additionsstellen vor und hinter dem Multiplizierglied verteilt. Auf diese Weise ist es möglich, mit nur einem Multiplizierglied auszukommen. Der Einfluß des Laststromes i_L ist die wichtigste Störgröße; sie greift mit $- K_1 i_L$ (wobei $K_1 = 1/S$) am Ausgang der Strecke ein.

Multiplizierglied und Inversion sind nichtlineare Glieder. Trotzdem kann dieser Wirkungsplan weitgehend wie ein linearer behandelt werden. Von beiden nichtlinearen Gliedern liegt nur das Multiplizierglied im Regelkreis, und solange der Sollwertsteller nicht verstellt wird, ist die Eingangsgröße R_3/R_1 des Multipliziergliedes eine Konstante; dieses Glied wirkt dann wie ein Proportionalglied mit dem Beiwert R_3/R_1. Da alle anderen Blöcke nicht innerhalb des Regelkreises liegen, ergibt sich als Kreisverstärkung

$$K_o = R_3/R_1$$

und als Regelfaktor $$r = \frac{1}{1 + R_3/R_1} = \frac{R_1}{R_1 + R_3}$$

Um einen kleinen Regelfaktor zu erzielen, muß $R_3 \gg R_1$ gewählt werden. Als Störung z_1 gemäß Bild 6 ist nicht der Laststrom i_L selbst, sondern seine Auswirkung auf den Ausgang der Regelstrecke zu verstehen. Nach dem Wirkungsplan von Bild 9 ist demnach $z_1 = - i_L/S$ zu setzen. Die Regelung bewirkt, daß diese Spannungsänderung mit dem Regelfaktor $r < 1$ multipliziert wird; sie beträgt somit

$$\Delta x_1 = \Delta u_{a1} = - r i_L / S$$

Durch Division durch den Laststrom i_L erhält man als Innenwiderstand der geregelten Spannungsquelle

$$R_i = - \frac{\Delta u_{a1}}{i_L} = \frac{R_1}{S(R_1 + R_3)}$$

Als weitere Störung wirkt eine Schwankung der Eingangsspannung u_e. Weil jedoch der Transistor T einen hohen Innenwiderstand im Kollektor hat, greift diese Störung nur in geringem Umfang durch; die dadurch am Ausgang auftretende kleine Spannungsschwankung wird dann außerdem noch ausgeregelt, d.h. sie erscheint mit dem Regelfaktor multipliziert.

2.2 Dynamisches Verhalten von Regelkreisen

Nach dem Auftreten einer Störung führen die meisten Regelkreise mehr oder weniger ausgeprägte Einschwingvorgänge aus, bis ein neuer stationärer Zustand erreicht ist. Die Kenntnis dieser Einschwingvorgänge ist wichtig, weil sie zu großen, wenn auch vorübergehenden Regelabweichungen führen können. Zudem besteht die Möglichkeit, daß der Regelkreis instabil ist, also keinem neuen stationären Zustand zustrebt. Instabilität läßt sich nur aus den dynamischen Eigenschaften erkennen.

Dynamische Vorgänge werden von Differentialgleichungen beschrieben; es ist daher nötig, die Differentialgleichung des Regelkreises aufzustellen. Da dieser meist zu kompliziert ist, um ihn mit einem Blick zu übersehen, muß man zunächst die Differentialgleichungen der einzelnen Übertragungsglieder aufstellen und aus ihnen die Differentialgleichung des gesamten Regelkreises ermitteln.

Jedes Übertragungsglied hat einen Eingang und einen Ausgang; Eingangsgröße x_e und Ausgangsgröße x_a sind Zeitfunktionen. Die Eingangsfunktion $x_e(t)$ kann beliebig gewählt werden; die Ausgangsfunktion $x_a(t)$ ergibt sich dann auf Grund der Eigenschaften des Übertragungsgliedes. Zur Ermittlung dieser Eigenschaften verwendet man bestimmte Testfunktionen als Eingangsfunktionen $x_e(t)$. Die wichtigste Testfunktion ist die Sprungerregung

$$x_e(t) = X_{eo}\varepsilon(t) \qquad (7)$$

Die Konstante X_{eo} ist die Sprunghöhe, während $\varepsilon(t)$ als Einheitssprungerregung bezeichnet wird. Sie ist definiert durch

$$\varepsilon(t) = \begin{cases} 0 & \text{für } t < 0 \\ 1 & \text{für } t \geq 0 \end{cases} \qquad (8)$$

und ist in Bild 10a dargestellt.

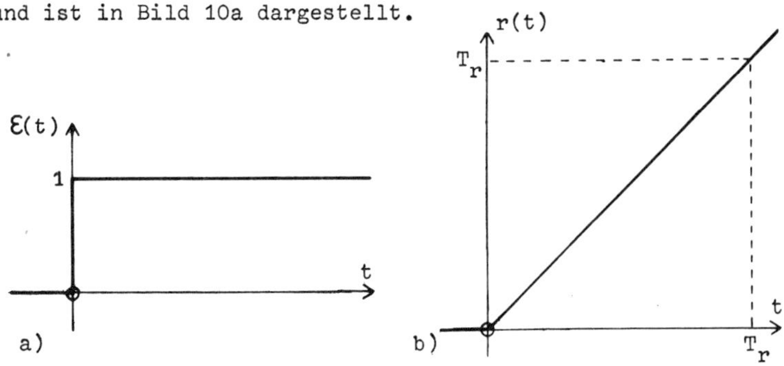

Bild 10 Einheitssprungerregung $\varepsilon(t)$ (a) und Einheitsanstiegserregung $r(t)$ (b)

Liegt am Eingang eines Übertragungsgliedes die Sprungerregung, so erscheint als Ausgangsfunktion $x_a(t)$ die Sprungantwort. Dividiert man diese durch die Sprunghöhe X_{eo}, so erhält man die Übergangsfunktion

$$h(t) = \frac{x_a(t)}{X_{eo}} \qquad \text{(wenn } x_a(t) \text{ Sprungantwort)} \qquad (9)$$

Weitere wichtige Testfunktionen sind die Anstiegserregung und die Impulserregung. Die Anstiegserregung ist definiert durch

$$x_e(t) = \frac{X_{eo}}{T_r}\, r(t) \tag{10}$$

wo T_r die <u>Anstiegszeit</u> (d.i. die Zeit, in der $x_e(t)$ von 0 auf X_{eo} ansteigt) ist und die <u>Einheitsanstiegserregung</u> $r(t)$ durch

$$r(t) = \begin{cases} 0 & \text{für } t < 0 \\ t & \text{für } t \geqq 0 \end{cases} \tag{11}$$

gegeben ist (Bild 10 b). Sie ist gleich dem Zeitintegral der Einheitssprungerregung $\varepsilon(t)$.

Die Impulserregung ist dem Differentialquotienten der Sprungerregung proportional. Sie wird dargestellt durch

$$x_e(t) = X_{eo} T_\delta\, \delta(t) \tag{12}$$

wo T_δ die <u>Impulszeit</u> und $\delta(t)$ die <u>Einheitsimpulserregung</u> (auch <u>Deltafunktion</u> genannt) sind. $\delta(t)$ ist eine Funktion, die für alle Zeiten $t \neq 0$ stets null ist und für $t = 0$ in der Weise unendlich wird, daß das Integral

$$\int_{-T}^{+T} \delta(t)\,dt = 1 \tag{13}$$

ist. Dabei ist T eine beliebige Zeit > 0. Von dieser Zeit hängt der Wert des Integrales nicht ab, weil für $t \neq 0$ $\delta(t) = 0$ ist. (Vergl. auch [1], Abschn. 1.2)

Eine Anstiegserregung am Eingang eines Übertragungsgliedes hat die <u>Anstiegsantwort</u> am Ausgang zur Folge, eine Impulserregung die <u>Impulsantwort</u>.

2.3 Laplace-Transformation und Übertragungsfunktion

Das Verhalten eines linearen Übertragungsgliedes wird von einer <u>linearen Differentialgleichung</u> der Form

$$\begin{aligned} a_o x_a(t) + a_1 \frac{dx_a(t)}{dt} + a_2 \frac{d^2 x_a(t)}{dt^2} + \dots + a_n \frac{d^n x_a(t)}{dt^n} &= \\ = b_o x_e(t) + b_1 \frac{dx_e(t)}{dt} + b_2 \frac{d^2 x_e(t)}{dt^2} + \dots + b_m \frac{d^m x_e(t)}{dt^m} & \end{aligned} \tag{14}$$

mit konstanten Koeffizienten $a_o \dots a_n$, $b_o \dots b_m$ beschrieben. Diese Gleichung läßt sich am einfachsten mittels Laplace-Transformation (s. [1], Abschn. 4.4) lösen. Bei der Transformation in den Bildbereich geht Gl. (14) über in die algebraische Gleichung

$$(a_o + a_1 s + \dots + a_n s^n) x_a(s) = (b_o + b_1 s + \dots + b_m s^m) x_e(s) \qquad (15)$$

Dabei ist

$$s = \delta + j\omega \qquad (16)$$

die komplexe Kreisfrequenz; $x_e(s) = \mathcal{L}(x_e(t))$ und $x_a(s) = \mathcal{L}(x_a(t))$ sind die Laplace-Transformierten der Zeitfunktionen $x_e(t)$ und $x_a(t)$. Um Verwechselungen mit konstanten Größen zu vermeiden, verwenden wir (abweichend von der Norm) auch im Bildbereich kleine Buchstaben. Wenn die Unterscheidung zwischen Originalbereich und Bildbereich notwendig ist, muß die unabhängige Variable (t bzw. s) angegeben werden.

Aus Gl. (15) ergibt sich durch Division die Übertragungsfunktion F(s) (s. [1], Abschn. 2)

$$F(s) = \frac{x_a(s)}{x_e(s)} = \frac{b_o + b_1 s + \dots + b_m s^m}{a_o + a_1 s + \dots + a_n s^n} \qquad (17)$$

Aus den Übertragungsfunktionen der einzelnen Übertragungsglieder läßt sich nach den Zusammensetzungsregeln die Übertragungsfunktion des gesamten Regelkreises ermitteln (s. [1], Abschn. 2.2.2). Die Regeln seien hier noch einmal zusammengestellt.

Bei der Kettenschaltung zweier Übertragungsglieder (Bild 11a)

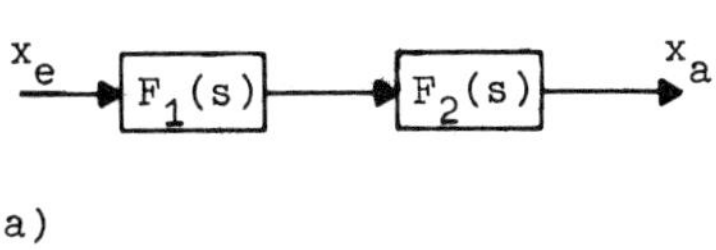

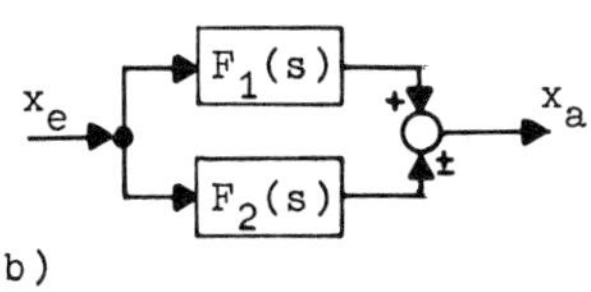

Bild 11 Kettenschaltung (a) und Parallelschaltung (b)

multiplizieren sich die Übertragungsfunktionen miteinander

$$F(s) = F_1(s)F_2(s) \tag{18}$$

Bei der Parallelschaltung (Bild 11 b) addieren bzw. subtrahieren sich die Übertragungsfunktionen nach Maßgabe der Vorzeichen an der Additionsstelle

$$F(s) = F_1(s) \pm F_2(s) \tag{19}$$

Bei der Rückführung (Bild 12) gilt die Rückführungsregel

$$F(s) = \frac{F_1(s)}{1 \pm F_1(s)F_2(s)} \tag{20}$$

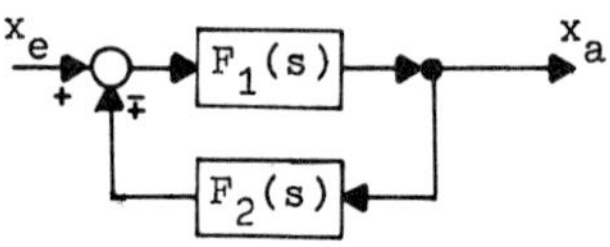

Bild 12 Rückführung

Dabei ist im Nenner das entgegengesetzte Vorzeichen wie an der Additionsstelle im Bild 12 zu setzen.

Bei mehrfacher Vorzeichenumkehr im Kreis gilt:

Bei ungerader Anzahl der Vorzeichenwechsel im Kreis (d.h. bei Gegenkopplung) steht im Nenner der Rückführungsregel das Pluszeichen, bei gerader Zahl (Mitkopplung) das Minuszeichen.

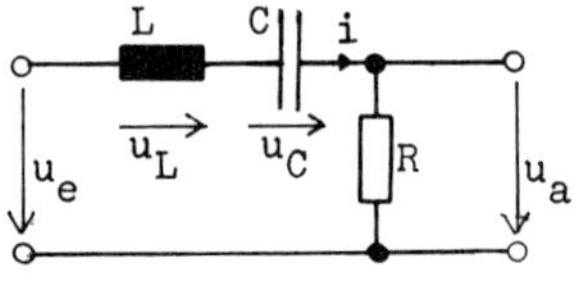

Bild 13 Schaltbild eines Serienschwingkreises

Beispiel 3: Es soll die Übertragungsfunktion des Serienschwingkreises von Bild 13 aufgestellt werden. Eingangsgröße ist die Eingangsspannung u_e, Ausgangsgröße die Ausgangsspannung u_a. Wir stellen zunächst den **Wirkungsplan** auf (s. Bild 14). Aus der Ausgangsspannung $u_a(s)$ ergibt sich durch Multiplikation mit $F_1(s) = 1/R$ der Strom $i(s)$, aus dem man durch Multiplikation mit den Übertragungsfunktionen $F_2(s) = 1/Cs$ und $F_3(s) = Ls$ die Teilspannungen $u_C(s)$ und $u_L(s)$ erhält.

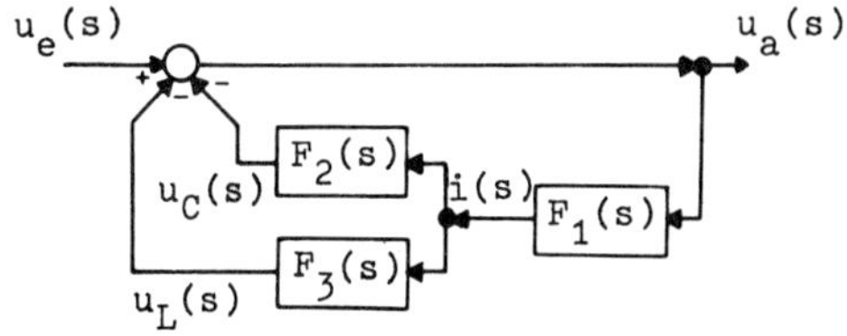

Bild 14 **Wirkungsplan zu Bild 13**

Die Parallelschaltung der Blöcke F_2 und F_3 ergibt dann nach Gl. (19) die Übertragungsfunktion

$$F_{23}(s) = Ls + \frac{1}{Cs}$$

und daraus durch Kettenschaltung mit F_1 nach Gl. (18)

$$F_{123}(s) = \frac{1}{R}(Ls + \frac{1}{Cs})$$

Nach Gl. (20) folgt dann

$$F(s) = \frac{u_a(s)}{u_e(s)} = \frac{1}{1 + F_{123}(s)} = \frac{1}{1 + \frac{1}{R}(Ls + \frac{1}{Cs})} = \frac{RCs}{1 + RCs + LCs^2}$$

2.4 Die wichtigsten linearen Übertragungsglieder

Wir finden eine Zusammenstellung einfacher linearer Übertragungsglieder in [1] , Abschn. 3.2.2. Die wichtigsten von ihnen sind noch einmal in der Tabelle 1 auf Seite 30 aufgeführt. In der letzten Spalte ist für jedes Übertragungsglied ein Symbol (**nach** DIN 19226) angegeben. Dieses Symbol ist eine vereinfachte Darstellung der jeweiligen Übergangsfunktion und wird in den betreffenden Block gezeichnet. Der Typ des Übertragungsgliedes ist damit festgelegt, die Übertragungsbeiwerte und Zeitkonstanten werden über den Block gesetzt. Soweit möglich soll von jetzt an die Symboldarstellung verwendet werden.

Aus den elementaren Übertragungsgliedern (Proportional-, Integrier-, Differenzier- und Totzeitglied) lassen sich alle anderen durch Ketten- und Parallelschaltung sowie Rückführung zusammensetzen. Bei Kettenschaltungen werden die Typbe-

Tabelle 1 Die wichtigsten linearen Übertragungsglieder

Typ	Bezeichnung	Übertragungsfunktion	Symbol
P	Proportional-glied	$F(s) = K_P$	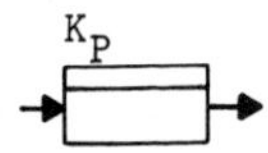
I	Integrier-glied	$F(s) = K_I/s$	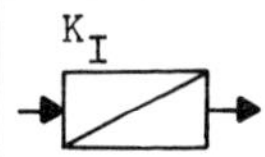
D	Differenzier-glied	$F(s) = K_D s$	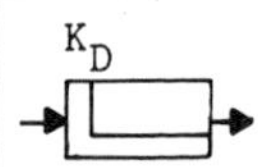
$P\text{-}T_1$	Verzögerungs-glied 1. Ordnung	$F(s) = \frac{K_P}{1 + Ts}$	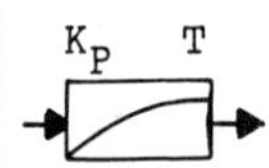
$D\text{-}T_1$		$F(s) = \frac{K_D s}{1 + Ts}$	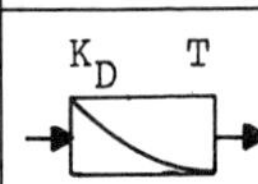
$P\text{-}T_2$	Verzögerungs-glied 2. Ordnung	$F(s) = \frac{K_P}{1 + 2\vartheta\frac{s}{\omega_o} + (\frac{s}{\omega_o})^2}$	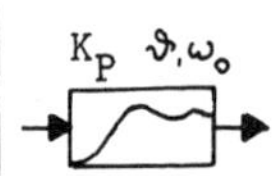
$D\text{-}T_2$		$F(s) = \frac{K_D s}{1 + 2\vartheta\frac{s}{\omega_o} + (\frac{s}{\omega_o})^2}$	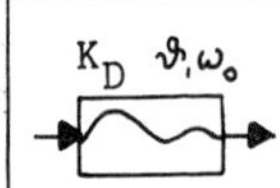
$P\text{-}T_t$	Totzeitglied	$F(s) = K_P e^{-T_t s}$	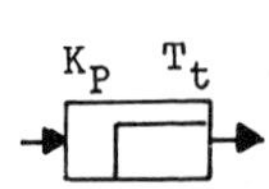

zeichnungen durch Bindestrich verbunden. Dabei entfällt das Zeichen P- (für Proportionalverhalten) bei Kettenschaltung mit einem I-Glied (Integrierglied) oder D-Glied (Differenzierglied), weil diese Übertragungsglieder dabei nicht ihren Charakter, sondern nur ihre Übertragungsbeiwerte ändern. So bedeutet $D\text{-}T_1$ die Kettenschaltung eines D-Gliedes mit einem $P\text{-}T_1$-Glied (Verzögerungsglied 1. Ordnung).

Bei der Parallelschaltung treten die Typbezeichnungen ohne Bindestrich nebeneinander; PI bedeutet z.B. die Parallelschaltung eines P-Gliedes mit einem I-Glied.

Beispiel 4: Welches Verhalten hat die Schaltung nach Bild 15, wenn die Eingangsgröße die Eingangsspannung u_e und die Ausgangsgröße die Ausgangsspannung u_a ist?

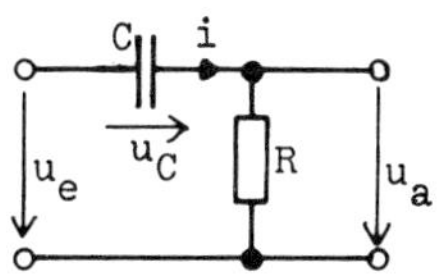

Bild 15 Kapazitiv-ohmscher Spannungsteiler

Nach [1], Abschn. 2.1.2 , kann man als Gesamtscheinwiderstand der Schaltung $R + 1/Cs$ ansetzen. Dann fließt der Strom

$$i(s) = \frac{u_e(s)}{R + \frac{1}{Cs}} = u_e(s)\frac{Cs}{1 + RCs}$$

Damit wird die Ausgangsspannung

$$u_a(s) = u_e(s)\,\frac{RCs}{1 + RCs}$$

und man erhält die Übertragungsfunktion

$$F(s) = \frac{RCs}{1 + RCs} = \frac{Ts}{1 + Ts} \quad \text{mit} \quad T = RC$$

Sie läßt sich in ein Produkt aus $F_1(s) = Ts$ (D-Verhalten) und $F_2(s) = 1/(1 + Ts)$ ($P\text{-}T_1$-Verhalten) zerlegen; die Schaltung von Bild 15 hat somit $D\text{-}T_1$-Verhalten.

Man erhält die Sprungantwort, wenn man als Eingangsspannung $u_e(t)$ die Sprungerregung $U_{eo}\varepsilon(t)$ wählt. Nach Laplace-Korrespondenz Nr. 3 (s. Korrespondenztabelle im Anhang) folgt

$u_e(s) = U_{eo}/s$ und daraus

$$u_a(s) = F(s)\, u_e(s) = \frac{U_{eo}T}{1 + Ts}$$

Nach Korrespondenz 10 ergibt sich daraus die Zeitfunktion

$$u_a(t) = U_{eo}e^{-t/T}$$

die in Bild 16 dargestellt ist.

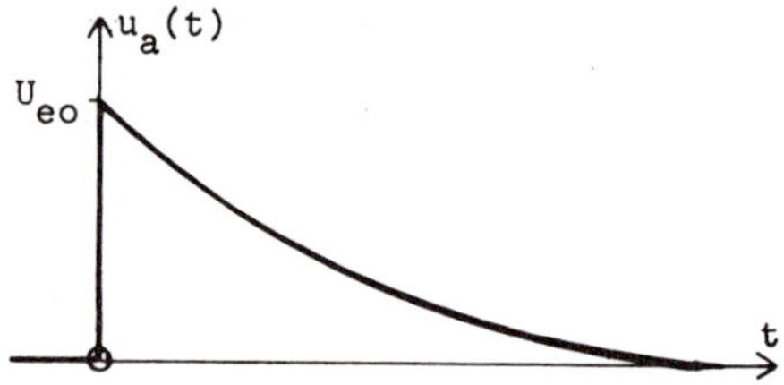

Bild 16 Sprungantwort der Schaltung von Bild 15 (D-T_1-Verhalten)

2.5 Vermaschte Wirkungspläne

Bei komplizierteren Wirkungsplänen reicht die Anwendung der Gl. (18), (19) und (20) nicht mehr aus, um die Übertragungsfunktion aufzustellen. Das ist insbesondere der Fall, wenn die einzelnen Schleifen ineinandergreifen und sich daher nicht mehr ohne weiteres voneinander trennen lassen. Wir sprechen dann von einem vermaschten Wirkungsplan. Im Bild 17 sind einige Regeln zusammengestellt, mit denen ein vermaschter Wirkungsplan so umgeformt werden kann, daß die Aufstellung der Übertragungsfunktion mit Hilfe der Gl. (18), (19) und (20) wieder möglich ist. Ein Beispiel soll die Anwendung erläutern.

Beispiel 5: Der Wirkungsplan von Bild 18 ist so umzuformen, daß die Übertragungsfunktion nach den Zusammensetzungsregeln vom Abschn. 2.3 aufgestellt werden kann.

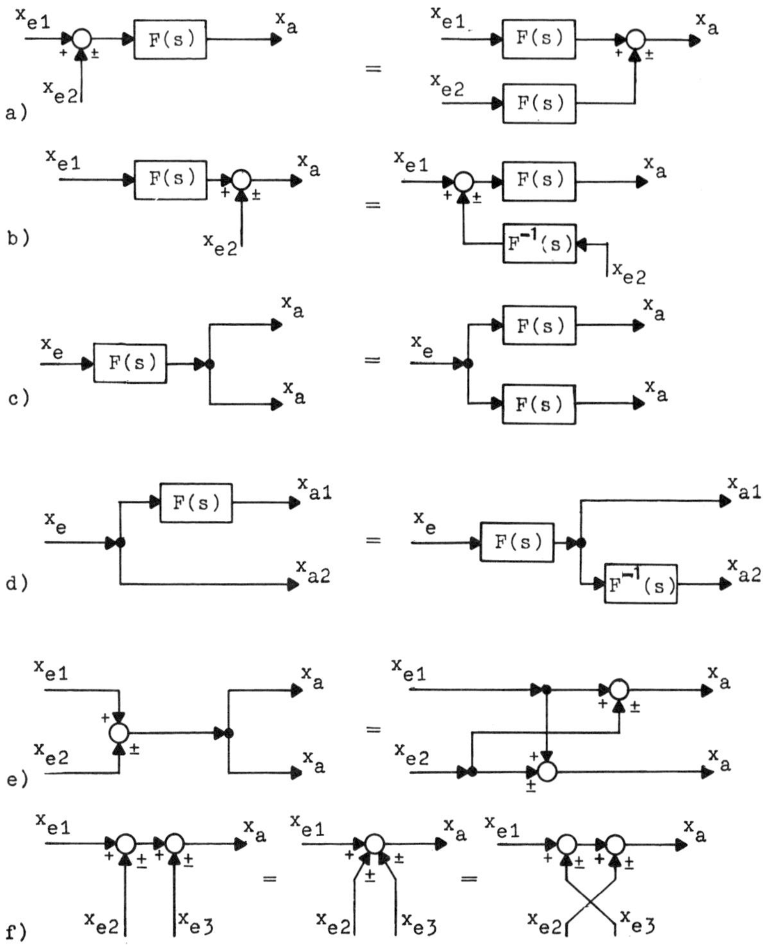

Bild 17 Umformungsregeln

a,b Verlagerung einer Additionsstelle

c,d Verlagerung einer Verzweigungsstelle

e Vertauschung von Additions- und Verzweigungsstelle

f Vertauschung und Zusammenfassung zweier Additionsstellen

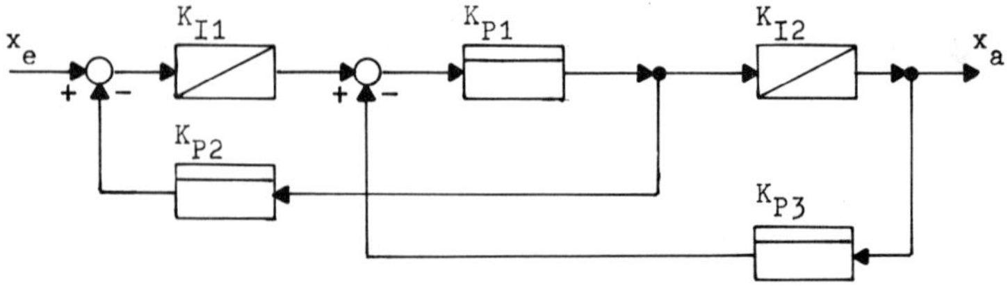

Bild 18 Wirkungsplan zum Beispiel 5

Durch Verlagern der ersten Additionsstelle (gemäß Bild 17 a) und der letzten Verzweigungsstelle (nach Bild 17 c) erhält man den Wirkungsplan von Bild 19 a. Die beiden Additionsstellen lassen sich dann zu einer zusammenfassen (nach Bild 17 f), so daß der Wirkungsplan von Bild 19 b entsteht.

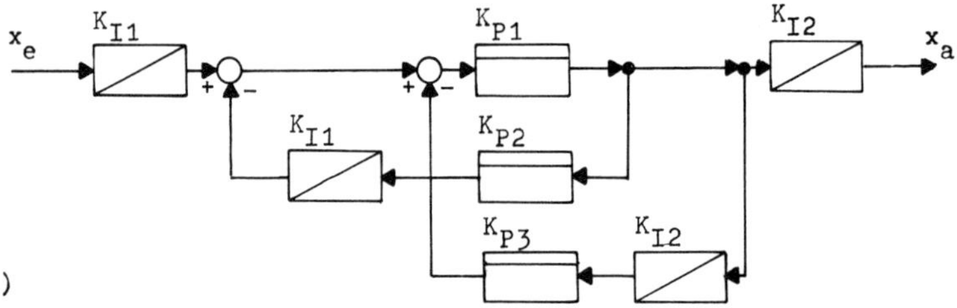

a)

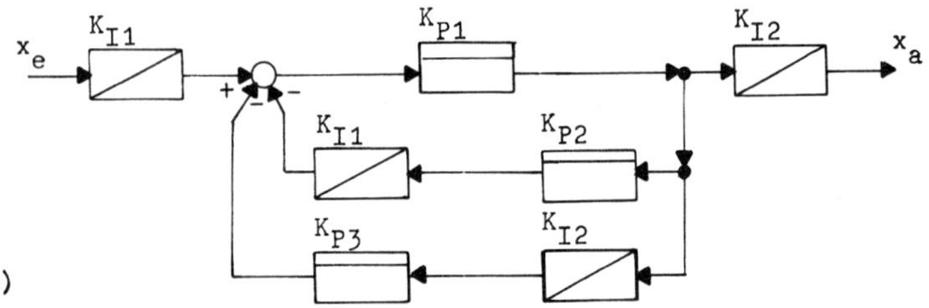

b)

Bild 19 Erste (a) und zweite (b) Umformung des Wirkungsplanes von Bild 18

Die Vermaschung ist damit aufgelöst, deswegen läßt sich die Übertragungsfunktion nach den Regeln vom Abschn. 2.3 ermitteln. Man erhält

$$F(s) = \frac{K_{I1}}{s} \cdot \frac{K_{P1}}{1 + K_{P1}\left[(K_{P2}K_{I1}/s) + (K_{P3}K_{I2}/s)\right]} \cdot \frac{K_{I2}}{s}$$

oder
$$F(s) = \frac{K_{P1}K_{I1}K_{I2}}{s(s + K_{P1}K_{P2}K_{I1} + K_{P1}K_{P3}K_{I2})}$$

Die Anordnung hat $I\text{-}T_1$-Verhalten.

2.6 Störverhalten und Führungsverhalten

Im allgemeinen wirken auf jeden Regelkreis mehrere Störungen ein, die an verschiedenen Störorten eingreifen können. In dem vereinfachten Schema von Bild 20 sind zwei mögliche Störungen z_1 und z_2 vorgesehen. Untersucht man den Einfluß einer bestimmten Störung, z.B. z_1, so ist es zweckmäßig (und nach dem Überlagerungsprinzip zulässig), dabei von der Einwirkung aller anderen Störungen abzusehen. Man kann dann den Störort der Störung z_1 als Eingang des Regelkreises ansehen und eine Übertragungsfunktion aufstellen, die als Störübertragungsfunktion bezeichnet wird. Die Führungsgröße w bleibt dabei ebenfalls außer Betracht.

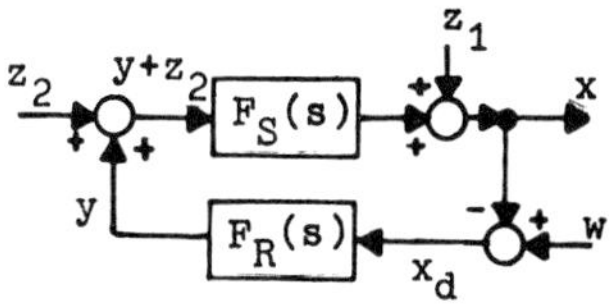

Bild 20 Schema eines Regelkreises

Weil die Störung z_1 direkt auf den Ausgang der Regelstrecke wirkt, ist als Übertragungsfunktion des Vorwärtszweiges in Bild 12 $F_1(s) = 1$ einzusetzen. Im Rückwärtszweig liegen Regelverstärker und Regelstrecke mit den Übertragungsfunktionen $F_R(s)$ und $F_S(s)$ in Kette, so daß nach Gl. (18) und (20) die Störübertragungsfunktion

$$F_{z1}(s) = \frac{\Delta x(s)}{z_1(s)} = \frac{1}{1 + F_S(s)F_R(s)} \qquad (21)$$

wird.

Entsprechend verfährt man bei der Untersuchung der Wirkung

der Störung z_2 . Jetzt liegt die Regelstrecke im Vorwärtszweig, der Regelverstärker in der Rückführung. Nach Gl. (20) ergibt sich als Störübertragungsfunktion

$$F_{z2}(s) = \frac{\Delta x(s)}{z_2(s)} = \frac{F_S(s)}{1 + F_S(s)F_R(s)} \qquad (22)$$

Die Störübertragungsfunktionen $F_{z1}(s)$ und $F_{z2}(s)$ beschreiben die Wirkungen der beiden Störungen getrennt und unabhängig voneinander. Treten beide Störungen gleichzeitig auf, so addieren sich nach dem Überlagerungsprinzip ihre Wirkungen.

Neben dem Störverhalten ist in allen Fällen, in denen die Führungsgröße w nicht konstant ist, auch das Führungsverhalten des Regelkreises wichtig; es beschreibt die Auswirkungen von Änderungen der Führungsgröße w . Bei dieser Betrachtung ist der Eingang im Wirkungsplan von Bild 20 rechts unten, und die Störgrößen bleiben unbeachtet. Die Blöcke $F_R(s)$ und $F_S(s)$ liegen wieder in Kette, diesmal aber im Vorwärtszweig. Damit ergibt sich nach Gl. (18) und (20) die Führungsübertragungsfunktion

$$F_w(s) = \frac{\Delta x(s)}{\Delta w(s)} = \frac{F_S(s)F_R(s)}{1 + F_S(s)F_R(s)} \qquad (23)$$

2.7 Charakteristische Gleichung und Stabilität

In den Gl. (21), (22) und (23) tritt der gemeinsame Nenner $1 + F_S(s)F_R(s)$ auf. Das gilt für Regelkreise von der einfachen Form von Bild 20. Enthält ein Regelkreis weitere Übertragungsglieder (z.B. Meßfühler und Stellglied), so sind diese mit ihren Übertragungsfunktionen ebenfalls zu berücksichtigen. An die Stelle des Produktes $F_S(s)F_R(s)$ tritt das Produkt der Übertragungsfunktionen aller Übertragungsglieder des Regelkreises, das wir als Kreisübertragungsfunktion $F_o(s)$ bezeichnen.

Alle Übertragungsfunktionen eines Regelkreises haben demnach den gleichen Nenner $1 + F_o(s)$. Dieses Ergebnis ist keineswegs zufällig; vielmehr werden wir sehen, daß der Nenner der Übertragungsfunktion über die Stabilität des Regelkreises entscheidet, eine Eigenschaft, die nicht von der speziellen Wahl der Eingangsgröße abhängen kann.

Betrachten wir beispielsweise die Störübertragungsfunktion von Gl. (21) in der allgemeinen Form

$$F_{z1}(s) = \frac{1}{1 + F_o(s)} \tag{24}$$

$F_o(s)$ ist im allg. eine gebrochen rationale Funktion

$$F_o(s) = \frac{Z_o(s)}{N_o(s)} \tag{25}$$

mit ganz rationalen Funktionen $Z_o(s)$ und $N_o(s)$. Dabei wird vorausgesetzt, daß der Bruch in Gl. (25) gekürzt ist und daher $Z_o(s)$ und $N_o(s)$ keinen gemeinsamen Teiler (außer einer Konstanten) haben. Dann folgt aus Gl. (24)

$$F_{z1}(s) = \frac{N_o(s)}{Z_o(s) + N_o(s)} \tag{26}$$

Zähler und Nenner in Gl. (26) sind ebenfalls ganz rational und ohne gemeinsamen Teiler, ausgenommen evtl. ein konstanter Faktor. Wählt man diesen so, daß der Koeffizient der niedrigsten Potenz der komplexen Kreisfrequenz s im Nennerpolynom den Wert 1 hat, so erhält man die <u>Normalform</u> der Übertragungsfunktion.

Nach [1], Abschn. 4.3 sind die Nullstellen des Nenners die <u>Pole</u> der Übertragungsfunktion. Da alle Übertragungsfunktionen des Regelkreises den gleichen Nenner haben, haben sie auch die gleichen Pole. Bei den Polkreisfrequenzen werden alle Übertragungsfunktionen unendlich. Das bedeutet, daß die in den Gl. (21), (22) und (23) im Zähler stehende Ausgangsgröße Δx von null verschieden sein kann, auch wenn alle Eingangsgrößen verschwinden. Die Polkreisfrequenzen sind also die <u>Eigenkreisfrequenzen</u> des Regelkreises, die er selbst als Generator erzeugen kann. Haben diese komplexen Kreisfrequenzen alle einen negativen Realteil σ (s. Gl. (16)), so haben wir es nach [1], Abschn. 4.2.5 nur mit abklingenden Schwingungen zu tun. Der Regelkreis strebt dann von selbst wieder einem stationären Zustand zu und ist somit stabil. Eigenkreisfrequenzen mit Realteilen $\sigma \geq 0$ ergeben dagegen Schwingungen konstanter bzw. ansteigender Amplitude. Hat ein Regelkreis auch nur eine einzige derartige Eigenkreisfrequenz, so ist er instabil.

Dieses Ergebnis läßt sich so zusammenfassen:

Setzt man den Nenner einer (beliebigen) Übertragungsfunktion des Regelkreises gleich null, so erhält man die charakteristische Gleichung

$$Z_o(s) + N_o(s) = 0 \tag{27}$$

des Regelkreises.

Der Regelkreis ist genau dann stabil, wenn alle Nullstellen der charakteristischen Gleichung negativen Realteil haben.

Die charakteristische Gleichung ist nur bis auf einen konstanten Faktor eindeutig bestimmt; das spielt bei der Anwendung dieses Kriteriums keine Rolle. Die Stabilitätsprüfung nach dieser Regel erfordert das Lösen einer algebraischen Gleichung; der Rechenaufwand kann bei höherem Grad beträchtlich sein. Aus diesem Grunde ergibt sich mit dem Stabilitätskriterium von Hurwitz, das hier ohne Beweis wiedergegeben sei, eine wesentliche Vereinfachung.

Die charakteristische Gleichung (Gl. (27)) habe die Form

$$a_o + a_1 s + a_2 s^2 + \ldots + a_n s^n = 0 \tag{28}$$

Dabei läßt sich stets erreichen, daß $a_n > 0$ ist. Es gilt:

Ein Regelkreis ist genau dann stabil, wenn die Koeffizienten seiner charakteristischen Gleichung (Gl. (28)) die folgenden drei Bedingungen erfüllen:

a) Es müssen alle Koeffizienten positiv sein.

b) Die (n-1)-reihige Determinante

$$\begin{vmatrix} a_{n-1}, & a_{n-3}, & a_{n-5} \cdots\cdots & \substack{a_0 \\ 1}, & 0 \,.. \\ a_n, & a_{n-2}, & a_{n-4} \cdots\cdots & & \\ 0, & a_{n-1}, & a_{n-3} \cdots\cdots & & \\ 0, & a_n, & a_{n-2} \cdots\cdots & & \\ 0, & 0, & a_{n-1} \cdots\cdots & & \\ \cdots & \cdots & \cdots & & \end{vmatrix}$$

die aus den Koeffizienten der charakteristischen Gleichung gebildet wird, muß > 0 sein.

c) Alle Unterdeterminanten

$$\begin{vmatrix} a_{n-1}, & a_{n-3} \\ a_n, & a_{n-2} \end{vmatrix}, \quad \begin{vmatrix} a_{n-1}, & a_{n-3}, & a_{n-5} \\ a_n, & a_{n-2}, & a_{n-4} \\ 0, & a_{n-1}, & a_{n-3} \end{vmatrix} \quad \text{usw.},$$

die von der linken oberen Ecke ausgehend gebildet werden können, müssen > 0 sein.

Für $n = 1$ und $n = 2$ braucht nur die erste Bedingung beachtet zu werden. Für $n = 3$ kommt die Bedingung b) hinzu; sie hat die Form $a_2a_1 - a_3a_0 > 0$. Die Bedingung c) wird erst für $n \geqq 4$ wirksam.

2.8 Stabilitätskriterium von Nyquist

Dividiert man Gl. (27) durch das Polynom $N_o(s)$, erhält man mit Gl. (25)

$$1 + \frac{Z_o(s)}{N_o(s)} = 1 + F_o(s) = 0 \tag{29}$$

Da die Polynome $Z_o(s)$ und $N_o(s)$ teilerfremd sind, läßt sich der bei der Division entstandene Bruch nicht kürzen, somit geht auch keine Nullstelle verloren. Gl. (29) hat daher die gleichen Nullstellen wie die charakteristische Gleichung Gl. (27). Gleichwertig ist die Form

$$F_o(s) = -1 \tag{30}$$

Ihre Lösungen sind die (-1)-Stellen der Funktion $F_o(s)$.

Nach einem Satz der Funktionentheorie, der hier nicht bewiesen werden kann, umschlingt die Ortskurve des <u>komplexen Fre-</u>

quenzganges $F_o(j\omega)$ (von $\omega = -\infty$ bis $+\infty$ duchlaufen) den kritischen Punkt -1 genau so oft, wie $F_o(s)$ (-1)-Stellen hat, die in der Gauß'schen Zahlenebene rechts von der imaginären Achse liegen. Nach Abschn. 2.7 bedeuten derartige (-1)-Stellen (Nullstellen der Gl. (27)) Instabilität. Deswegen kann die Ortskurve $F_o(j\omega)$ des komplexen Frequenzganges bei einem stabilen Regelkreis den Punkt -1 nicht umschließen.

Beim Übergang von der Kreisfrequenz ω zu ihrem Negativwert $-\omega$ geht die Funktion $F_o(j\omega)$ in den konjugiert komplexen Wert über. Es genügt daher, die Ortskurve im Bereich $\omega = 0$ bis $+\infty$ zu betrachten, d.h. man braucht nur positive Kreisfrequenzen zu berücksichtigen. Die Ortskurve für negative ω-Werte ergibt sich durch Spiegelung an der reellen Achse. Wir haben damit den Satz:

<u>Ein Regelkreis ist genau dann stabil, wenn die Ortskurve des komplexen Frequenzganges $F_o(j\omega)$ des offenen Regelkreises den kritischen Punkt -1 nicht umschließt</u>.

Das ist das <u>Stabilitätskriterium von Nyquist</u>.

Kommt im Regelkreis Integrierverhalten vor, so enthält die Funktion $F_o(j\omega)$ den Faktor $1/j\omega$ (s. Übertragungsfunktion in Tab. 1). Die Ortskurve kommt dann bei tiefen Frequenzen aus dem Unendlichen; in diesen Fällen ist nicht ohne weiteres klar, was unter "Umschließen" zu verstehen ist. Hier kann die folgende Formulierung des gleichen Kriteriums von Nutzen sein:

<u>Ein Regelkreis ist genau dann stabil, wenn die Ortskurve des komplexen Frequenzganges $F_o(j\omega)$ des offenen Regelkreises (von $\omega = 0$ bis $+\infty$ durchlaufen) den kritischen Punkt -1 immer links liegen läßt</u>.

Bild 21 a zeigt die Ortskurve $F_o(j\omega)$ eines stabilen, Bild 21 b diejenige eines instabilen Regelkreises. Ein Regelkreis mit einer Ortskurve $F_o(j\omega)$ nach Bild 21 c ist

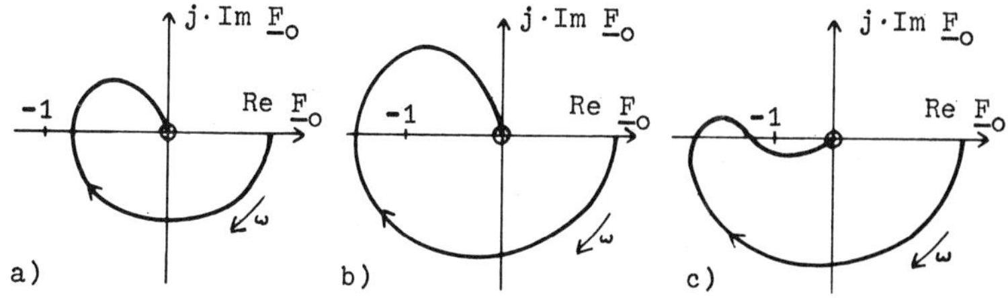

Bild 21 Ortskurven des komplexen Frequenzganges $F_o(j\omega) = \underline{F}_o$ von einem stabilen (a), einem instabilen (b) und einem bedingt stabilen Regelkreis (c)

zwar stabil, doch können gedämpfte Schwingungen auftreten, die so langsam abklingen, daß die Regelung unbrauchbar ist. man spricht von <u>bedingter Stabilität</u>.

Um das Nyquist-Kriterium anwenden zu können, braucht die Kreisübertragungsfunktion $F_o(s)$ nicht als mathematische Funktion, sondern nur als komplexer Frequenzgang $F_o(j\omega)$ vorzuliegen. Dieser läßt sich durch Messung ermitteln; dazu muß der Regelkreis an beliebiger Stelle, beispielsweise zwischen Regelverstärker und Eingang der Regelstrecke (Bild 22), aufgetrennt werden. Als Eingangsgröße x_e dient eine sinusförmige Erregung mit veränderbarer Kreisfrequenz ω;

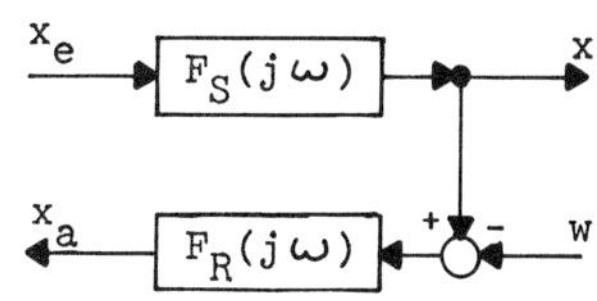

Bild 22 Aufgetrennter Regelkreis zur Messung von $F_o(j\omega)$

die Ausgangsgröße x_a wird nach Betrag und Phase gemessen. Die Vorzeichenumkehr des Regelkreises soll außerhalb der Meßstrecke bleiben (andernfalls ist sie bei der Bestimmung des Phasenwinkels mit $\pm 180^o$ zu berücksichtigen). Das Verhältnis Ausgangsamplitude zu Eingangsamplitude ergibt nach Abklingen der Einschwingvorgänge den Betrag $|F_o(j\omega)|$, die

Phasenverschiebung zwischen Ausgang und Eingang den Phasenwinkel φ des komplexen Frequenzganges des offenen Regelkreises

$$F_o(j\omega) = |F_o(j\omega)|\, e^{j\varphi} \tag{31}$$

Ortskurven des komplexen Frequenzganges $F_o(j\omega)$ (Bild 21) werden auch als Nyquist-Diagramme des offenen Regelkreises bezeichnet. Das Nyquist-Diagramm erlaubt nicht nur die einfache Aussage über Stabilität oder Instabilität, sondern gibt auch einen Anhalt, wie stabil der Regelkreis ist. In der Praxis kann auch eine Regelung, die im mathematischen Sinn stabil ist, unbrauchbar sein, weil die Einschwingvorgänge nur wenig gedämpft sind und deswegen nur langsam abklingen. Das zeigt sich im Nyquist-Diagramm dadurch, daß die Ortskurve $F_o(j\omega)$ in geringem Abstand am kritischen Punkt -1 vorbeigeht oder daß eine Kurve wie in Bild 21 c auftritt. Es ist üblich, zur Beurteilung der Stabilität zwei Werte heranzuziehen (s. Bild 23):

a) Die Ortskurve $F_o(j\omega)$ schneide die negative reelle Achse im Punkt $-1/\varepsilon$. Bei stabilen Regelkreisen liegt dieser Punkt zwischen -1 und 0, infolgedessen ist $\varepsilon > 1$. Je größer dieser Amplitudenrand ε ist, desto stabiler ist die Regelung. Meist wird ε in Dezibeln (dB) angegeben.

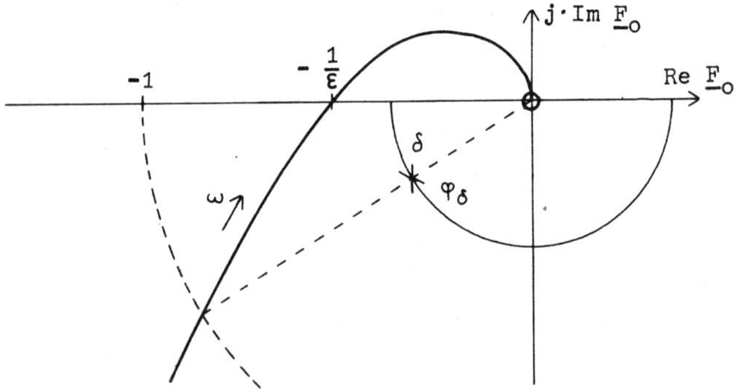

Bild 23 Amplitudenrand ε und Phasenrand δ

b) Die Ortskurve $F_o(j\omega)$ schneidet den Einheitskreis bei einem Winkel φ_δ zwischen 0° und -180°. Der Differenzwinkel δ zu -180° wird als Phasenrand bezeichnet. Je größer δ, desto besser die Stabilität. In den Fällen, in denen die Ortskurve $F_o(j\omega)$ sich außerhalb des Einheitskreises der negativen reellen Achse stärker nähert, ist als Phasenrand δ der kleinste Differenzwinkel zu -180°, der bei $|F_o(j\omega)| > 1$ auftritt, einzusetzen.

Bei einigen Regelkreisen würde allerdings der so bestimmte Phasenrand δ beliebig klein werden und somit als Kriterium für die Regelgüte ausscheiden. Ein Hinweis, wie in diesen Fällen zu verfahren ist, findet sich im Beispiel 6.

Als Faustregel gilt, daß der Amplitudenrand

$$\varepsilon \geqq 2{,}5 \text{ (entsprechend 8 dB)}$$

sein sollte. Für den Phasenrand ist

$$\delta \geqq 30^o \text{ , besser noch } 45^o$$

zu fordern. Sind beide Forderungen erfüllt, treten nur stark gedämpfte oder aperiodische Einschwingvorgänge auf.

3. Strecken und Regler

In diesem Abschnitt soll eine Übersicht über das Verhalten der wichtigsten Regelstrecken und Regler gegeben werden.

3.1 Einteilung der Regelstrecken

Man unterscheidet Strecken mit Ausgleich und Strecken ohne Ausgleich. Strecken mit Ausgleich (stabile Strecken) sind solche, die auch ohne Regelung stets wieder einem stationären Zustand zustreben. Unter dem Einfluß endlich groß bleibender Störgrößen bleiben auch die Regelabweichungen endlich. Sie werden durch die Regelung verkleinert oder zu null gemacht.

Die einfachste Strecke mit Ausgleich ist die Proportionalstrecke (P-Strecke). Der Transistor T in Bild 7 ist als solche aufzufassen. Weitere Strecken mit Ausgleich sind alle P-T_n-Strecken (n = 1,2.....) sowie Totzeitstrecken. Praktische Beispiele sind Temperaturregelstrecken, Spannungsregelstrecken und Gleichstrommotoren, wenn die Umdrehungsfrequenz die Regelgröße ist.

Die einfachste Strecke ohne Ausgleich ist die I-Strecke. Das I-Glied (s. Tab. 1, S.30) hat die Übertragungsfunktion $F(s) = K_I/s$, die einen Pol im Nullpunkt hat; nach Abschn. 2.7 ist das I-Glied daher instabil. Ein Beispiel für eine I-Strecke ist ein Wassergefäß, aus dem ein konstanter Wasserstrom abfließt, während der Zufluß verändert werden kann. Die Eingangsgröße der Strecke ist die Differenz zwischen zufließendem und abfließendem Massenstrom, die Ausgangsgröße ist die Füllhöhe. Ohne Regelung wird diese entweder dauernd ansteigen oder abfallen, also keinen stationären Zustand erreichen (s. auch Abschn 3.3).

Weitere Strecken ohne Ausgleich sind alle I-T_n-Strecken (n = 1,2.....) sowie PI- und PID-Strecken.

3.2 Übersicht über die wichtigsten Regler

Wie in Abschn. 1.1 ausgeführt, enthält der Regler den Vergleicher und den Regelverstärker. Die Einteilung der Regler ist an sich eine Einteilung der Regelverstärker, da es im Vergleicher keine prinzipiellen Unterschiede geben kann. Die Bezeichnungen P-Regler, I-Regler usw. haben sich aber so eingebürgert, daß wir sie hier beibehalten wollen. Es werden jeweils die Eigenschaften der Regelverstärker besprochen.

3.2.1 P-Regler

Bei einem P-Regler (Proportionalregler) ist die Stellgröße

$$y = K_P x_d \tag{32}$$

der Regeldifferenz x_d proportional. Wird eine Strecke mit Ausgleich mit einem P-Regler geregelt, so sind alle Übertragungsglieder des Regelkreises stabil. Nach dem Satz vom Abschn. 2.1 (S. 20) gibt es dann stets eine bleibende Regelabweichung. Das statische Verhalten läßt sich allein mit dem Regelfaktor r beschreiben; die Wirkung jeder Störung wird mit r multipliziert. (Das gilt nicht für Störungen im Meß- oder Führungsbereich; s. Hinweis beim I-Regler.)

Bei Strecken ohne Ausgleich hängt es vom Störort ab, ob eine bleibende Regelabweichung auftritt oder nicht.

3.2.2 I-Regler

Beim I-Regler (integrierenden Regler) ist die Stellgröße

$$y(t) = K_I \int x_d(t)dt \tag{33}$$

- abgesehen von einem Anfangswert - dem Zeitintegral der Regeldifferenz x_d proportional. Der I-Regler ist ein instabiler Regler; für ihn gilt nicht der Satz vom Abschn. 2.1. Es läßt sich sogar zeigen, daß in stabilen Regelkreisen und bei stationären Eingangsgrößen keine bleibende Regelabweichung auftritt. Eine konstante Regelabweichung $x_w = - x_d$ würde nach Gl. (33) ein ständiges Anwachsen oder Abnehmen der Stellgröße y zur Folge haben; dies wäre aber kein stationärer Zustand. Dieser kann nur bei $x_w = 0$ eintreten; es gilt also:

Eine Regelung mit einem I-Regler hat (bei stationären Eingangsgrößen des Regelkreises) keine bleibende Regelabweichung.

Von diesem Satz gibt es eine wichtige Ausnahme: Greift eine Störung zwischen Meßort und dem Eingang des Regelverstärkers oder in die Führungsgröße ein, so verfälscht sie die Regeldifferenz x_d, so daß der Regelverstärker ein falsches Signal erhält. Dieser Fehler kann dann nicht mehr ausgeglichen werden. Das gilt jedoch nicht nur für I-Regler, sondern grundsätzlich für jede Regelung.

Die Tatsache, daß keine bleibende Regelabweichung auftritt, ist ein Vorteil des I-Reglers gegenüber dem P-Regler. Dem steht allerdings der Nachteil gegenüber, daß der I-Regler relativ langsam arbeitet. Kurze Zeit nach Eintritt einer Störung ist das Integral $\int x_d dt$ noch klein und damit die Regelwirkung gering.

3.2.3 D-Verhalten im Regler

Einen reinen D-Regler (differenzierenden Regler) kann es nicht geben, weil dieser auf eine (beliebig große) konstante Regelabweichung nicht ansprechen und sie daher auch nicht ausregeln würde. Ein D-Glied in Parallelschaltung zu anderen Übertragungsgliedern im Regelverstärker kann jedoch die Regelung wesentlich verbessern, weil der D-Anteil auf plötzlich auftretende Regelabweichungen sehr schnell anspricht.

3.2.4 PI-Regler

Der Regelverstärker im PI-Regler enthält die Parallelschaltung eines P- und eines I-Gliedes (Bild 24 a).

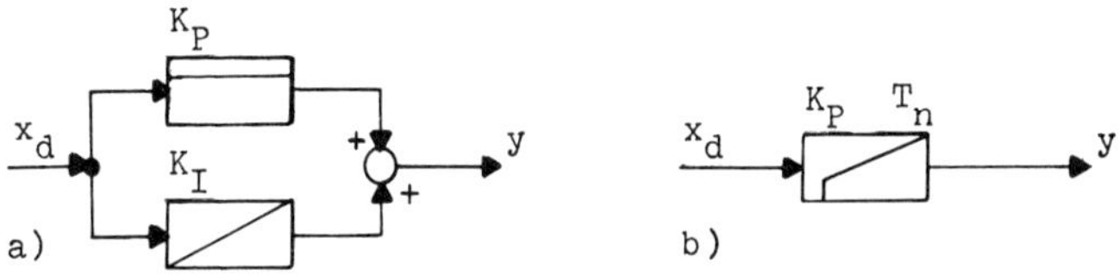

Bild 24 PI-Regelverstärker als Parallelschaltung eines P-Gliedes und eines I-Gliedes (a) und Darstellung in einem Block (b)

Nach Gl. (19) haben wir die Übertragungsfunktion

$$F(s) = K_P + K_I/s \tag{34}$$

Daraus folgt für den zeitlichen Ablauf der Stellgröße

$$y(t) = K_P x_d(t) + K_I \int x_d(t)dt \tag{35}$$

Mit

$$x_d(t) = X_{do}\varepsilon(t) \tag{36}$$

ergibt sich die Sprungantwort von Bild 25.

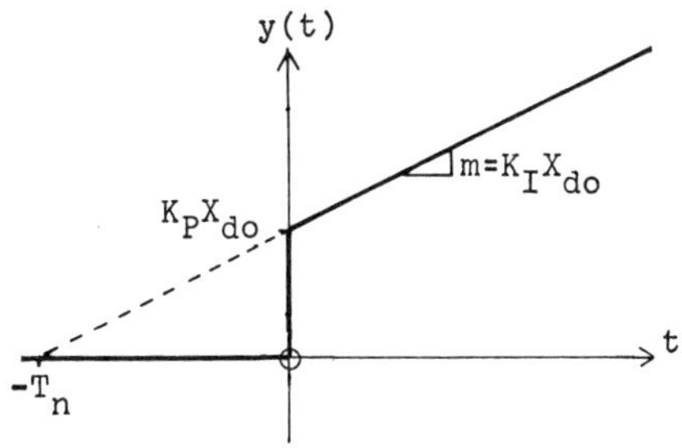

Bild 25 Sprungantwort des PI-Regelverstärkers

Die ansteigende Gerade hat das <u>Steigungsmaß</u> $m = K_I X_{do}$; ihre Verlängerung nach links schneidet die Zeitachse im Punkt $-T_n$, wobei

$$T_n = K_P/K_I \tag{37}$$

als <u>Nachstellzeit</u> bezeichnet wird. Mit ihr läßt Gl. (34) sich schreiben

$$F(s) = K_P\left(1 + \frac{1}{T_n s}\right) = K_P \frac{1 + T_n s}{T_n s} \tag{38}$$

Der PI-Regler als Kombination P- und I-Regler vereint die Vorteile beider miteinander. Nach Auftreten einer Störung wirkt er zunächst mit seinem P-Anteil, während langzeitig der I-Anteil überwiegt. Es gibt daher (mit den gleichen Einschränkungen wie beim I-Regler) keine bleibende Regelabweichung.

Für Zeiten $t > 0$ hat die Sprungantwort von Bild 25 den gleichen Verlauf wie die Sprungantwort eines I-Regelverstärkers, der sein Eingangssignal bereits zur Zeit $-T_n$ erhalten hat. Der PI-Regler stellt also in einem Sprung die Stellgröße y so nach, als sei bereits zur Zeit $-T_n$ mit der Regelung (mit einem I-Regler) begonnen worden; daher rührt die Bezeichnung Nachstellzeit.

3.2.5 PD-Regler

Der PD-Regelverstärker besteht aus einem P- und einem D-Glied in Parallelschaltung (Bild 26 a). Nach Gl. (19) ergibt sich die Übertragungsfunktion

$$F(s) = K_P + K_D s \tag{39}$$

und die Differentialgleichung

$$y(t) = K_P x_d(t) + K_D \frac{dx_d(t)}{dt} \tag{40}$$

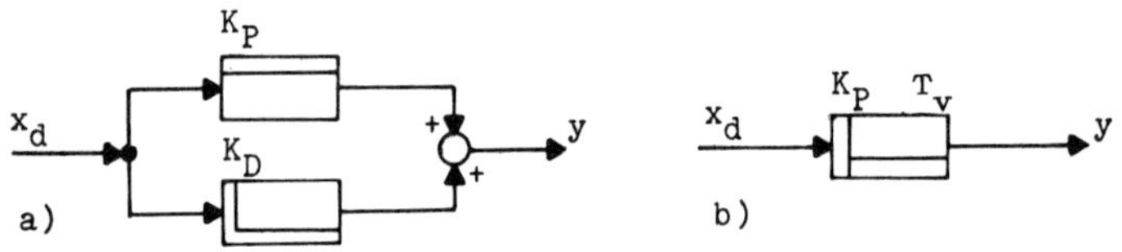

Bild 26 PD-Regelverstärker als Parallelschaltung eines P- und eines D-Gliedes (a) und Darstellung in einem Block (b)

Mit Gl. (36) ergibt sich die Sprungantwort nach Bild 27 a . Da diese die Deltafunktion (s. Abschn. 2.2) enthält, aus deren Darstellung keine Einzelheiten entnommen werden können,

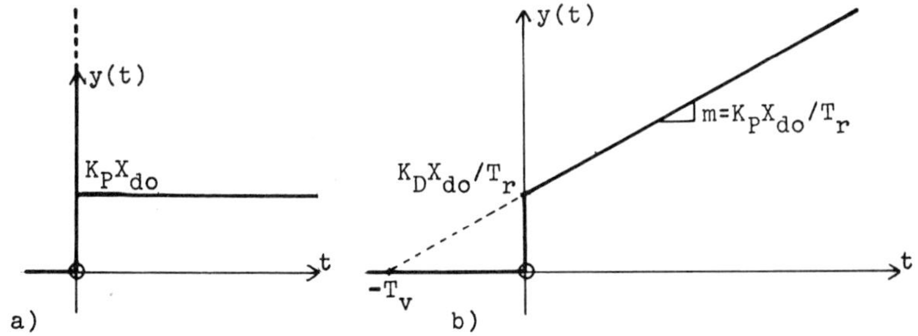

Bild 27 Sprungantwort (a) und Anstiegsantwort (b) des PD-Regelverstärkers

wird in Bild 27 b auch die Anstiegsantwort wiedergegeben. Dabei ist entsprechend Gl. (10) die Regeldifferenz

$$x_d(t) = X_{do}r(t)/T_r$$

anzusetzen.

Die Verlängerung der ansteigenden Geraden im Bild 27 b nach links schneidet die Zeitachse im Punkt $-T_v$, wobei

$$T_v = K_D/K_P \tag{41}$$

als Vorhaltzeit bezeichnet wird, weil die Anstiegsantwort scheinbar um diese Zeit früher anzusteigen beginnt als die des reinen P-Gliedes. Durch Einsetzen von Gl. (41) in Gl. (39) läßt sich die Übertragungsfunktion auf die Form bringen

$$F(s) = K_P(1 + T_vs) \tag{42}$$

Durch den D-Anteil reagiert der PD-Regler auf plötzlich auftretende Störungen schneller als der reine P-Regler. Außerdem verbessert der D-Anteil in vielen Fällen die Stabilität. Für das Langzeitverhalten ist nur der P-Anteil maßgebend, insbesondere hat der PD-Regler die gleiche bleibende Regelabweichung wie ein P-Regler mit dem gleichen Proportionalbeiwert K_P (s. Abschn. 3.2.1).

3.2.6 PID-Regler

Der PID-Regelverstärker besteht aus der Parallelschaltung je eines P- , I- und D-Gliedes (s. Bild 28 a).

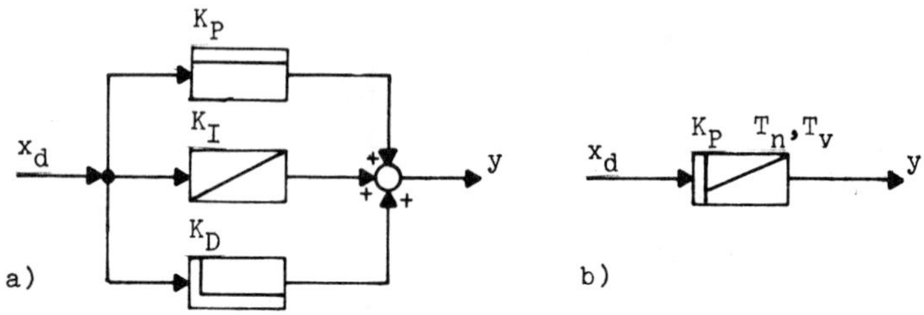

Bild 28 PID-Regelverstärker als Parallelschaltung je eines P- , I- und D-Gliedes (a) und Darstellung in einem Block (b)

Nach Gl. (19) ergibt sich die Übertragungsfunktion

$$F(s) = K_P + \frac{K_I}{s} + K_D s = K_P(1 + \frac{1}{T_n s} + T_v s) \tag{43}$$

(mit T_n und T_v nach Gl. (37) und (41)). Daraus läßt sich die Zeitfunktion der Stellgröße ableiten

$$y(t) = K_P x_d(t) + K_I \int x_d(t)dt + K_D \frac{dx_d(t)}{dt} \tag{44}$$

Die Sprungantwort ist in Bild 29 a dargestellt. Aus ihr läßt

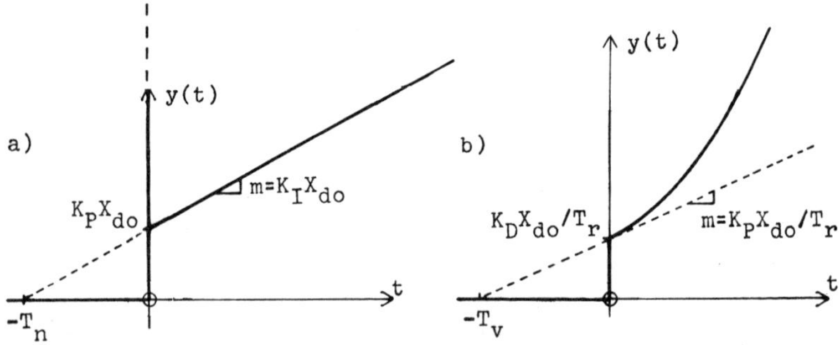

Bild 29 Sprungantwort (a) und Anstiegsantwort (b) des PID-Regelverstärkers

sich die Nachstellzeit T_n wie in Bild 25 bestimmen. Die Vorhaltzeit T_v läßt sich nur an der Anstiegsantwort (Bild 29 b) ablesen. Diese ist für Zeiten $t > 0$ eine Parabel; ihre Tangente im Zeitnullpunkt ist gestrichelt gezeichnet und schneidet die Zeitachse im Punkt $-T_v$.

Der PID-Regler hat, ebenso wie I- und PI-Regler, keine bleibende Regelabweichung. (Das gilt mit den gleichen Einschränkungen wie beim I-Regler.) Außerdem macht der D-Anteil ihn zu einem schnellen Regler.

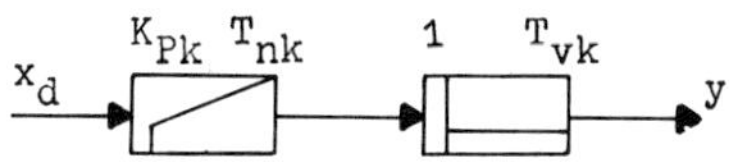

Bild 30 PID-Regelverstärker als Kettenschaltung eines PI- und eines PD-Gliedes

Der PID-Regelverstärker läßt sich nicht nur als Parallelschaltung nach Bild 28 a auffassen, sondern auch als Kettenschaltung eines PI- und eines PD-Gliedes (Bild 30). Die Übertragungsfunktion ist dann nach Gl. (38) und (42)

$$\left.\begin{aligned} F(s) &= K_{Pk}\left(1 + \frac{1}{T_{nk}s}\right)(1 + T_{vk}s) = \\ &= K_{Pk}\left(1 + \frac{T_{vk}}{T_{nk}}\right) + K_{Pk}\frac{1}{T_{nk}s} + K_{Pk}T_{vk}s \end{aligned}\right\} \quad (45)$$

Durch Koeffizientenvergleich mit Gl. (43) folgt

$$\left.\begin{aligned} K_P &= K_{Pk}(1 + T_{vk}/T_{nk}) \;, \quad K_I = K_{Pk}/T_{nk} \;, \quad K_D = K_{Pk}T_{vk} \\ T_n &= T_{nk} + T_{vk} \;, \qquad T_v = T_{nk}T_{vk}/(T_{nk} + T_{vk}) \end{aligned}\right\} \quad (46)$$

Durch Auflösen nach K_{Pk}, T_{nk} und T_{vk} ergeben sich die Beziehungen

$$\left.\begin{aligned} K_{Pk} &= \tfrac{1}{2}K_P\left(1 + \sqrt{1 - 4T_v/T_n}\right) \\ T_{nk} &= \tfrac{1}{2}T_n\left(1 + \sqrt{1 - 4T_v/T_n}\right) \;, \quad T_{vk} = \tfrac{1}{2}T_n\left(1 - \sqrt{1 - 4T_v/T_n}\right) \end{aligned}\right\} \quad (47)$$

Aus Gl. (47) folgt, daß eine Zerlegung des PID-Gliedes in eine Kettenschaltung nach Bild 30 nur möglich ist, solange $T_n \geqq 4T_v$ ist, da sich andernfalls keine rellen Werte für K_{Pk}, T_{nk} und T_{vk} ergeben.

3.2.7 PD-T_1- und PID-T_1-Regler

Ein D-Verhalten läßt sich im strengen Sinn nicht verwirklichen, denn die unendlich hohe Spitze der Deltafunktion in der Sprungantwort würde eine unendliche Verstärkung erfordern. Daher ist D-Verhalten in Wirklichkeit immer ein D-T_1-Verhalten; in vielen Fällen ist dieser Unterschied zu vernachlässigen (die Annäherung ist um so besser, je kleiner die Zeitkonstante T ist), aber nicht immer. Dann treten an die Stelle der idealen PD- und PID-Regler die realen PD-T_1- und PID-T_1-Regler.

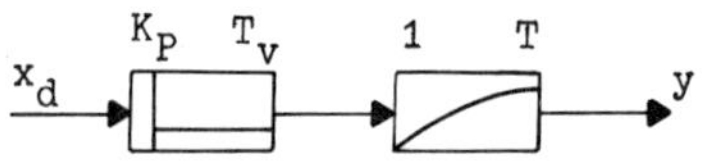

Bild 31 PD-T_1-Regelverstärker als Kettenschaltung eines PD-Gliedes mit einem P-T_1-Glied

PD-T_1- und PID-T_1-Verhal- kann im Regelverstärker auch absichtlich eingesetzt werden, um zu vermeiden, daß Störungen hoher Frequenzen vom Regelverstärker zu sehr verstärkt werden.

Der PD-T_1-Regelverstärker läßt sich als Kettenschaltung eines PD-Gliedes mit einem P-T_1-Glied auffassen (Bild 31). Damit haben wir die Übertragungsfunktion

$$F(s) = \frac{K_P + K_D s}{1 + Ts} = K_P \frac{1 + T_v s}{1 + Ts} \qquad (48)$$

Das P-T_1-Verhalten bezieht sich sowohl auf den P- als auf den D-Anteil; die Übertragungsfunktion läßt sich jedoch so umformen, daß der Nenner $1 + Ts$ nur noch mit dem D-Anteil zusammenhängt. Gl. (48) nimmt dann die Form an

$$F(s) = K_P + K_P(T_v - T) \frac{s}{1 + Ts} \qquad (49)$$

Entsprechend ist der PID-T_1-Regelverstärker als Kettenschaltung eines PID-Gliedes mit einem P-T_1-Glied aufzufassen. Infolgedessen erhält man die Übertragungsfunktion

$$F(s) = \frac{K_P + K_I/s + K_D s}{1 + Ts} = K_P \frac{1 + T_n s + T_n T_v s^2}{T_n s(1 + Ts)} \qquad (50)$$

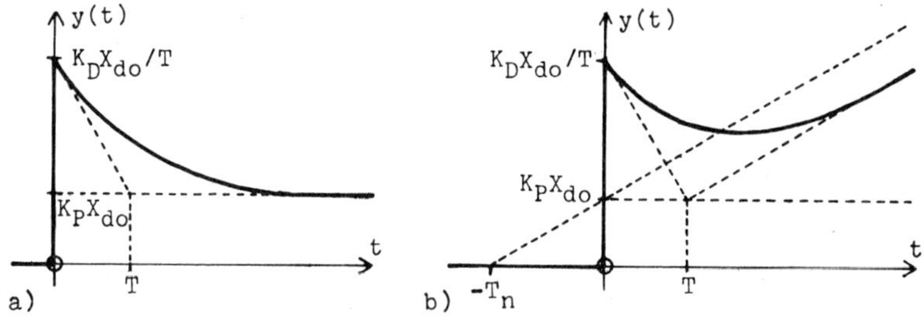

Bild 32 Sprungantworten des $PD-T_1$-Regelverstärkers (a) und des $PID-T_1$-Regelverstärkers (b)

Sie läßt sich ebenfalls so umformen, daß sich das $P-T_1$-Verhalten nur auf den D-Anteil bezieht, und nimmt dann die Form

$$F(s) = K_P\left[\frac{1}{T_n s} + 1 - \frac{T}{T_n} + (T_v - T + \frac{T^2}{T_n})\frac{s}{1 + Ts}\right] \tag{51}$$

an.

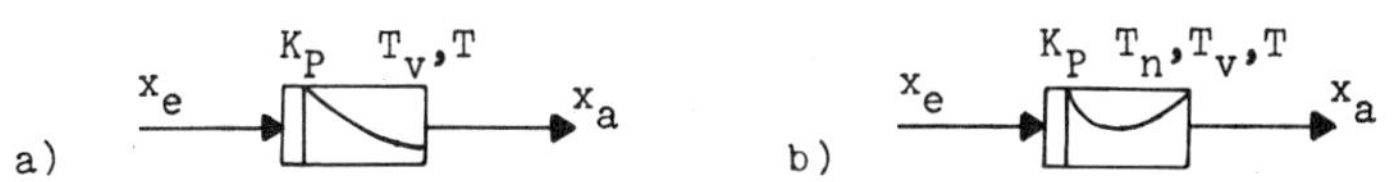

Bild 33 $PD-T_1$-Glied (a) und $PID-T_1$-Glied (b) in Blockdarstellung

Die Sprungantwort vom $PD-T_1$-Regelverstärker zeigt Bild 32 a, diejenige des $PID-T_1$- Regelverstärkers Bild 32 b. Bei dieser Sprungantwort schneiden sich die Tangente im Nullpunkt und die Asymptote in einem Punkt mit dem Abszissenwert T und dem Ordinatenwert $K_P X_{do}$. Geht man von hier aus horizontal zur Ordinatenachse und zieht durch den so gefundenen Punkt die Parallele zur Asymptoten, so schneidet diese Parallele die Zeitachse im Punkt $-T_n$.

Die symbolische Blockdarstellung des $PD-T_1$- und des $PID-T_1$-Gliedes finden wir im Bild 33.

3.3 Anwendung auf eine Niveauregelung

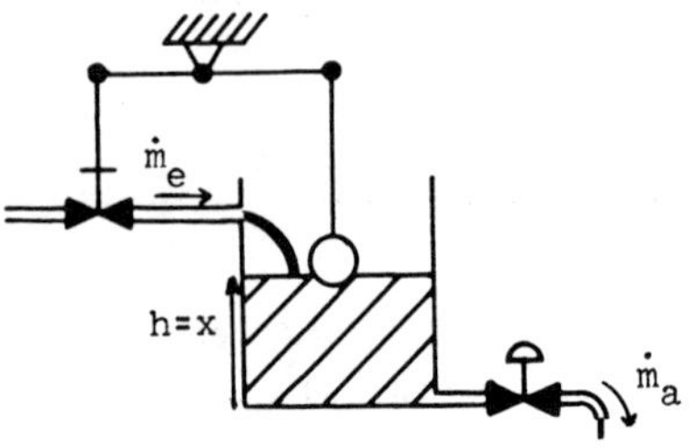

Bild 34 Regelung der Füllhöhe eines Wassergefäßes

Gegeben sei ein Wassergefäß mit senkrechten Wänden, einem Zufluß- und einem Abflußrohr. Der zufließende Massenstrom $\dot{m}_e$ und der abfließende $\dot{m}_a$ seien unabhängig voneinander verstellbar. Vereinfachend wollen wir annehmen, daß der abfließende Strom $\dot{m}_a$ nicht von der Füllhöhe h abhängt; bei nicht zu großen Änderungen von h ist diese Annahme erlaubt. Je nachdem, ob $\dot{m}_e$ größer oder kleiner als $\dot{m}_a$ ist, wird der Gefäßinhalt ständig zu- oder abnehmen; von selbst stellt sich kein stationärer Zustand ein. Wir haben also eine Strecke ohne Ausgleich vor uns, die unbedingt einer Regelung bedarf. Diese erfolgt am einfachsten durch einen Schwimmer, der über ein Gestänge den Zuflußhahn betätigt. Der Abflußhahn bleibt von Hand verstellbar; die Änderung des Abflußstromes $\dot{m}_a$ ist eine Störgröße.

Die Füllhöhe h des Wassers im Gefäß soll geregelt werden, sie ist also die Regelgröße x. Die Massenzunahme Δm des Gefäßinhaltes ist gleich dem Zeitintegral

$$\Delta m = \int \Delta\dot{m}\,dt$$

der Differenz $\Delta\dot{m} = \dot{m}_e - \dot{m}_a$ zwischen zufließendem und abfließendem Massenstrom. Dividiert man Δm durch die Dichte ϱ des Wassers und durch die Grundfläche A_G des Gefäßes, so erhält man die Zunahme der Füllhöhe

$$\Delta x(t) = \Delta h(t) = \frac{1}{\varrho A_G}\int \Delta\dot{m}(t)\,dt = K_I \int \Delta\dot{m}(t)\,dt$$

mit $K_I = 1/\varrho A_G$.

Der Sollwert-Istwert-Vergleich findet - von außen nicht sofort erkennbar - im Gestänge des Schwimmers statt. Der Regelverstärker (Gestänge) arbeitet proportional, denn zu einer bestimmten Höhenänderung gehört eine definierte Änderung des Zuflußstromes durch die Verstellung des Ventiles. Der gemeinsame Übertragungsbeiwert von Gestänge und Ventil sei K_P . Damit können wir den **Wirkungsplan** von **Bild 35** **aufstellen.** Die Stellgröße y , unter der wir die Stellung des Zuflußventiles verstehen müssen, tritt in ihm nicht explizit auf.

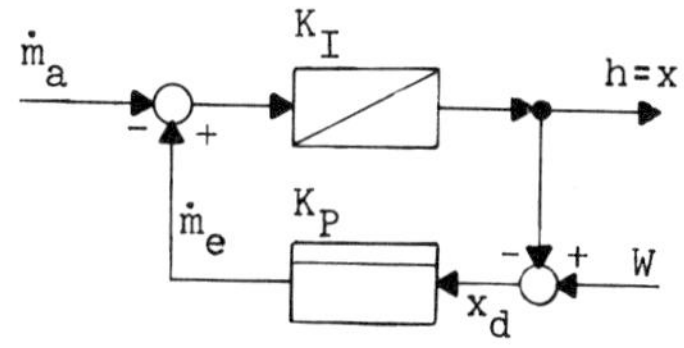

Bild 35 **Wirkungsplan der** Niveauregelung mit P-Regler

Wir untersuchen den Einfluß einer Änderung $\Delta\dot{m}_a$ (Störgröße) des Abflußstromes $\dot{m}_a$ auf die Füllhöhe $h = x$. Dazu stellen wir die Störübertragungsfunktion $F_z(s)$ auf und erhalten (unter Berücksichtigung der Vorzeichenumkehr am Eingang)

$$F_z(s) = \frac{\Delta x(s)}{\Delta\dot{m}_a(s)} = -\frac{K_I/s}{1 + K_P K_I/s} = -\frac{1/K_P}{1 + \frac{s}{K_P K_I}} = -\frac{1/K_P}{1 + Ts}$$

Das bedeutet $P\text{-}T_1$-Verhalten mit dem Proportionalbeiwert $1/K_P$ und der Zeitkonstanten $T = 1/K_P K_I$. Wählt man als Eingangsgröße die Sprungerregung mit der Sprunghöhe $\dot{M}_{ao}$

$$\Delta\dot{m}_a(t) = \dot{M}_{ao}\varepsilon(t)$$

so erhält man nach Korrespondenz Nr. 3 die Laplace-Transformierte $\Delta\dot{m}_a(s) = \dot{M}_{ao}/s$ und daraus die Ausgangsgröße

$$\Delta x(s) = F_z(s)\Delta\dot{m}_a(s) = -\frac{\dot{M}_{ao}}{K_P}\cdot\frac{1}{s(1 + Ts)}$$

Nach Korrespondenz Nr. 11 erhält man die Sprungantwort

$$\Delta x(t) = -\frac{\dot{M}_{ao}}{K_P}(1 - e^{-t/T})$$

(s. Bild 36), die für $t \rightarrow \infty$ einem neuen stationären Wert zustrebt; es gibt also eine **bleibende Regelabweichung**. Sie ist

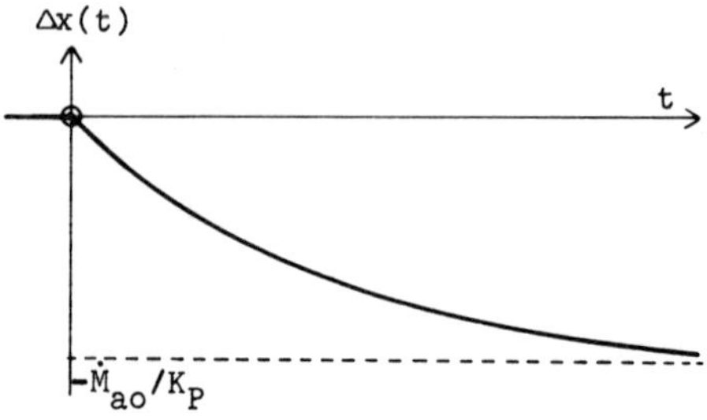

Bild 36 Sprungantwort des Regelkreises nach Bild 35

um so kleiner, je größer die Konstante K_P gemacht wird. (Diese läßt sich durch Verschieben des Gestänge-Aufhängepunktes verändern (s. Bild 34).) Die bleibende Regelabweichung kann jedoch nicht völlig zum Verschwinden gebracht werden. Soll das erreicht werden, muß ein Regelverstärker mit I-Anteil eingesetzt werden. Man kann zunächst an den reinen I-Regelverstärker denken. (Es soll hier außer Betracht bleiben, daß die praktische Ausführung auf Schwierigkeiten stößt und nur mit einer Hilfsenergie möglich ist.) Es ergibt sich dann ein Signalflußplan nach Bild 37 und daraus die Störübertragungsfunktion

$$F_z(s) = -\frac{\frac{K_{IS}}{s}}{1 + \frac{K_{IS}}{s}\cdot\frac{K_{IR}}{s}} = -\frac{K_{IS}\, s}{s^2 + K_{IS}K_{IR}}$$

Die Übertragungsbeiwerte von Strecke und Regelverstärker haben zur Unterscheidung die zusätzlichen Indizes S und R erhalten. Es ist jetzt also $K_{IS} = 1/\varrho A_G$, während der Beiwert K_{IR} noch zu bestimmen ist.

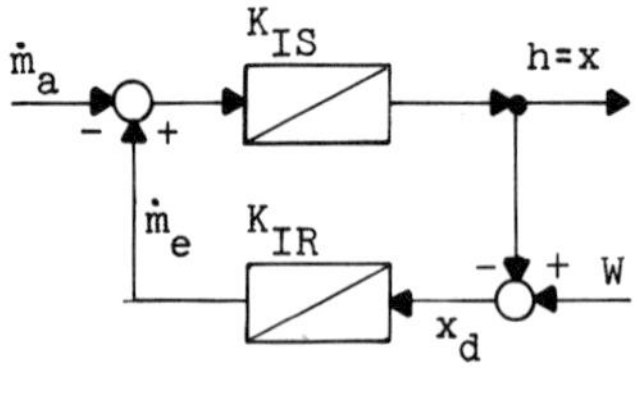

Bild 37 **Wirkungsplan der** Niveauregelung mit I-Regler

Aus dem Nenner der Übertragungsfunktion erhält man die charakteristische Gleichung; sie lautet demnach

$$s^2 + K_{IS}K_{IR} = 0$$

Ein lineares Glied tritt nicht auf, der zugehörige Koeffizient ist null. Damit ist die Bedingung a) des Hurwitz-Kriteriums (Abschn. 2.7) nicht erfüllt, der Regelkreis ist instabil. Eine Regelung mit I-Regler ist demnach nicht möglich.

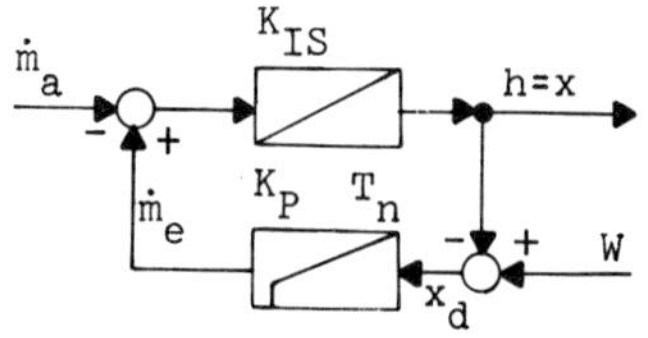

Bild 38 **Wirkungsplan der** Niveauregelung mit PI-Regler

Bei der Regelung mit einem PI-Regler ergibt sich der **Wirkungsplan von Bild 38. Daraus erhält man nach Gl. (38)** die Störübertragungsfunktion

$$F_z(s) = - \frac{\frac{K_{IS}}{s}}{1 + \frac{K_{IS}}{s} K_P (1 + \frac{1}{T_n s})} = - \frac{T_n}{K_P} \cdot \frac{s}{1 + T_n s + \frac{T_n}{K_{IS} K_P} s^2}$$

Alle Koeffizienten des Nennerpolynoms sind positiv, damit ist die Bedingung a) des Hurwitz-Kriteriums erfüllt; für Polynome zweiten Grades sind die Bedingungen b) und c) gegenstandslos, der Regelkreis ist also für alle Werte der Konstanten K_{IS}, K_P und T_n stabil. Grundsätzlich können jedoch gedämpfte Schwingungen auftreten; sollen diese vermieden werden und der Einschwingvorgang möglichst schnell ablaufen, so ist der aperiodische Grenzfall anzustreben. Der Nenner der Störübertragungsfunktion hat die Form

$$1 + 2\vartheta \frac{s}{\omega_o} + \left(\frac{s}{\omega_o}\right)^2$$

mit den Kenngrößen $\omega_o = \sqrt{\frac{K_{IS} K_P}{T_n}}$ (Kennkreisfrequenz)

und $\vartheta = \frac{1}{2} \sqrt{K_{IS} K_P T_n}$ (Dämpfungsgrad)

Im aperiodischen Grenzfall muß $\vartheta = 1$ sein; das ist erfüllt, wenn die Nachstellzeit $T_n = 4/K_{IS} K_P$ ist. Nach Gl. (37) muß dann der Integrierbeiwert des Regelverstärkers

$$K_{IR} = \frac{1}{4} K_{IS} K_P^2$$

sein und die Kennkreisfrequenz hat den Wert

$$\omega_o = \frac{1}{2} K_{IS} K_P$$

Die Störübertragungsfunktion nimmt jetzt die Form an

$$F_z(s) = -\frac{T_n}{K_P} \cdot \frac{s}{(1 + s/\omega_o)^2}$$

Wählt man als Eingangsgröße wieder die Sprungerregung $\Delta\dot{m}_a(s) = \dot{M}_{ao}/s$, so ergibt sich

$$\Delta x(s) = F_z(s)\Delta\dot{m}_a(s) = -\frac{\dot{M}_{ao}T_n}{K_P} \cdot \frac{1}{(1 + s/\omega_o)^2}$$

Nach Korrespondenz Nr. 26 erhält man die Sprungantwort

$$\Delta x(t) = -\frac{\dot{M}_{ao}T_n\omega_o^2}{K_P}\, te^{-\omega_o t}$$

oder wegen $\omega_o^2 = K_{IS}K_P/T_n$

$$\Delta x(t) = -\dot{M}_{ao}K_{IS}te^{-\omega_o t}$$

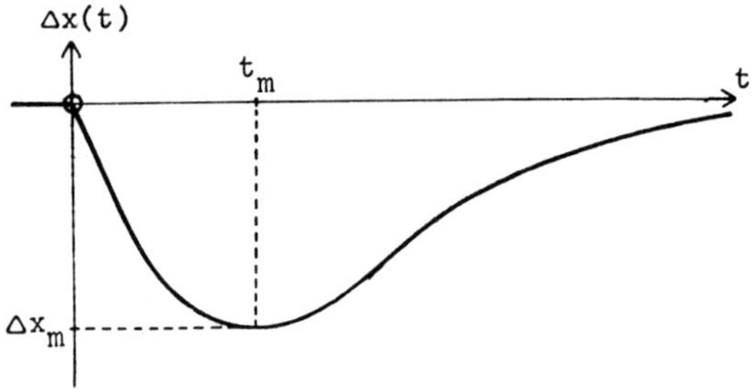

Bild 39 Sprungantwort des Regelkreises nach Bild 38

Die Sprungantwort ist in Bild 39 dargestellt. Die Füllhöhenänderung $\Delta x(t)$ erreicht zur Zeit $t_m = 1/\omega_o$ ein Minimum und nimmt dort den Wert

$$\Delta x_m = -\frac{2}{e}\frac{\dot{M}_{ao}}{K_P}$$

an. Das sind etwa 74% der bleibenden Regelabweichung, die bei der Regelung mit P-Regler (bei gleichem K_P) auftritt.

3.4 Realisierung der Regelverstärker mit Operationsverstärkern

Operationsverstärker sind Gleichspannungsverstärker mit hoher Spannungsverstärkung ($> 10^4$). Durch äußere Beschaltung (Gegenkopplung) kann man ihnen das gewünschte Verstärkungsverhalten geben.

Die Verstärker haben in der Regel einen Differenzeingang; Signale am nicht negierenden Eingang (Plus-Eingang) erscheinen mit gleicher Phase, Signale am negierenden Eingang (Minus-Eingang) umgepolt am Ausgang (s. Bild 40 a).

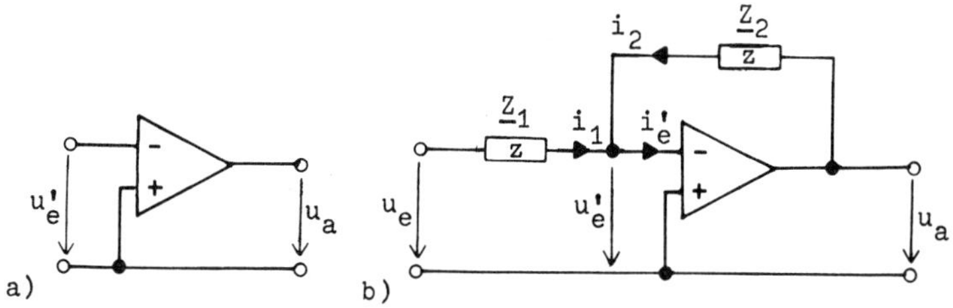

Bild 40 Operationsverstärker unbeschaltet (a) und beschaltet (b)

Der Differenzeingang kann für den Sollwert-Istwert-Vergleich ausgenutzt werden; dann ist die Führungsgröße w dem Pluseingang zuzuführen. Erfolgt die Differenzbildung in einem besonderen Vergleicher vor dem Verstärker, so ist der Pluseingang auf Nullpotential zu legen. Die Gegenkopplung erfolgt am einfachsten durch zwei Scheinwiderstände nach Bild 40 b . Wegen der hohen Verstärkung des Operationsverstärkers muß bei Ausgangsspannungen u_a , wie sie im normalen Betrieb vorkommen, die Spannung u_e' an den Eingangsklemmen des unbeschalteten Verstärkers sehr klein und damit gegen die Eingangsspannung u_e sowie gegen die Ausgangsspannung u_a zu vernachlässigen sein. Die Spannungen u_e und u_a liegen dann praktisch an den Scheinwiderständen $\underline{Z}_1$ und $\underline{Z}_2$. Da Operationsverstärker zudem einen hohen Eingangswiderstand haben, ist auch der Strom i'_e über die Eingangsklemmen des unbeschalteten Verstärkers verschwindend klein. Nach Bild 40 b folgt

$$i_1 + i_2 = 0$$

und wegen $\quad i_1(s) = \dfrac{u_e(s)}{\underline{Z}_1(s)} \quad$ und $\quad i_2(s) = \dfrac{u_a(s)}{\underline{Z}_2(s)}$

wird

$$\frac{u_e(s)}{\underline{Z}_1(s)} + \frac{u_a(s)}{\underline{Z}_2(s)} = 0$$

Somit ergibt sich für die Schaltung von Bild 40 b die Übertragungsfunktion

$$F(s) = \frac{u_a(s)}{u_e(s)} = - \frac{\underline{Z}_2(s)}{\underline{Z}_1(s)} \qquad (52)$$

Abgesehen von der Vorzeichenumkehr gibt das Verhältnis der

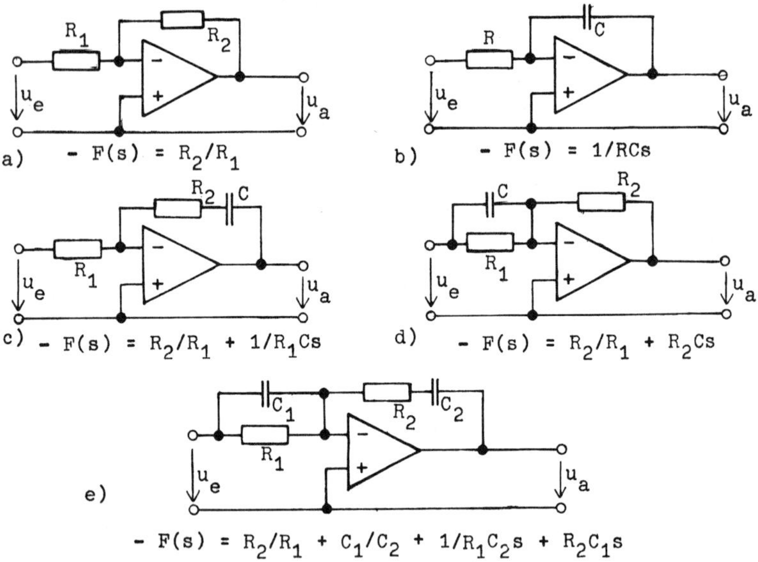

Bild 41 Realisierung von Regelverstärkern durch Operationsverstärker: P-Regelverstärker (a), I-Regelverstärker (b), PI-Regelverstärker (c), PD-Regelverstärker (d), PID-Regelverstärker (e)

Scheinwiderstände $\underline{Z}_2(s)$ und $\underline{Z}_1(s)$ das Verhalten des beschalteten Operationsverstärkers an. Bild 41 zeigt die Schaltungen der gebräuchlichsten Regelverstärker und ihre Übertragungsfunktionen. Die Übertragungsfunktion des PID-Regelverstärkers läßt sich - außer in der angegebenen Form - auch schreiben

$$- F(s) = \frac{R_2}{R_1}(1 + \frac{1}{R_2C_2s})(1 + R_1C_1s)$$

Der Vergleich mit Gl. (45) liefert die Daten

$$K_{Pk} = R_2/R_1 \qquad T_{nk} = R_2C_2 \qquad T_{vk} = R_1C_1$$

Die Umrechnung auf die Werte der Parallelschaltung erfolgt nach Gl. (46) .

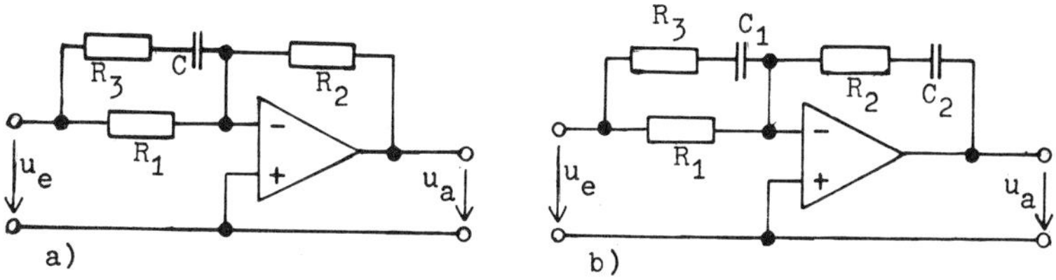

Bild 42 Schaltung des PD-T_1- Regelverstärkers (a) und des PID-T_1-Regelverstärkers (b)

Bild 42 zeigt die Schaltungen für den PD-T_1- und für den PID-T_1-Regelverstärker. Der PD-T_1-Regelverstärker hat die Übertragungsfunktion

$$- F(s) = K_P \frac{1 + T_vs}{1 + Ts}$$

mit $K_P = R_2/R_1 \qquad T_v = (R_1 + R_3)C \qquad T = R_3C$

und der PID-T_1-Regelverstärker

$$- F(s) = K_{Pk}(1 + \frac{1}{T_{nk}s})\frac{1 + T_{vk}s}{1 + Ts}$$

mit $K_{Pk} = R_2/R_1$, $T_{nk} = R_2C_2$, $T_{vk} = (R_1 + R_3)C_1$, $T = R_3C_1$

Ein Operationsverstärker gibt nur geringe Leistung ab, deswegen muß in der Regel ein Leistungsverstärker nachgeschaltet werden. Hat dieser P-Verhalten, so verändert er das Regelverhalten nicht, sondern nur die Übertragungsbeiwerte.

4. Bode-Diagramm

In diesem und den folgenden Abschnitten werden wir als Abkürzungen für den komplexen Frequenzgang $F(j\omega) = \underline{F}$
für den Amplitudengang $|F(j\omega)| = F$ und
für den Phasengang $\varphi(\omega) = \varphi$
schreiben. Wir haben dann den Zusammenhang (s. Gl. (31))

$$\underline{F} = Fe^{j\varphi} \tag{53}$$

Das Bode-Diagramm des offenen Regelkreises dient ebenso wie das Nyquist-Diagramm des offenen Regelkreises der Stabilitätsuntersuchung. Grundlage ist das Kriterium von Nyquist (Abschn. 2.8). Das Bode-Diagramm ist eine grafische Darstellung des komplexen Frequenzganges $\underline{F}$, bei der Amplitudengang F und Phasengang φ über der Kreisfrequenz ω aufgetragen werden. Dabei ist die Skalenteilung für ω und F logarithmisch, für φ dagegen linear (s.a. [1], Abschn. 3.2). Diese Darstellung hat gegenüber derjenigen im Nyquist-Diagramm (Ortskurve) zwei wesentliche Vorteile:

1. Durch den logarithmischen Maßstab läßt sich ein großer Amplitudenbereich erfassen.
2. Bei Kettenschaltungen multiplizieren sich nach Gl. (18) die Übertragungsfunktionen und damit die komplexen Frequenzgänge $\underline{F}$; nach Gl. (53) dann auch die Amplitudengänge F. Bei logarithmischer Darstellung wird daraus eine Addition. Da der Phasengang φ in Gl. (53) ebenfalls im Exponenten steht, erhält man das Bode-Diagramm einer Kettenschaltung, indem man die Bode-Diagramme der einzelnen Übertragungsglieder punktweise addiert. Damit ist es leicht möglich, das Bode-Diagramm $\underline{F}_o$ des offenen Regelkreises, der ja aus der Kettenschaltung aller Übertragungsglieder im Regelkreis besteht (s. Abschn. 2.8), aus den Bode-Diagrammen der einzelnen Übertragungsglieder zu konstruieren.

Es ist zweckmäßig, die Werte des Amplitudenganges F in Dezibel (dB) und auf diese Weise im logarithmischen Maß anzugeben. Es ist dann möglich, Amplituden- und Phasenkurve im gleichen Diagramm mit linearer Ordinatenteilung darzustellen (wie z.B. im Bild 45). Beim Übergang von normalen Zahlenwerten einerseits zu Dezibel-Werten andererseits bedienen wir uns des Zeichens $\hat{=}$ (entspricht), z. B. $1 \hat{=} 0$ dB , $2 \hat{=} 6$ dB $10 \hat{=} 20$ dB usw.

Es seien zunächst die Bode-Diagramme der wichtigsten Übertragungsglieder kurz zusammengestellt. Beim <u>P-Glied</u> ist $\underline{F} = K_P$, das bedeutet für den Betrag $F = K_P$ und $\varphi = 0^\circ$. Somit erhält man das Bode-Diagramm nach Bild 43 a.

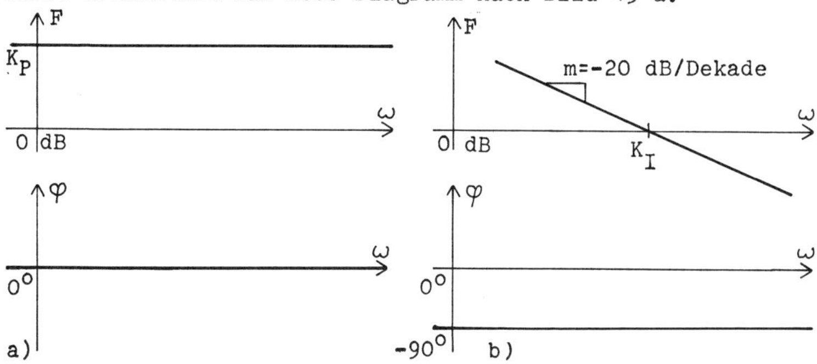

Bild 43 Bode-Diagramm des P-Gliedes (a) und des I-Gliedes(b)

Das <u>I-Glied</u> hat den komplexen Frequenzgang $\underline{F} = K_I/j\omega$, also ist $F = K_I/\omega$ und $\varphi = -90^\circ$. Die Amplitude ist umgekehrt proportional der Kreisfrequenz ω , das ergibt bei logarithmischer Skalenteilung eine fallende Gerade. Verzehnfacht sich die Kreisfrequenz ω , so sinkt die Amplitude F auf ein Zehntel oder um 20 dB , das Steigungsmaß der Geraden ist demnach $m = -20$ dB/Dekade (gleichwertig ist die Angabe 6 dB/Oktave , wobei mit "Oktave" ein Frequenzverhältnis 1:2 bezeichnet wird). Das Bode-Diagramm des I-Gliedes zeigt Bild 43 b . Die Amplitudenkurve schneidet die Frequenzachse (0 dB) , wenn $K_I/\omega = 1$ wird oder bei der <u>Durchtrittskreisfrequenz</u>

$$\omega_{DI} = K_I \tag{54}$$

Durch Steigungsmaß und Durchtrittskreisfrequenz ist die Gerade festgelegt.

Beim D-Glied ist $\underline{F} = K_D j\omega$ und somit $F = K_D \omega$ und $\varphi = +90^\circ$. Die Amplitudenkurve ist eine Gerade mit dem Steigungsmaß $m = +20$ dB/Dekade; sie schneidet die Frequenzachse bei der Durchtrittskreisfrequenz (s. Bild 44 a)

$$\omega_{DD} = 1/K_D \tag{55}$$

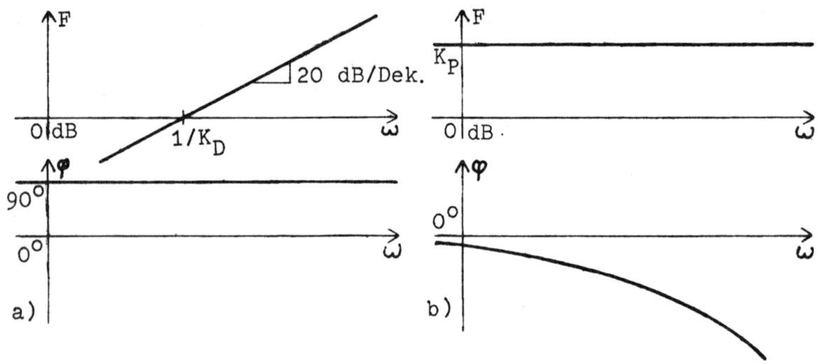

Bild 44 Bode-Diagramm des D-Gliedes (a) sowie des $P\text{-}T_t$-Gliedes (b)

Das Totzeitglied ($P\text{-}T_t$-Glied) hat den komplexen Frequenzgang

$$\underline{F} = K_P e^{-j\omega T_t}$$

woraus sich ein konstanter Amplitudengang $F = K_P$ und ein Phasengang $\varphi = -\omega T_t$ ergeben. Die Phase fällt also mit der Kreisfrequenz ω linear ab; wegen des logarithmischen Frequenzmaßstabes erscheint die Phasenkurve jedoch als Exponentialfunktion (Bild 44 b).

Der komplexe Frequenzgang eines $P\text{-}T_1$-Gliedes ist durch

$$\underline{F} = K_P/(1 + j\omega T)$$

gegeben. Für kleine Kreisfrequenzen ω kann das Glied $j\omega T$ im Nenner vernachlässigt werden; dort ist dann $F = K_P$ und $\varphi = 0^\circ$. Bei großen Kreisfrequenzen ω ist wiederum die 1 im Nenner zu vernachlässigen, die Amplitudenkurve fällt dann (wie beim I-Glied) mit 20 dB/Dekade, und die Phase erreicht

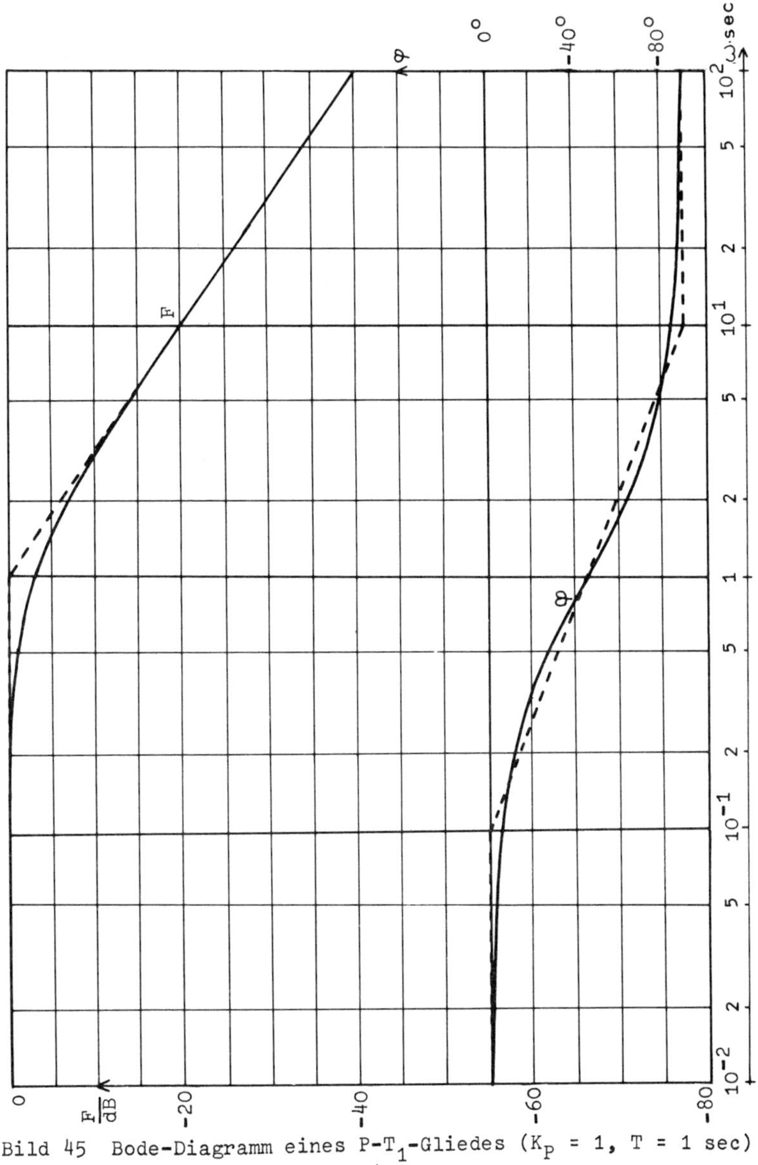

Bild 45 Bode-Diagramm eines P-T_1-Gliedes (K_P = 1, T = 1 sec)

den Wert $\varphi = -90^\circ$. Zwischen beiden Extremen gibt es Übergangskurven, die mathematisch durch die exakten Formeln

$$F = \frac{K_P}{\sqrt{1 + \omega^2 T^2}} \quad \text{und} \quad \varphi = -\arctan \omega T \tag{56}$$

beschrieben werden und für $K_P = 1 \hat{=} 0$ dB in Bild 45 dargestellt sind. Die gestrichelten Linien im oberen Teil des Bildes sind die Asymptoten an die Amplitudenkurve. Sie schneiden sich bei der <u>Eckkreisfrequenz</u>

$$\omega_E = \frac{1}{T} \tag{57}$$

Die Amplitude hat an dieser Stelle den Wert $F_E = K_P/\sqrt{2}$ und liegt damit um 3 dB niedriger als die Amplitude $F = K_P$ bei tiefen Frequenzen.

Die horizontalen gestrichelten Geraden im unteren Teil des Bildes 45 sind die Asymptoten an die Phasenkurve; sie sind verbunden durch die schräge, gestrichelte Gerade, die von $0{,}1\,\omega_E$ bis $10\,\omega_E$, also über zwei Dekaden, von 0° auf -90° fällt (Steigungsmaß -45°/Dekade). Dieser Streckenzug schneidet die wahre Kurve dreimal und weicht von ihr an keiner Stelle um mehr als 6° ab. Einer der Schnittpunkte liegt bei der Eckkreisfrequenz ω_E, bei der die Phase $\varphi = -45^\circ$ beträgt. In vielen Fällen reicht es aus, die gestrichelten Streckenzüge als Näherung zu verwenden. Sie sind schnell zu konstruieren und geben zumindest einen guten Überblick über die Stabilität des Regelkreises. Wir wollen zunächst nur mit dieser Näherungsdarstellung arbeiten.

<u>P-T_2-Glieder</u> lassen sich bei Dämpfungsgraden $\vartheta \geqq 1$ (Kriechfall oder aperiodischer Grenzfall) als Kettenschaltungen von je zwei P-T_1-Gliedern auffassen. Die Bode-Diagramme lassen sich dann durch punktweise Addition aus den Bode-Diagrammen der P-T_1-Glieder gewinnen. Bei Dämpfungsgraden $\vartheta < 1$ (Schwingfall) kann man nicht so verfahren; für diese Fälle sei auf [1], Abschn. 3.2.2 verwiesen.

Das PI-Glied hat nach Gl. (38) den komplexen Frequenzgang

$$\underline{F} = K_P(1 + 1/j\omega T_n) \qquad (58)$$

Bei tiefen Kreisfrequenzen ω überwiegt der zweite Term, daher fällt die Amplitude F mit 20 dB/Dekade, und die Phase ist konstant $\varphi = -90^\circ$. Bei hohen Kreisfrequenzen ist dagegen der erste Term größer; die Amplitude F ist dann konstant und die Phase φ erreicht 0°. Bei der Eckkreisfrequenz

$$\omega_{EPI} = 1/T_n = K_I/K_P \qquad (59)$$

haben beide Terme den gleichen Betrag. Bei Annäherung des wahren Verlaufs durch Streckenzüge erhält man somit das Bode-Diagramm von Bild 46. Die fallende Gerade bzw. ihre Verlängerung über ω_{EPI} hinaus schneidet die Kreisfrequenzachse (wie beim I-Glied) bei der Durchtrittskreisfrequenz $\omega_{DI} = K_I$ (s. Gl. (54)).

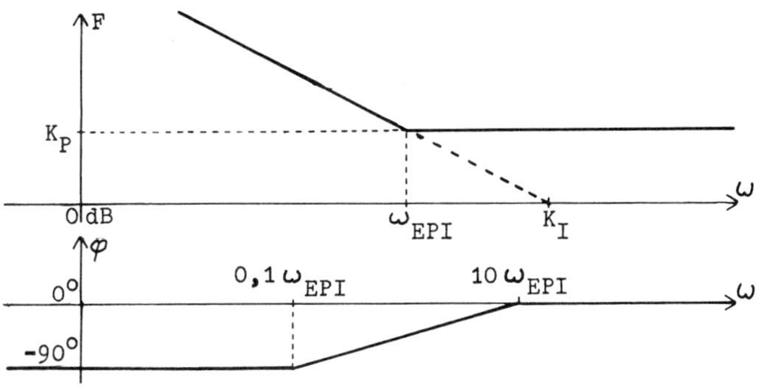

Bild 46 Bode-Diagramm des PI-Gliedes

Das PD-Glied hat nach Gl. (42) den komplexen Frequenzgang

$$\underline{F} = K_P(1 + j\omega T_v) \qquad (60)$$

Es überwiegt der erste Term bei tiefen und der zweite bei hohen Kreisfrequenzen ω; damit ergibt sich das (angenäherte) Bode-Diagramm von Bild 47. Die Asymptoten des Amplitudenganges schneiden sich bei der Eckkreisfrequenz

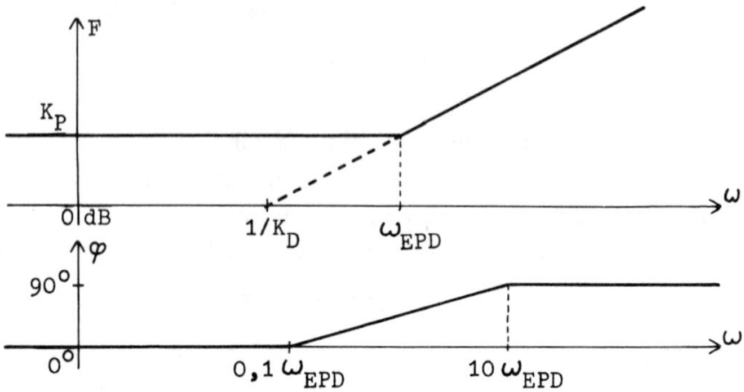

Bild 47 Bode-Diagramm des PD-Gliedes

$$\omega_{EPD} = 1/T_V = K_P/K_D \tag{61}$$

Die ansteigende Gerade bzw. ihre rückwärtige Verlängerung über ω_{EPD} hinaus schneidet die Kreisfrequenzachse (wie beim D-Glied) bei der Durchtrittskreisfrequenz $\omega_{DD} = 1/K_D$ (s. Gl. (55)).

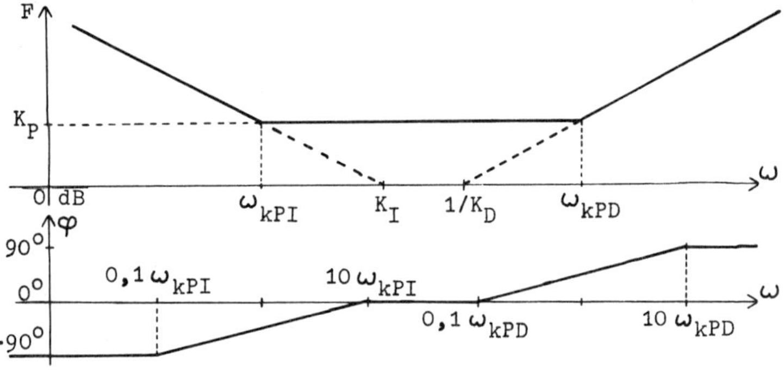

Bild 48 Bode-Diagramm des PID-Gliedes

Zur Konstruktion des Bode-Diagrammes des PID-Gliedes geht man zweckmäßig von der Produktdarstellung (Gl. (45)) aus, da sie der logarithmischen Skalenteilung angepaßt ist. Es müssen dann die Bode-Diagramme des PI-Gliedes und des PD-Gliedes grafisch addiert werden; das Ergebnis zeigt Bild 48. Die Eckkreisfrequenzen errechnen sich zu

$$\omega_{kPI} = 1/T_{nk} \qquad \omega_{kPD} = 1/T_{vk} \tag{62}$$

Im Bode-Diagramm von Bild 48 ist $\omega_{kPD} > 100\,\omega_{kPI}$ angenommen. In diesem Fall kann nach Gl. (46) näherungsweise $T_{nk} \cong T_n$ und $T_{vk} \cong T_v$ gesetzt werden.

Wird $\omega_{kPD} < 100\,\omega_{kPI}$, so vertauschen die Knickpunkte $10\,\omega_{kPI}$ und $0{,}1\,\omega_{kPD}$ der Phasenkurve ihre Reihenfolge; das zwischen ihnen liegende Stück der Phasenkurve muß dann doppelt so stark (mit 90°/Dekade) ansteigen. Ein derartiger Fall ist in Bild 49 dargestellt.

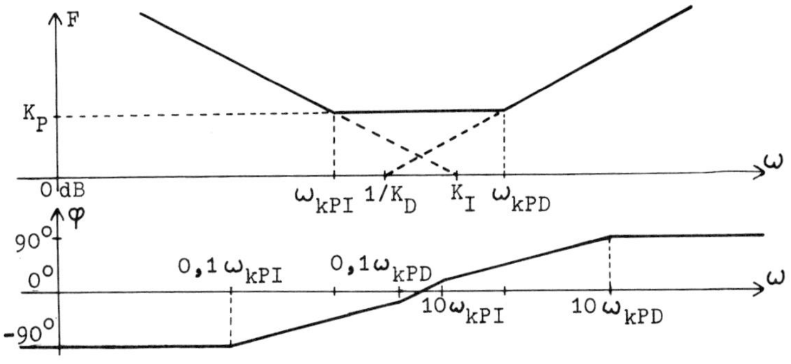

Bild 49 Bode-Diagramm des PID-Gliedes mit $\omega_{kPD} < 100\,\omega_{kPI}$

Ist schließlich $\omega_{kPD} < \omega_{kPI}$ (das entspricht dem Fall $T_n < 4T_v$ von Abschn. 3.2.6), so ist keine Annäherung durch Streckenzüge mehr möglich; das PID-Glied, das sich auch als $I\text{-}T_2^{-1}$-Glied auffassen läßt (s. [1], Abschn. 3.2.2), hat dann Schwingverhalten (Dämpfungsgrad $\vartheta < 1$). Als Regelverstärker sind derartige Übertragungsglieder meist unzweckmäßig. Sie lassen sich auch nicht durch die Schaltung von Bild 41 e realisieren.

<u>Beispiel 6:</u> Das Bode-Diagramm des offenen Regelkreises der Niveauregelung von Bild 38 soll konstruiert werden. Um zu-

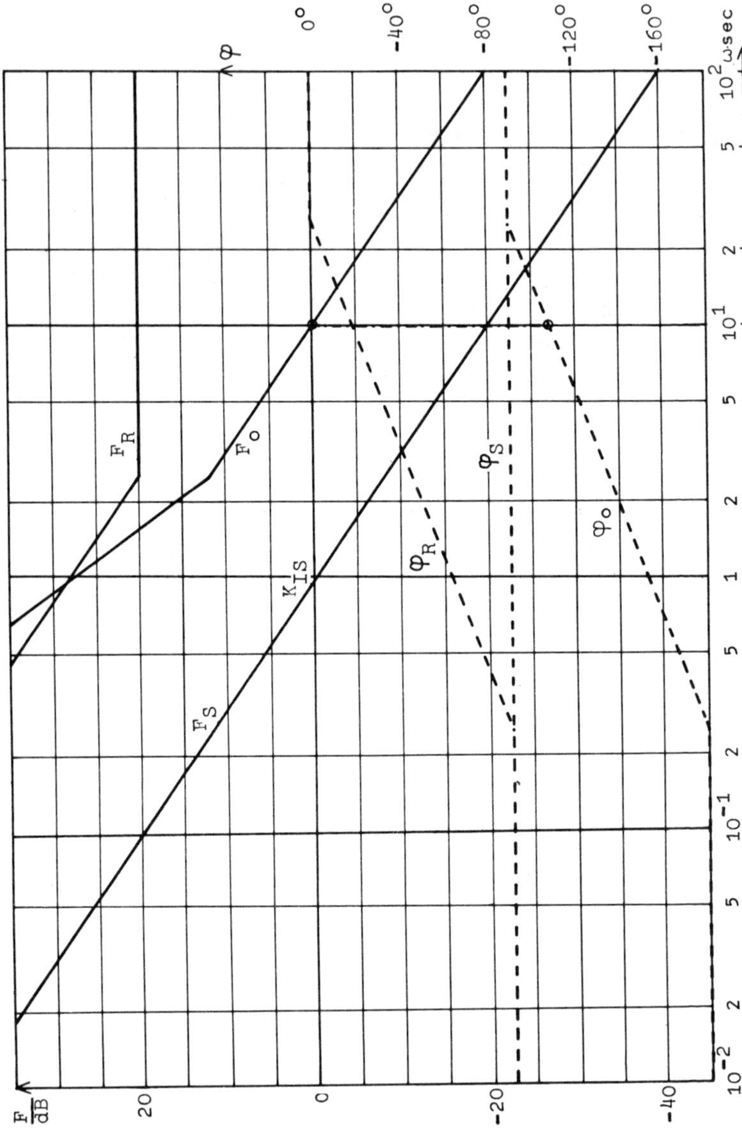

Bild 50 Bode-Diagramm zum Beispiel 6

nächst den Schwierigkeiten der Normierung (auf die wir im Abschn. 4.1 eingehen werden) auszuweichen, nehmen wir die Übertragungsfunktionen von Strecke und Regelverstärker (abweichend von den tatsächlichen Verhältnissen) als dimensionslos an. Weil die Übertragungsfunktion der Strecke

$$F_S(s) = K_{IS}/s$$

die komplexe Kreisfrequenz s im Nenner enthält, muß der Integrierbeiwert K_{IS} die Dimension $(\text{Zeit})^{-1}$ haben. Es sei

$$K_{IS} = 1/\text{sec} \qquad \text{und} \qquad K_P = 10 \mathrel{\hat{=}} 20\ \text{dB}$$

Um den aperiodischen Grenzfall einzustellen, muß, wie in Abschn. 3.3 gezeigt, die Nachstellzeit

$$T_n = \frac{4}{K_{IS}K_P} = 0{,}4\ \text{sec}$$

gewählt werden. Daraus folgt nach Gl. (59)

$$\omega_{EPI} = 2{,}5/\text{sec}$$

und es ergeben sich die in Bild 50 dargestellten Bode-Diagramme von Strecke und Regelverstärker (durch Index S bzw. R gekennzeichnet). Beide sind punktweise zu addieren, um das Bode-Diagramm des offenen Regelkreises zu erhalten. Bei der von uns gewählten Näherungsdarstellung genügt es, die Addition jeweils nur an den Knickpunkten der einzelnen Streckenzüge auszuführen; die Verbindungen zwischen den so erhaltenen Punkten sind wieder geradlinig. Durch die Addition erhält man die Kurven F_o und φ_o des Bildes 50. Die Amplitudenkurve F_o fällt zunächst mit 40 dB/Dekade, von $\omega = \omega_{EPI}$ an mit 20 dB/Dekade ab; die Phasenkurve φ_o beginnt bei -180° und steigt dann auf -90° an.

Zur Beurteilung der Stabilität müssen Amplitudenrand ε und Phasenrand δ abgelesen werden (s. Bild 23). Nun hat die Phase φ_o für tiefe Kreisfrequenzen ω den Wert -180°, dadurch erscheint die Stabilität gefährdet. Es ist jedoch zu bedenken, daß die dargestellte Phasenkurve eine Näherung ist; die wahre Kurve erreicht den Winkel -180° nur asymptotisch. Das Nyquist-Diagramm (Bild 51) erlaubt hier eine bessere

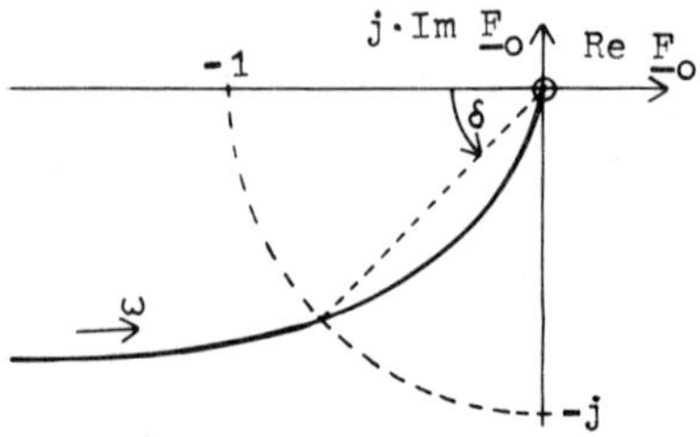

Bild 51 Nyquist-Diagramm des offenen Regelkreises nach Bild 38

Übersicht. Die Ortskurve $\underline{F}_o$ läuft bei tiefen Kreisfrequenzen ω parallel zur negativen rellen Achse; dadurch kommt die asymptotische Annäherung der Phase φ_o an -180° zustande. Der Regelkreis ist stabil, weil der kritische Punkt -1 links von der Kurve verbleibt, doch wird der Winkelbereich des Phasenrandes bei tiefen Kreisfrequenzen ω verletzt. Als Ausgleich sollte der Winkel δ, der den Abstand von der negativen reellen Achse bei $F_o = 1$ angibt (und den wir hier wieder als Phasenrand bezeichnen), merklich größer als sonst üblich sein; 45° bis 60° sind etwa angemessen. Den tatsächlichen Wert des Phasenrandes δ bestimmen wir aus Bild 50. Bei $\omega_\delta = 10/\text{sec}$ wird $F_o = 1$ oder $F_o \triangleq 0$ dB ; von diesem Punkt gehen wir senkrecht nach unten (strichpunktierte Linie) zur Phasenkurve und finden $\varphi_o = -108^o$. Damit wird

$$\delta = -108^o - (-180^o) = 72^o$$

Dieser Wert ist unabhängig von der speziellen Wahl der Übertragungsbeiwerte K_{IS} und K_P , sofern der aperiodische Grenzfall vorliegt.

Im Bild 51 erreicht die Ortskurve die negative reelle Achse erst im Nullpunkt (für $\omega \rightarrow \infty$). Nach Bild 23 ist dann $1/\varepsilon = 0$ zu setzen; der Amplitudenrand ε wird demnach unendlich groß. Das bedeutet, daß die Amplitudenrandbedingung beliebig gut erfüllt wird.

Beispiel 7: Das Bode-Diagramm einer $P\text{-}T_3$-Strecke mit den Konstanten

$K_S = 10 \triangleq 20$ dB, $T_1 = 25$ sec, $T_2 = 6$ sec, $T_3 = 1{,}2$ sec

(Bild 52) ist aus den Diagrammen der Einzelglieder zu kon-

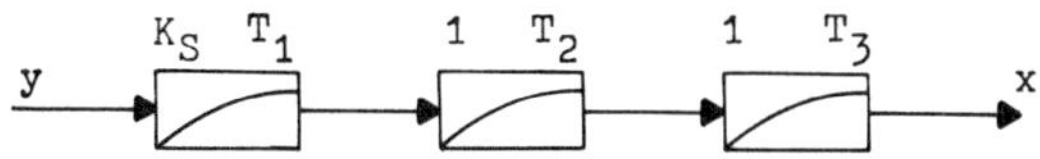

Bild 52 P-T_3-Strecke

struieren. P-T_3-Verhalten kommt beispielsweise bei einem Leonardsatz vor, dessen Umdrehungsfrequenz (Drehzahl) durch Verändern der Erregerspannung des Generators verstellt wird. Zum leichteren Verständnis wollen wir jedoch (wie im vorigen Beispiel) von einer dimensionslosen Übertragungsfunktion und damit von einem dimensionslosen Proportionalbeiwert K_S ausgehen.

Das Bode-Diagramm (F_S, φ_S) der Strecke ergibt sich als Summe der Bode-Diagramme (F_1, φ_1 bis F_3, φ_3) der einzelnen Übertragungsglieder; alle Diagramme sind in Bild 53 dargestellt. Der Amplitudengang F_S ist zunächst konstant, fällt dann mit 20 , darauf mit 40 und schließlich mit 60 dB pro Dekade ab. Die Knickstellen liegen bei den Eckkreisfrequenzen, die sich nach Gl. (57) zu

ω_{E1} = 0,04/sec, ω_{E2} = 0,167/sec und ω_{E3} = 0,833/sec

bestimmen lassen. Die Phasenkurve φ_S knickt jeweils bei dem 0,1-fachen und dem 10-fachen der Eckkreisfrequenzen und fällt von 0° bis -270° , wobei als Steigungsmaße die Vielfachen des Grundsteigungsmaßes -45°/Dekade auftreten.

Beispiel 8: Die Strecke von Bild 52 soll mit einem P-Regler geregelt werden; der Proportionalbeiwert K_P des Regelverstärkers ist so groß zu wählen, wie ein geforderter Amplitudenrand ε von 8 dB und ein Phasenrand δ von 30° es noch zulassen.

Das Bode-Diagramm der Strecke zeigt Bild 53 ; zu ihm muß das Bode-Diagramm des Regelverstärkers addiert werden. Sein Proportionalbeiwert K_P ist zunächst unbekannt und ergibt sich erst aus Amplituden- und Phasenrandbedingung. Nach Bild 43 a

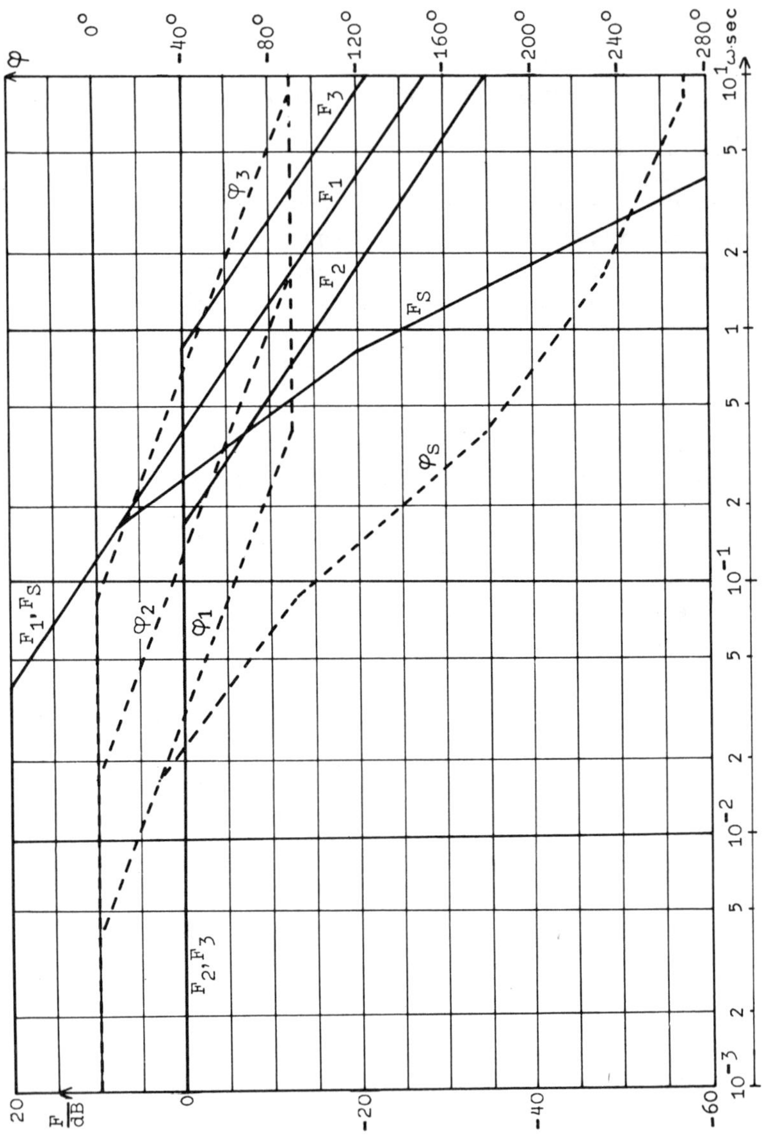

Bild 53 Bode-Diagramm zum Beispiel 7

beträgt die Phase des Regelverstärkers $\varphi_R = 0^\circ$, so daß die Gesamtphase $\varphi_o = \varphi_S$ ist. Der Amplitudenrand ε ist nach Abschn. 2.8 bei derjenigen Kreisfrequenz ω_ε abzulesen, bei der die Phase $\varphi_o = \varphi_S = -180^\circ$ wird; im Bild 53 lesen wir $\omega_\varepsilon = 0{,}38/\text{sec}$ ab. Der Amplitudenrand ε (in dB) ist gleich dem Negativwert der Amplitude F_o bei der Kreisfrequenz ω_ε; ist diese negativ, so ist ε positiv und der Regelkreis ist stabil. Da $\varepsilon \mathrel{\hat{\geqq}} 8$ dB (größer oder gleich entsprechend 8 dB) vorgeschrieben ist, muß

$$F_o \mathrel{\hat{\leqq}} -8 \text{ dB} \quad \text{bei} \quad \omega_\varepsilon = 0{,}38/\text{sec}$$

sein. Aus Bild 53 lesen wir ab

$$F_S \mathrel{\hat{=}} -7 \text{ dB} \quad \text{bei} \quad \omega_\varepsilon = 0{,}38/\text{sec}$$

Daraus folgt, weil sich die dB-Werte von F_S und F_R zu F_o addieren und weil der vorgegebene Wert von 8 dB für ε ein Mindestwert ist

$$F_R = K_P \mathrel{\hat{\leqq}} -1 \text{ dB}$$

Der Phasenrand δ ist bei derjenigen Kreisfrequenz ω_δ abzulesen, bei der die Amplitude $F_o = 1 \mathrel{\hat{=}} 0$ dB wird; δ ist der Ergänzungswinkel zu -180°, also ist der zugehörige Phasenwinkel $\varphi_\delta = -180^\circ + \delta$, und da $\delta \geqq 30^\circ$ vorgegeben ist, folgt $\varphi_\delta \geqq -150^\circ$. Dieser Winkel wird im Bild 53 bei $\omega_\delta = 0{,}23/\text{sec}$ erreicht; dort muß dann die Amplitude F_o auf 0 dB abgesunken sein, also $F_o \mathrel{\hat{\leqq}} 0$ dB. Wir lesen dann im Bild 53 ab:

$$F_S \mathrel{\hat{=}} 2 \text{ dB} \quad \text{bei} \quad \omega_\delta = 0{,}23/\text{sec}$$

Es folgt

$$F_R = K_P \mathrel{\hat{\leqq}} -2 \text{ dB}$$

Wir haben für den Proportionalbeiwert K_P nunmehr zwei Bedingungen, die wir beide erfüllen können, indem wir K_P nach der schärferen festlegen; somit ist

$$K_P = 0{,}79 \mathrel{\hat{=}} -2 \text{ dB}$$

zu wählen. Da die Regelstrecke eine Strecke mit Ausgleich ist, gibt es einen Regelfaktor nach Gl. (6)

$$r = \frac{1}{1 + K_o} = \frac{1}{1 + K_S K_P} = \frac{1}{1 + 7{,}9} = \frac{1}{8{,}9} = 0{,}112 = 11{,}2\ \%$$

Die Wirkung jeder Störung wird für $t \rightarrow \infty$ durch die Regelung auf 11,2 % ihres ursprünglichen Wertes herabgesetzt. Das wird man nicht in allen Fällen als ausreichend ansehen können.

<u>Beispiel 9</u>: Die Strecke von Bild 52 soll mit einem I-Regler geregelt werden; der Integrierbeiwert K_I des Regelverstärkers ist so groß zu wählen, wie ein geforderter Amplitudenrand von 8 dB und ein Phasenrand von 30° es zulassen.

Die Phase des I-Regelverstärkers ist nach Bild 43 b konstant $\varphi_R = -90^o$, daher lassen sich φ_R und die Gesamtphase $\varphi_o = \varphi_S + \varphi_R$ sofort in das Diagramm einzeichnen (Bild 54). φ_o erreicht -180° bei $\omega_\varepsilon = 0{,}082/\text{sec}$. Die Strecke hat bei dieser Kreisfrequenz die Amplitude $F_S \triangleq 14$ dB.
Die Amplitudenrandbedingung erfordert, daß bei ω_ε die Gesamtamplitude $F_o \stackrel{\wedge}{\leqq} -8$ dB ist; somit bleibt für den Regelverstärker

$$F_R \stackrel{\wedge}{\leqq} -22 \text{ dB} \quad \text{bei} \quad \omega_\varepsilon = 0{,}082/\text{sec} \qquad (a)$$

Wie im Beispiel 8 folgt aus $\delta \geqq 30^o$ $\varphi_\delta \geqq -150^o$. Diesen Winkel erreicht die Phasenkurve φ_o bei der Kreisfrequenz $\omega_\delta = 0{,}038/\text{sec}$. Dort ist $F_S \triangleq 20$ dB, und da die Gesamtamplitude $F_o \stackrel{\wedge}{\leqq} 0$ dB sein soll, folgt

$$F_R \stackrel{\wedge}{\leqq} -20 \text{ dB} \quad \text{bei} \quad \omega_\delta = 0{,}038/\text{sec} \qquad (b)$$

Wir haben wieder zwei Bedingungen; um beide zu erfüllen, müssen wir die schärfere zugrunde legen. Obwohl in der Bedingung (a) ein kleinerer Amplitudenwert (- 22 dB) vorgeschrieben wird, ist die Bedingung (b) schärfer. Das ist am besten im Bild 54 zu erkennen, dort sind die durch die Bedingungen (a) und (b) festgelegten Punkte durch Kreise markiert; die eingezeichnete Amplitudenkurve F_R des Regelverstärkers geht durch den durch (b) gegebenen Punkt und bleibt unter Punkt (a). Das bedeutet, daß die Bedingung (b) (Phasenrand) genau eingehalten wird, während die Bedingung (a) (Amplitudenrand) übererfüllt wird.
Den Übertragungsbeiwert K_I des Regelverstärkers bestimmt

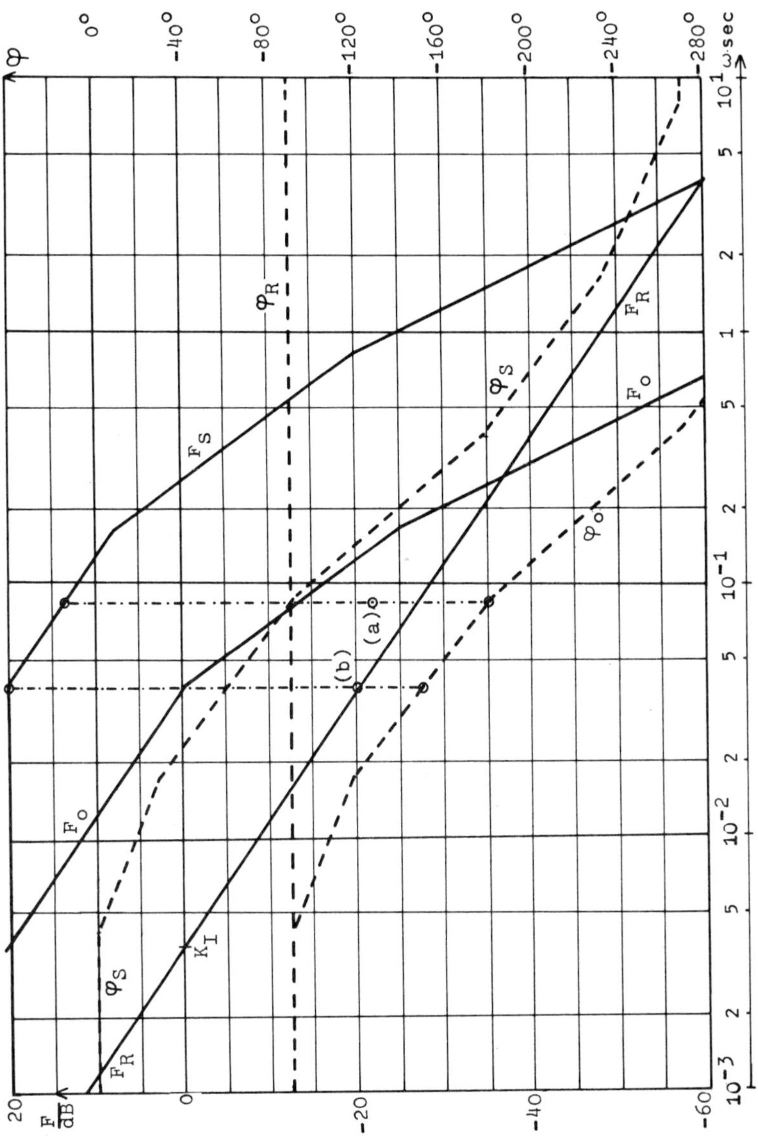

Bild 54 Bode-Diagramm zum Beispiel 9

man nach Gl. (54) aus der Durchtrittskreisfrequenz ω_{DI}

$$K_I = \omega_{DI} = 3{,}8 \cdot 10^{-3}/\text{sec}$$

Die Güte der Regelung läßt sich annähernd mit Hilfe des Integrierbeiwertes des offenen Regelkreises

$$K_{Io} = K_S K_I = 3{,}8 \cdot 10^{-2}/\text{sec}$$

beurteilen. Sein Reziprokwert

$$1/K_{Io} = 26{,}3 \text{ sec}$$

sollte deutlich unter der größten Zeitkonstanten der Strecke liegen. Da das nicht der Fall ist, kann keine zufriedenstellende Regelung erwartet werden.

<u>Beispiel 10</u>: Die Strecke von Bild 52 soll mit einem PI-Regler geregelt werden; Proportionalbeiwert K_P und Nachstellzeit T_n sind so zu bestimmen, daß ein Amplitudenrand $\varepsilon \mathrel{\hat{\geq}} 8$ dB und ein Phasenrand $\delta \geq 30^\circ$ eingehalten werden.

Da der PI-Regelverstärker nach Bild 46 nur negative Phasenwinkel φ_R hat, liegt die Gesamtphasenkurve φ_o tiefer und damit ungünstiger als im Beispiel 8 . Daher läßt sich mit Sicherheit kein größerer Proportionalbeiwert K_P als beim P-Regler erzielen, doch kann man versuchen, wieder mit dem gleichen Wert

$$K_P = 0{,}79 \mathrel{\hat{=}} -2 \text{ dB}$$

zu arbeiten. In diesem Fall darf sich gegenüber Beispiel 8 der Phasenrand δ , der bei $\omega_\delta = 0{,}23/\text{sec}$ abgelesen wurde, nicht verschlechtern; das erfordert, daß die Phasenkurve φ_R des PI-Regelverstärkers (s. Bild 46) bei ω_δ die obere Grenze 0° bereits erreicht hat. Das ist bei $10\omega_{EPI}$ der Fall, wir wählen daher $10\omega_{EPI} = \omega_\delta = 0{,}23/\text{sec}$ oder

$$\omega_{EPI} = 2{,}3 \cdot 10^{-2}/\text{sec}$$

Damit liegen auch die Nachstellzeit

$$T_n = 1/\omega_{EPI} = 43{,}5 \text{ sec}$$

und der Integrierbeiwert des Regelverstärkers

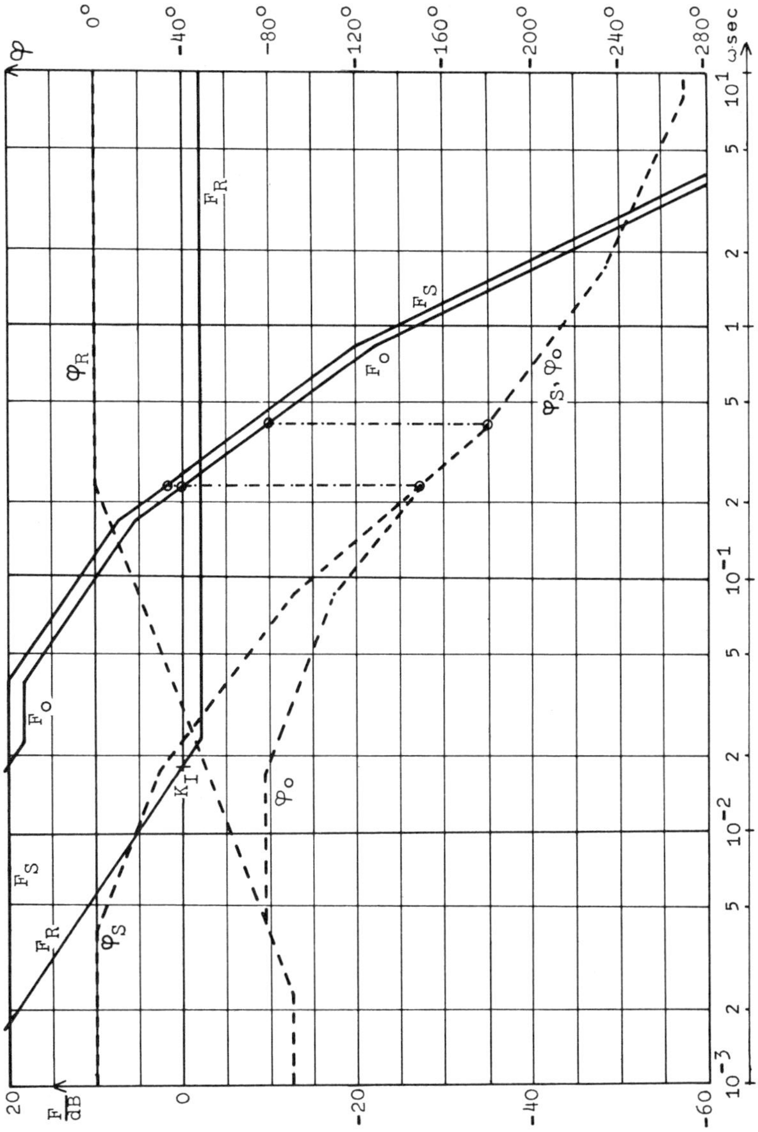

Bild 55 Bode-Diagramm zum Beispiel 10

$$K_I = K_P/T_n = 1{,}82 \cdot 10^{-2}/\text{sec}$$

fest, und wir können die Bode-Diagramme F_R, φ_R und F_o, φ_o des Regelverstärkers und des offenen Regelkreises konstruieren (Bild 55). Man überzeuge sich, daß Amplitudenrand- und Phasenrandbedingung eingehalten werden! (Zur Erleichterung sind strichpunktierte Ableselinien eingezeichnet.)

Zur Beurteilung des I-Anteiles ziehen wir wieder den Integrierbeiwert des offenen Regelkreises $K_{Io} = K_S K_I = 0{,}182/\text{sec}$ und seinen Reziprokwert $1/K_{Io} = 5{,}5$ sec heran. Dieser ist kleiner als die größte Zeitkonstante $T_1 = 25$ sec der Strecke, man darf daher eine ausreichende Regelung erwarten.

Beispiel 11: Die Strecke von Bild 52 soll mit einem PD-Regler geregelt werden; Proportionalbeiwert K_P und Vorhaltzeit T_v sind so zu bestimmen, daß ein Amplitudenrand $\varepsilon \mathrel{\hat{\geq}} 8$ dB und ein Phasenrand $\delta \geq 30^\circ$ eingehalten werden.

Nach Bild 47 hat der PD-Regelverstärker stets positive Phasenwinkel φ_R ; damit ergibt sich die Möglichkeit, der negativen Phasendrehung der Strecke entgegenzuwirken und so die Stabilität zu verbessern. Um diese Wirkung voll auszunutzen, sollte bei der Kreisfrequenz ω_δ , bei der der Phasenrand abgelesen wird, die Endphase $+ 90^\circ$ des Regelverstärkers erreicht sein. Dann liegt die Gesamtphasenkurve φ_o in dem entscheidenden Bereich um 90° höher als die Phasenkurve φ_S der Strecke. Demnach wird der Amplitudenrand ε bei derjenigen Kreisfrequenz ω_ε abgelesen, bei der $\varphi_S = - 270^\circ$ wird. Da sich die wahre Phasenkurve diesem Wert nur asymptotisch annähert, dürfen wir für den Amplitudenrand $\varepsilon = \infty$ ansetzen (s. Beispiel 6), wodurch die Amplitudenrandbedingung entfällt. Aus der Phasenrandbedingung $\delta \geq 30^\circ$ folgt

$$\varphi_\delta = - 180^\circ + \delta \geq - 150^\circ$$

Dieser Winkel wird bei derjenigen Kreisfrequenz ω_δ erreicht, bei der die Streckenphase

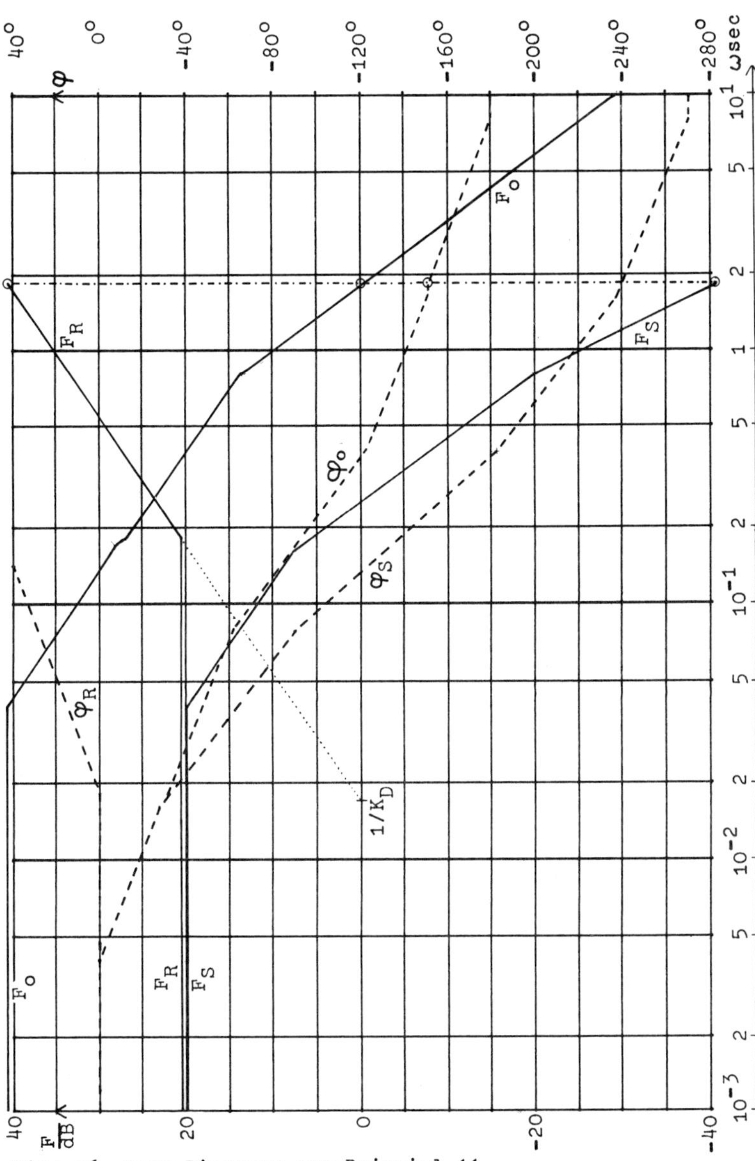

Bild 56 Bode-Diagramm zum Beispiel 11

$$\varphi_S = -150^\circ - 90^\circ = -240^\circ$$

wird. Wir bestimmen sie zu

$$\omega_\delta = 1{,}8/\text{sec}$$

Da die Phase φ_R des Regelverstärkers bei der Kreisfrequenz ω_δ bereits $+90^\circ$ erreicht haben soll, muß $10\,\omega_{EPD} \leqq \omega_\delta$ oder $\omega_{EPD} \leqq 0{,}18/\text{sec}$ sein. Man wird normalerweise diesen Maximalwert wählen, weil damit das Ziel, Amplituden- und Phasenrandbedingung zu erfüllen, mit dem geringsten Aufwand erreicht wird. Somit ist

$$\omega_{EPD} = 0{,}18/\text{sec}$$

Nach Gl. (61) ergibt sich die Vorhaltzeit

$$T_V = 1/\omega_{EPD} = 5{,}56 \text{ sec}$$

Die Phasenkurven φ_R des Regelverstärkers und φ_o des offenen Regelkreises lassen sich jetzt konstruieren, sie sind in Bild 56 dargestellt.

Bei der Kreisfrequenz $\omega_\delta = 1{,}8/\text{sec}$ hat die Streckenamplitude den Wert $F_S \mathrel{\hat{=}} -40{,}5$ dB . Da Strecke und Regler zusammen 0 dB erreichen dürfen, folgt

$$F_R \mathrel{\hat{\leqq}} 40{,}5 \text{ dB} \quad \text{bei} \quad \omega_\delta = 1{,}8/\text{sec}$$

Diese Kreisfrequenz liegt in dem Bereich, in dem die Amplitudenkurve des Regelverstärkers ansteigt; zu kleineren Frequenzen hin fällt sie somit ab bis zum Wert $+20{,}5$ dB bei der Eckkreisfrequenz $\omega_{EPD} = 0{,}18/\text{sec}$ und bleibt dann konstant auf dem Proportionalbeiwert des Regelverstärkers, der damit

$$K_P = 10{,}6 \mathrel{\hat{=}} 20{,}5 \text{ dB}$$

sein muß. Der Differenzierbeiwert ergibt sich zu

$$K_D = K_P T_V = 58{,}8 \text{ sec}$$

Wegen der stabilisierenden Wirkung des D-Anteiles kann man den Proportionalbeiwert K_P des Regelverstärkers wesentlich größer als beim P-Regler (s. Beispiel 8) wählen; dadurch erhält man einen kleineren Regelfaktor

$$r = \frac{1}{1 + K_S K_P} = \frac{1}{1 + 106} = \frac{1}{107} = 0{,}00935 = 0{,}935\ \%$$

und somit eine recht gute Regelung, wenn auch mit bleibender Regelabweichung.

Beispiel 12: Die Strecke von Bild 52 soll mit einem PID-Regler geregelt werden; Proportionalbeiwert K_P , Nachstellzeit T_n und Vorhaltzeit T_v sind so zu bestimmen, daß ein Amplitudenrand $\varepsilon \mathrel{\hat{\geq}} 8$ dB und ein Phasenrand $\delta \geq 30^\circ$ eingehalten werden.

Es liegt nahe, auf das Ergebnis des vorigen Beispiels zurückzugreifen und den dort berechneten Regelverstärker um einen I-Anteil zu erweitern, um auch die bleibende Regelabweichung noch zum Verschwinden zu bringen. Gelingt dies, dann können die im Beispiel 11 ermittelten Übertragungsbeiwerte übernommen werden; doch da dem Bode-Diagramm des PID-Gliedes die Konstanten K_{Pk} , T_{nk} und T_{vk} der Kettenschaltung zugrunde liegen (s. Abschn. 3.2.6), ist zu setzen

$$K_{Pk} = 10{,}6 \mathrel{\hat{=}} 20{,}5 \text{ dB} \qquad \text{und} \qquad T_{vk} = 5{,}56 \text{ sec}$$

Der I-Anteil muß nun so hinzugefügt werden, daß der Phasenrand δ nicht verkleinert wird. Das wird erreicht, wenn der zu der Eckkreisfrequenz ω_{kPI} gehörende Anstieg der Phasenkurve von -90° auf 0° (s. Bild 48) bei der Kreisfrequenz ω_δ beendet ist, d.h. wenn $10\,\omega_{kPI} \leq \omega_\delta = 1{,}8/\text{sec}$ oder $\omega_{kPI} \leq 0{,}18/\text{sec}$ ist.

In der Regel ist es zweckmäßig, diesen Maximalwert und damit den größtmöglichen Integrierbeiwert K_I zu wählen, weil dadurch die Regelung so schnell wie möglich wird; da man hier jedoch schon ohne I-Anteil ein sehr gutes Ergebnis erzielt (Beispiel 11), ist dieser Gesichtspunkt weniger wichtig. Es muß auch daran gedacht werden, daß sich bei gleichen Eckkreisfrequenzen ω_{kPI} und ω_{kPD} die Abweichungen der Streckenzüge von den wahren Phasenkurven zum doppelten Wert summieren; die Abweichung des Streckenzuges hat dann gerade bei

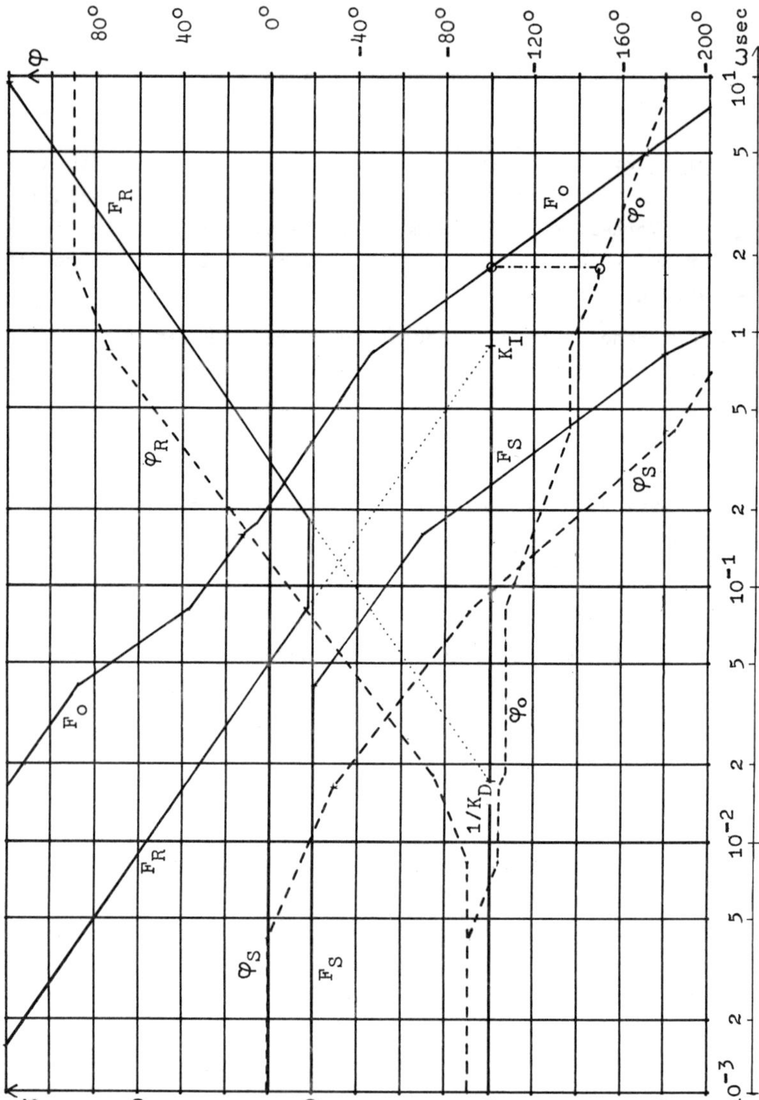

Bild 57 Bode-Diagramm zum Beispiel 12

der Kreisfrequenz ω_δ = 1,8/sec ihr Maximum (11°). Darum ist es hier besser, die Eckkreisfrequenz ω_{kPI} etwas kleiner zu wählen, beispielsweise

$$\omega_{kPI} = 0{,}0833/\text{sec}$$

so daß nach Gl. (62) T_{nk} = 12 sec wird. Mit diesen Werten ergibt sich das Bode-Diagramm von Bild 57 .

Nach Gl. (46) erhält man die Daten der Parallelschaltung

$$K_P = K_{Pk}(1 + T_{vk}/T_{nk}) = 15{,}5 \qquad T_n = T_{nk} + T_{vk} = 17{,}56 \text{ sec}$$

$$T_v = \frac{T_{nk}T_{vk}}{T_{nk} + T_{vk}} = 3{,}8 \text{ sec}$$

und damit nach Gl. (37) und (41)

$$K_I = 0{,}883/\text{sec} \qquad K_D = 58{,}9 \text{ sec}$$

Zur Beurteilung der Wirkung des I-Anteils ziehen wir wieder den Integrierbeiwert des offenen Regelkreises

$$K_{Io} = K_S K_I = 10 \cdot 0{,}883/\text{sec} = 8{,}83/\text{sec}$$

und seinen Reziprokwert $1/K_{Io}$ = 0,113 sec heran; da dieser sehr viel kleiner als die größte Zeitkonstante (T_1 = 25 sec) der Strecke ist, darf man eine gute Regelung erwarten.

4.1 Normierung

Wenn Eingangs- und Ausgangsgröße eines Übertragungsgliedes nicht die gleiche Dimension haben, ist die Übertragungsfunktion dimensionsbehaftet. Das kann sowohl für die Strecke als auch für den Regelverstärker zutreffen; die Kreisübertragungsfunktion $F_o(s)$ muß dagegen immer dimensionslos sein. Von dimensionsbehafteten Größen läßt sich kein Logarithmus bilden, sie lassen sich daher nicht ohne weiteres in Dezibel-Werte überführen. Um trotzdem zu einer logarithmischen Skala zu kommen, führen wir Maßstabsfaktoren K_{MS} für die Strecke und K_{MR} für den Regelverstärker ein. Sie müssen dimensionsgleich mit der jeweiligen Übertragungsfunktion sein und die Bedingung

$$K_{MS}K_{MR} = 1 \tag{63}$$

erfüllen. Wir setzen dann

$$F_S(s) = K_{MS}\tilde{F}_S(s) \tag{64}$$

und

$$F_R(s) = K_{MR}\tilde{F}_R(s) \tag{65}$$

Die Übertragungsfunktionen $\tilde{F}_S(s)$ und $\tilde{F}_R(s)$ sind dimensionslos; somit können die Amplitudengänge $\tilde{F}_S = |\tilde{F}_S(j\omega)|$ und $\tilde{F}_R = |\tilde{F}_R(j\omega)|$ in Dezibel angegeben werden. Wegen Gl. (63) gilt für den Amplitudengang des offenen Regelkreises

$$F_o = F_S F_R = K_{MS}\tilde{F}_S K_{MR}\tilde{F}_R = \tilde{F}_S\tilde{F}_R \tag{66}$$

Es ist also gleichgültig, ob man von den Amplitudengängen F_S und F_R oder von $\tilde{F}_S$ und $\tilde{F}_R$ ausgeht. Auch der für K_{MS} gewählte Wert spielt keine Rolle (solange Gl. (63) erfüllt wird), doch ist es zweckmäßig, ihn so festzulegen, daß sich $\tilde{F}_S$ möglichst im Bereich 0...40 dB bewegt. Andernfalls macht es Schwierigkeiten, alle Amplitudenkurven im gleichen Diagramm unterzubringen.

<u>Beispiel 13</u>: Es ist das Bode-Diagramm der Niveauregelung mit PI-Regler aus Abschn. 3.3 zu konstruieren.

Das Wassergefäß habe die Grundfläche $A_G = 1000\ cm^2$, die Dichte des Wassers ist $\varrho = 1\ kg/l$. Damit wird

$$K_{IS} = \frac{1}{\varrho A_G} = \frac{1\ l}{1\ kg \cdot 1000\ cm^2} = 10^{-2}\ \frac{m}{kg}$$

Die Übertragungsfunktion der Strecke $F_S(s) = K_{IS}/s$ hat die Dimension (Länge·Zeit)/Masse; von der gleichen Dimension muß der Maßstabsfaktor K_{MS} sein. Wir wählen

$$K_{MS} = 10^{-2}\ \frac{m\ sec}{kg}$$

dann ist $\quad F_S(s) = K_{IS}/s = 10^{-2}\ \frac{m}{kg}\cdot\frac{1}{s} = K_{MS}\tilde{F}_S(s) \quad$ mit

$$\tilde{F}_S(s) = \tilde{K}_{IS}/s \qquad \tilde{K}_{IS} = 1/sec$$

$\tilde{F}_S(s)$ ist dimensionslos, man kann daher das Bode-Diagramm des komplexen Frequenzganges $\tilde{F}_S(j\omega) = \tilde{K}_{IS}/j\omega$ in der üblichen Weise zeichnen. Da die Zahlenwerte mit denen des Beispiels 6 übereinstimmen, kann das Diagramm von Bild 50 übernommen werden. Die Übertragungsbeiwerte des Regelverstärkers sollen ebenfalls unverändert bleiben, sie müssen jetzt nur die Bezeichnungen $\tilde{K}_P$ und $\tilde{K}_{IR}$ erhalten. Demnach ist

$$\tilde{K}_P = 10 \mathrel{\hat{=}} 20 \text{ dB} \qquad \text{und} \qquad \tilde{K}_{IR} = \tilde{K}_P/T_n = 25/\text{sec}$$

Es folgt $$K_P = K_{MR}\tilde{K}_P = \tilde{K}_P/K_{MS} = 10^3 \frac{\text{kg}}{\text{m}\cdot\text{sec}} = 10 \frac{\text{kg}}{\text{cm}\cdot\text{sec}}$$

Das bedeutet, daß der Proportionalanteil des Reglers bei 1 cm Änderung der Füllhöhe den Zuflußstrom $\dot{m}_e$ um 10 kg/sec verstellen muß. Der Übertragungsbeiwert des I-Anteils wird dann $$K_{IR} = K_{MR}\tilde{K}_{IR} = \tilde{K}_{IR}/K_{MS} = 2{,}5\cdot 10^3 \frac{\text{kg}}{\text{m}\cdot\text{sec}^2} = 25 \frac{\text{kg}}{\text{cm}\cdot\text{sec}^2}$$

Die Nachstellzeit $T_n = K_P/K_{IR} = \tilde{K}_P/\tilde{K}_{IR} = 0{,}4$ sec ist die gleiche wie im Beispiel 6 . Da auch die Bedingung $T_n = 4/K_{IS}K_P$ (s. Abschn. 3.3) erfüllt ist, ist der Dämpfungsgrad des Regelkreises $\vartheta = 1$ (aperiodischer Grenzfall).

4.2 Reglerdimensionierung nach exakten Bode-Diagrammen

Die in den Beispielen 6 bis 12 benutzten Bode-Diagramme sind, wie mehrfach betont, Streckenzüge, die den wahren Verlauf nur angenähert wiedergeben. Sie sind schnell zu zeichnen und erlauben, den Regelverstärker in besonders einfacher Weise zu dimensionieren, indem die "Knicke" der Phasenkurven auf bestimmte Frequenzen gelegt werden (s. Beispiel 10 und 11). Dadurch sind jedoch Fehler möglich, weil die Abweichungen an den Knickstellen besonders groß sind; Amplitudenrand ε und Phasenrand δ können dann kleiner ausfallen, als sie im Diagramm abgelesen werden. Das gilt besonders, wenn zwei Eckkreisfrequenzen nahe beieinander liegen; in diesen Fällen wird die näherungsweise Darstellung nicht ausreichen, sondern es muß mit den exakten Bode-Diagrammen gearbeitet werden.

Zunächst ist das Bode-Diagramm der Regelstrecke zu zeichnen. Am einfachsten ist es, mit einem Rechner den komplexen Frequenzgang punktweise zu berechnen. Mit dem so gewonnenen Diagramm erfolgt die Dimensionierung des P- und des I-Reglers in der gleichen Weise wie bisher.

Beim PI- und PD-Regler wurden bisher die "Knicke" der Phasenkurven zum Auffinden der günstigsten Reglerdaten ausgenutzt. Diese "Knicke" existieren jedoch nur in den Näherungen, nicht in den wirklichen Phasenkurven. Dadurch hervorgerufene Phasenfehler betragen bis zu 5° und spiegeln meist einen zu großen Phasenrand vor, d.h. die wirklichen Phasenkurven liegen ungünstiger als die Näherungen. Da aber andererseits das bisherige Verfahren es erlaubte, die wichtigen Reglerparameter T_n und T_v in sehr einfacher Weise zu finden, erscheint das folgende Vorgehen zweckmäßig:

Beim Auffinden der Reglerdaten geht man zwar vom exakten Bode-Diagramm der Regelstrecke, aber vom angenäherten des Regelverstärkers aus. Der Phasenfehler im "Knick" der Phasenkurve wird dadurch kompensiert, daß der vorgegebene Phasenrand um 5° vergrößert wird. Mit den so gewonnenen Daten wird das exakte Bode-Diagramm des Regelverstärkers und - durch punktweise Addition zum Bode-Diagramm der Strecke - das des offenen Regelkreises gezeichnet. An diesem wird nochmals überprüft, ob Amplituden- und Phasenrandbedingung erfüllt sind. Ist das nicht der Fall, kann man durch Verkleinern des Proportionalbeiwertes K_P dieses Ziel erreichen; sind dagegen beide Bedingungen übererfüllt, kann man umgekehrt K_P noch vergrößern.

Beim PID-Regler muß, da die "Knickpunkte" der Phasenkurve häufig zusammenfallen, mit einem um 10° vergrößerten Phasenrand gerechnet werden.

Ein Beispiel soll die Anwendung erläutern.

<u>Beispiel 14</u>: Es ist die Umdrehungsfrequenz des Motors eines Leonardsatzes (Bild 58) mit einem PI-Regler und mit einem PD-Regler zu regeln; Stellgröße ist die Feldspannung u_{FG} des Generators. Die Regelverstärker sind nach dem Bode-Diagramm zu dimensionieren. Es sind ein Amplitudenrand von 8 dB

und ein Phasenrand von 30° einzuhalten.

Feldspannung und Feldstrom i_{FG} des Generators hängen durch die Gleichung

$$i_{FG}(s) = \frac{u_{FG}(s)}{R_{FG} + L_{FG}(s)} = \frac{u_{FG}(s)}{R_{FG}} \cdot \frac{1}{1 + T_{FG}s}$$

zusammen, wo R_{FG} der Widerstand, L_{FG} die Induktivität und $T_{FG} = L_{FG}/R_{FG}$ die Zeitkonstante der Feldwicklung des Generators sind. Man erhält somit die Übertragungsfunktion

$$F_{FG}(s) = \frac{i_{FG}(s)}{u_{FG}(s)} = \frac{1}{R_{FG}} \cdot \frac{1}{1 + T_{FG}s}$$

die ein $P\text{-}T_1$-Verhalten wiedergibt. Die Quellenspannung des Generators

$$u_{qG} = K_G i_{FG}$$

ist, sofern die Nichtlinearität des Eisens unbeachtet bleibt, dem Erregerstrom i_{FG} proportional, wobei der Übertragungsbeiwert K_G auftritt. Von der Generatorquellenspannung subtrahiert sich die Quellenspannung u_{qM} des Motors; die Differenz Δu_q fällt im Ankerkreis ab. Die Ankerwiderstände seien R_{AG} und R_{AM}, die Induktivitäten L_{AG} und L_{AM},

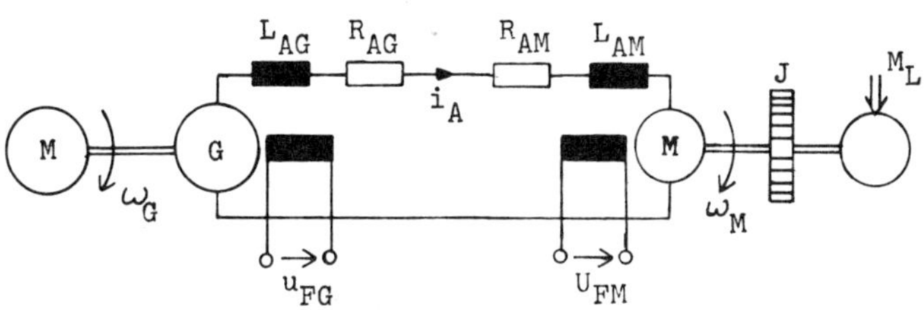

Bild 58 Schaltung eines Leonardsatzes

dann wird der Strom im Ankerkreis

$$i_A(s) = F_A(s)\Delta u_q(s)$$

mit $$F_A(s) = \frac{1}{R_{AG} + R_{AM} + (L_{AG} + L_{AM})s} = \frac{1}{R_{AG} + R_{AM}} \cdot \frac{1}{1 + T_A s}$$

wobei $T_A = (L_{AG} + L_{AM})/(R_{AG} + R_{AM})$ die Zeitkonstante des Ankerkreises ist. Bei konstanter Feldspannung U_{FM} des Motors ist dessen Drehmoment

$$M_M = C_M \phi i_A$$

(C_M = Motorkonstante, ϕ = Kraftfluß des Motors) dem Ankerstrom proportional. Nach Abzug des Lastmomentes M_L und des Reibungsmomentes M_R verbleibt das Beschleunigungsmoment M_B , zu dessen Zeitintegral die Winkelgeschwindigkeit des Motors

$$\omega_M = \frac{1}{J_M} \int M_B(t)dt + \omega_M(0)$$

und seine Umdrehungsfrequenz $n_M = \omega_M/2\pi$ proportional sind. (Dabei ist J_M das Trägheitsmoment der Drehmassen von Motor und Arbeitsmaschine.) Durch Laplace-Transformation folgt

$$\omega_M(s) = M_B(s)/J_M s$$

Das Reibungsmoment $M_R = K_R \omega_M$ und die Quellenspannung $u_{qM} = C_M \phi \omega_M$ sind der Winkelgeschwindigkeit proportional (Beiwerte K_R und $C_M \phi$). Somit haben wir den **Wirkungsplan** von Bild 59.

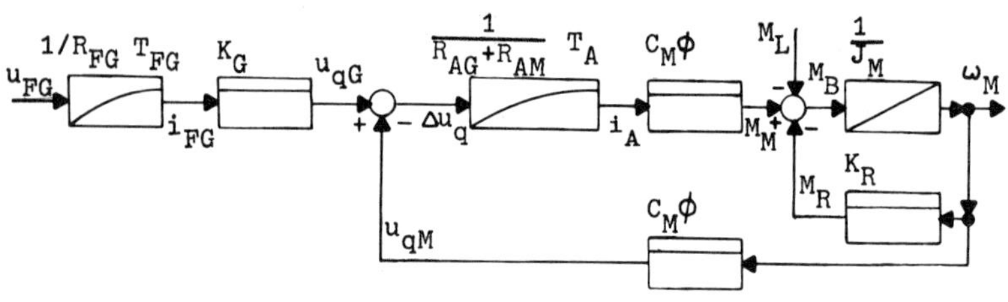

Bild 59 Wirkungsplan des Leonardsatzes von Bild 58

Der Leonardsatz habe die Daten:

$R_{FG} = 400\ \Omega$	$T_{FG} = 125$ msec	$K_G = 800$ V/A
$R_{AG} + R_{AM} = 2{,}06\ \Omega$	$T_A = 70$ msec	$C_M\phi = 1{,}28$ Wsec/A
$J_M = 0{,}3\ \text{Wsec}^3$	$K_R = 0{,}04\ \text{Wsec}^2$	

Wenn wir nur Abweichungen vom eingeschwungenen Zustand betrachten und das Lastmoment M_L als konstant annehmen, brauchen wir dieses nicht mehr zu berücksichtigen. Wir können dann die Schleifen im Wirkungsplan (Bild 59) nach Gl. (20) zusammenfassen; die kleinere (Eingangsgröße M_M, Ausgangsgröße ω_M) hat die Übertragungsfunktion

$$F_1(s) = \frac{1/J_M s}{1 + K_R/J_M s} = \frac{1/K_R}{1 + (J_M/K_R)s}$$

Für die große Schleife (Eingangsgröße u_{qG}, Ausgangsgröße ω_M) ergibt sich dann

$$F_2(s) = \frac{\frac{1}{R_{AG} + R_{AM}} \cdot \frac{1}{1 + T_A s} \cdot c_M \phi \cdot \frac{1/K_R}{1 + (J_M/K_R)s}}{1 + \frac{(c_M\phi)^2/K_R}{(R_{AG} + R_{AM})(1 + T_A s)[1 + (J_M/K_R)s]}}$$

$$= \frac{c_M \phi}{K_R(R_{AG} + R_{AM})(1 + T_A s)\left[1 + (J_M/K_R)s\right] + (c_M\phi)^2}$$

$$= \frac{c_M \phi}{K_R(R_{AG} + R_{AM}) + (c_M\phi)^2} \cdot$$

$$\cdot \frac{1}{1 + \frac{(R_{AG} + R_{AM})(K_R T_A + J_M)}{K_R(R_{AG} + R_{AM}) + (c_M\phi)^2} s + \frac{(R_{AG} + R_{AM})T_A J_M}{K_R(R_{AG} + R_{AM}) + (c_M\phi)^2} s^2}$$

Multipliziert man noch mit der Übertragungsfunktion

$$F_3(s) = \frac{K_G/R_{FG}}{1 + T_{FG}s}$$

der beiden ersten Übertragungsglieder im Bild 59 und setzt die gegebenen Werte ein, so erhält man als Übertragungsfunktion des Leonardsatzes

$$F_S(s) = \frac{1{,}49 \cdot 1/\text{Vsec}}{(1 + 125\ \text{msec} \cdot s)(1 + 0{,}362\ \text{sec} \cdot s + 0{,}0251\ \text{sec}^2 \cdot s^2)}$$

Der quadratische Faktor im Nenner hat die beiden reellen Nullstellen $s_1 = -1/T_1 = -3{,}73/\text{sec}$ und $s_2 = -1/T_2 = -10{,}7/\text{sec}$; er läßt sich infolgedessen in zwei Linearfaktoren zerlegen. Damit wird

$$F_S(s) = \frac{1{,}49 \cdot 1/\text{Vsec}}{(1 + T_1 s)(1 + T_2 s)(1 + T_3 s)}$$

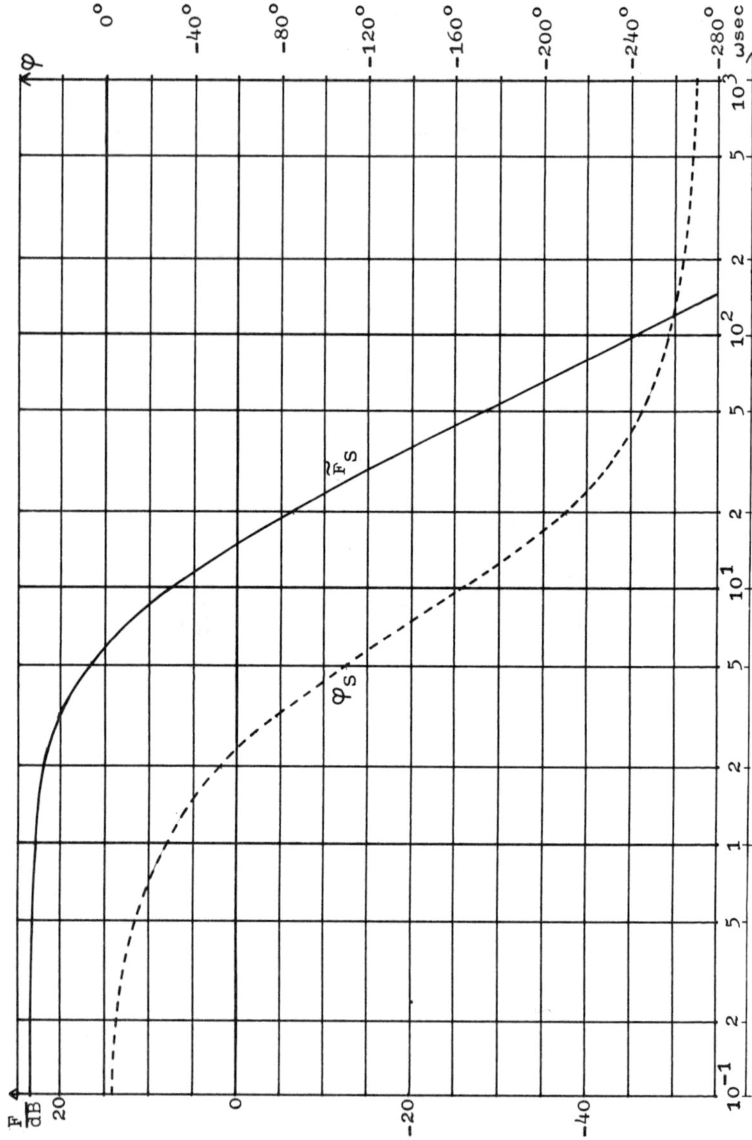

Bild 60 Bode-Diagramm des Leonardsatzes von Beispiel 14

mit $T_1 = 0{,}268$ sec , $T_2 = 0{,}0935$ sec und $T_3 = 0{,}125$ sec . Der Leonardsatz hat also P-T_3-Verhalten.

Als Maßstabsfaktor wählen wir $K_{MS} = 10^{-1} \cdot 1/\text{Vsec}$; es wird dann $F_S(s) = K_{MS}\tilde{F}_S(s)$ mit

$$\tilde{F}_S(s) = \frac{14{,}9}{(1 + T_1 s)(1 + T_2 s)(1 + T_3 s)}$$

Mit den Eckkreisfrequenzen $\omega_{E1} = 1/T_1 = 3{,}73/\text{sec}$, $\omega_{E2} = 1/T_2 = 10{,}7/\text{sec}$ und $\omega_{E3} = 1/T_3 = 8/\text{sec}$ sowie mit dem Übertragungsbeiwert $\tilde{K}_S = 14{,}9 \mathrel{\hat{=}} 23{,}5$ dB ergibt sich der komplexe Frequenzgang

$$\tilde{F}_S(j\omega) = \frac{14{,}9}{(1 + j\omega T_1)(1 + j\omega T_2)(1 + j\omega T_3)}$$

und daraus der Amplitudengang

$$\tilde{F}_S = \left|\tilde{F}_S(j\omega)\right| = \frac{14{,}9}{\sqrt{(1 + \omega^2 T_1^2)(1 + \omega^2 T_2^2)(1 + \omega^2 T_3^2)}}$$

der dann in Dezibel umzurechnen ist. Den Phasengang erhält man aus der Gleichung

$$\varphi_S = -\arctan \omega T_1 - \arctan \omega T_2 - \arctan \omega T_3$$

Beide Kurven zeigt das Bode-Diagramm von Bild 60 .

Bei der Dimensionierung der Regelverstärker ist nach den obigen Ausführungen mit einem um 5° vergrößerten Phasenrand, also mit 35° zu rechnen. Die Bestimmung der Daten des PI-Reglers kann dann wie im Beispiel 10 erfolgen, doch muß die Berechnung des Proportionalbeiwertes $\tilde{K}_P$ - wie im Beispiel 8 - vorausgehen. Die Regelstrecke erreicht bei der Kreisfrequenz $\omega_\varepsilon = 12{,}4/\text{sec}$ die Phase -180° ; dort beträgt die Streckenamplitude $\tilde{F}_S \mathrel{\hat{=}} +3{,}6$ dB . Die Regleramplitude darf dann höchstens $\tilde{F}_R \mathrel{\hat{=}} -11{,}6$ dB erreichen, damit die Gesamtamplitude F_o den Wert -8 dB nicht übersteigt und somit die Amplitudenrandbedingung eingehalten wird.

Da der Phasenrand δ mit mindestens 35° anzusetzen ist, ergibt sich $\varphi_\delta = -180^\circ + \delta \geqq -145^\circ$. Dieser Winkel wird von der Streckenphase bei $\omega_\delta = 7{,}8/\text{sec}$ erreicht; die Strekkenamplitude beträgt dort $\tilde{F}_S \mathrel{\hat{=}} +11{,}4$ dB . Damit die Gesamtamplitude 0 dB nicht überschreitet, darf die Amplitude des Regelverstärkers nicht größer als $-11{,}4$ dB werden. Aus Amplituden- und Phasenrandbedingung ergibt sich fast der gleiche Wert; zu wählen ist der kleinere

$$\tilde{K}_P = 0{,}263 \mathrel{\hat{=}} -11{,}6 \text{ dB}$$

Da die Phasenrandbedingung praktisch zu dem gleichen Wert führt, dürfen wir bei der Festlegung der Nachstellzeit T_n den Phasenrand nicht verschlechtern. Daher wählen wir - entsprechend wie im Beispiel 10 - $\omega_{EPI} = 0{,}1\,\omega_\delta = 0{,}78/\text{sec}$ und damit $T_n = 1/\omega_{EPI} = 1{,}28$ sec . Mit den Beziehungen

$$\tilde{F}_R = \tilde{K}_P \sqrt{1 + 1/(\omega^2 T_n^2)} \quad \text{und} \quad \varphi_R = \text{arc tan}\,\omega T_n - 90^\circ$$

läßt sich nun das exakte Bode-Diagramm des Regelverstärkers berechnen. Dieses Diagramm ($\tilde{F}_R$, φ_R) zeigt Bild 61 . Durch punktweise Addition erhält man das Bode-Diagramm (F_o , φ_o) des offenen Regelkreises. Daraus lassen sich die tatsächlichen Werte des Amplituden- und Phasenrandes bestimmen:
Bei $\omega_\varepsilon = 11{,}8/\text{sec}$ erreicht φ_o den Winkel -180° und es wird $F_o \mathrel{\hat{=}} -7$ dB , F_o unterschreitet die 0-dB-Linie also nur um 7 dB , statt wie gefordert um 8 dB ; die Amplitudenrandbedingung wird um 1 dB verletzt. Aus diesem Grunde verkleinern wir $\tilde{K}_P$ um 1 dB und legen den Wert nun endgültig auf

$$\tilde{K}_P = 0{,}23 \mathrel{\hat{=}} -12{,}8 \text{ dB}$$

fest. Damit erreicht die Amplitude F_o die 0 dB bei $\omega_\delta = 7{,}1\,/\text{sec}$; der zugehörige Phasenwinkel beträgt $\varphi_o = \varphi_\delta = -143{,}7^\circ$. Damit ergibt sich

$$\delta = 180^\circ + \varphi_\delta = 36{,}3^\circ$$

Mit diesem Wert von $\tilde{K}_P$ wird die Amplitudenrandbedingung genau erfüllt, die Phasenrandbedingung ist um $6{,}3^\circ$ übererfüllt. (Da hier das exakte Bode-Diagramm zugrunde liegt, gilt wieder der ursprüngliche Wert $\delta \geqq 30^\circ$ für den Phasenrand.)

Als Maßstabsfaktor K_{MR} erhält man nach Gl. (63)

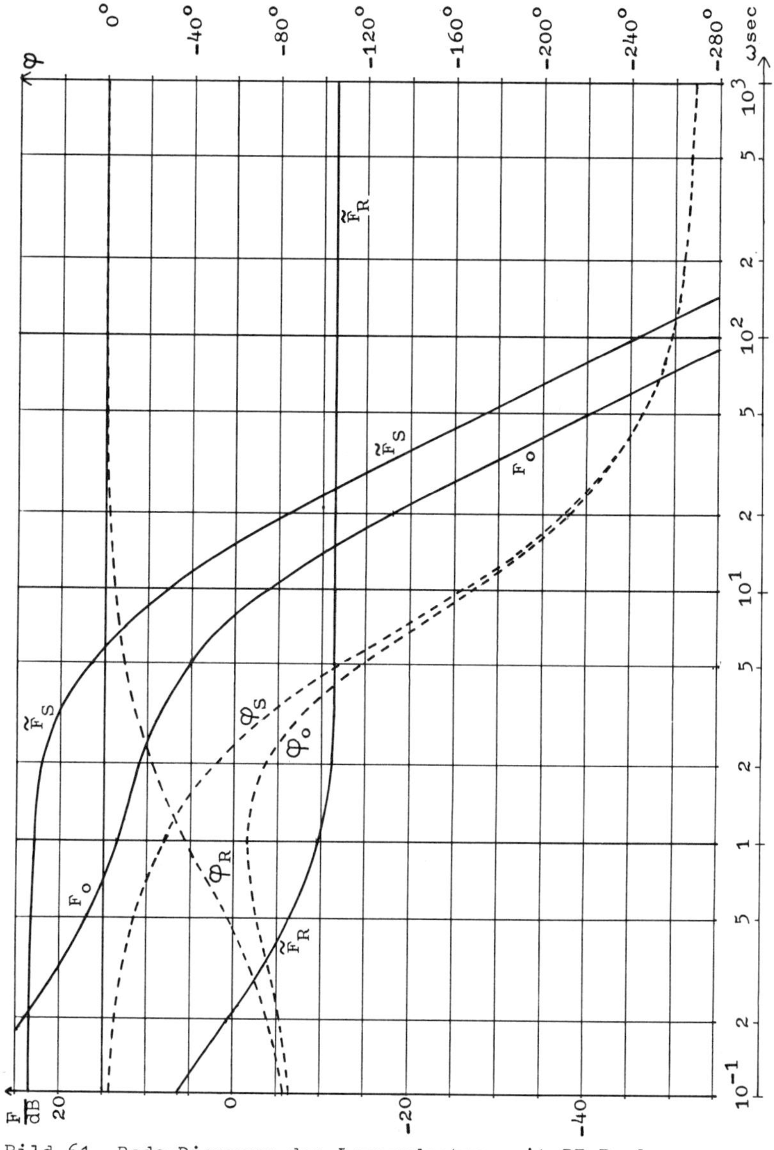

Bild 61 Bode-Diagramm des Leonardsatzes mit PI-Regler

$$K_{MR} = 1/K_{MS} = 10 \text{ Vsec}$$

Damit wird $$K_P = \tilde{K}_P K_{MR} = 1{,}38 \text{ Vsec}$$

Der Integrierbeiwert des Regelverstärkers ergibt sich zu

$$K_I = K_P/T_n = \frac{1{,}38 \text{ Vsec}}{1{,}28 \text{ sec}} = 1{,}08 \text{ V}$$

Die Güte der Regelung läßt sich durch den Integrierbeiwert $K_{Io} = K_S K_I = 1{,}61/\text{sec}$ und seinen Reziprokwert

$$1/K_{Io} = 0{,}623 \text{ sec}$$

abschätzen. Da diese Zeit größer als die größte Zeitkonstante der Strecke ($T_1 = 0{,}268$ sec) ist, kann eine gute Regelung nicht erwartet werden.

Beim PD-Regler gehen wir davon aus, daß bei den Kreisfrequenzen ω_ε und ω_δ, bei denen Amplituden- und Phasenrand bestimmt werden, die Phase des Regelverstärkers nahezu den Endwert $+ 90^\circ$ erreicht hat. Die Gesamtphase nähert sich dann asymptotisch $- 180^\circ$, so daß der Amplitudenrand ε unendlich groß wird.

Die Phasenkurve des Regelverstärkers denken wir uns zunächst wieder als Streckenzug; zum Ausgleich gehen wir von einem Phasenrand $\delta = 35^\circ$ aus. Damit wird $\varphi_\delta = - 180^\circ + \delta = -145^\circ$. Dieser Winkel setzt sich zusammen aus einem Phasenwinkel des Regelverstärkers von $+ 90^\circ$ und einer Streckenphase, die somit $- 235^\circ$ betragen muß. Das ist der Fall bei der Kreisfrequenz $\omega_\delta = 36/\text{sec}$. Damit nun der Regelverstärker den Phasenwinkel von 90° gerade erreicht, ist

$$\omega_{EPD} = 0{,}1\,\omega_\delta = 3{,}6/\text{sec} \quad \text{und damit} \quad T_v = \frac{1}{\omega_{EPD}} = 0{,}28 \text{ sec}$$

zu wählen. Bei ω_δ hat die Strecke die Amplitude

$$\tilde{F}_S \mathrel{\hat{=}} - 20{,}5 \text{ dB}$$

Da die Gesamtamplitude $F_o = \tilde{F}_S \tilde{F}_R$ nicht größer als 0 dB werden soll, gilt $\tilde{F}_R \mathrel{\hat{\leq}} 20{,}5$ dB

Dieser Punkt liegt auf dem ansteigenden Ast der Amplitudenkurve (s. Bild 47), nach links fällt sie bis zur Eckfrequenz um 20 dB ab. Damit wird $\tilde{K}_P = 1{,}06 \mathrel{\hat{=}} 0{,}5$ dB .

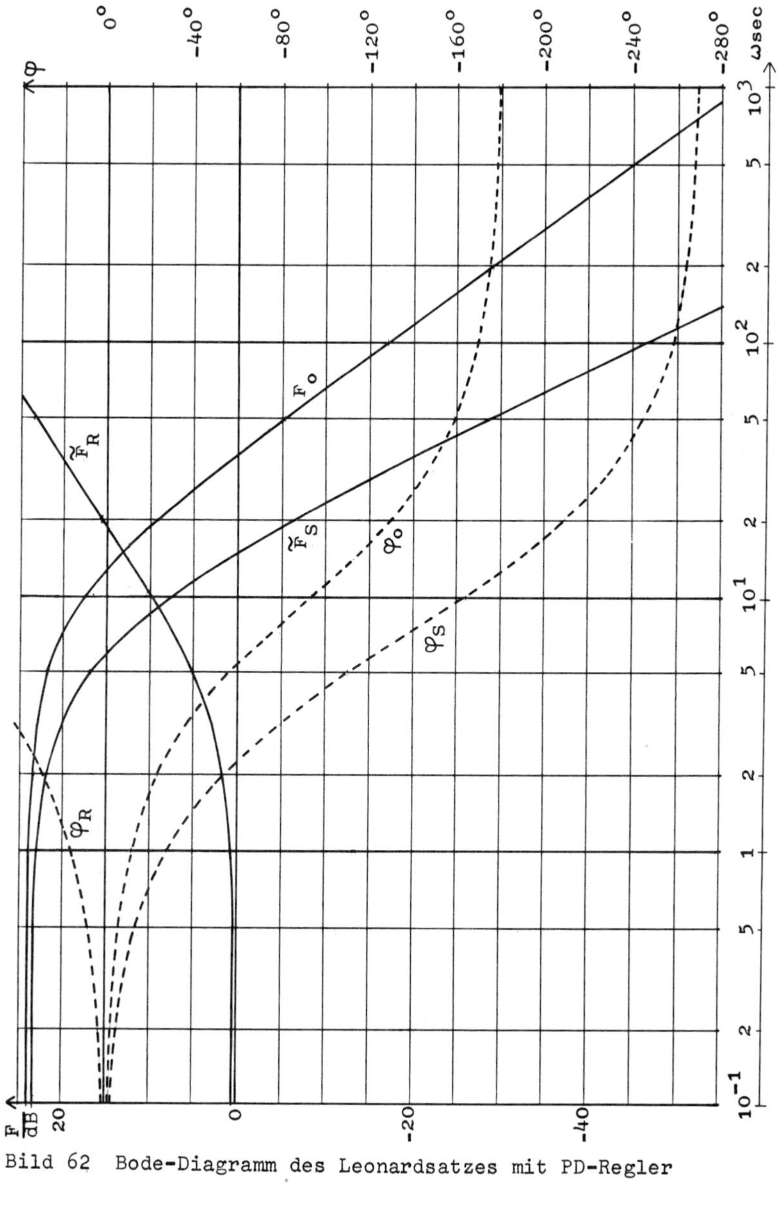

Bild 62 Bode-Diagramm des Leonardsatzes mit PD-Regler

Mit diesen Daten läßt sich der komplexe Frequenzgang des Regelverstärkers nach den Formeln

$$\tilde{F}_R = \tilde{K}_P \sqrt{1 + \omega^2 T_v^2} \quad \text{und} \quad \varphi_R = \text{arc tan}\, \omega T_v$$

berechnen und als Bode-Diagramm aufzeichnen (Bild 62). Durch punktweise Addition zum Bode-Diagramm der Regelstrecke ergibt sich das Diagramm (F_o , φ_o) des offenen Regelkreises (im gleichen Bild). An diesem bestimmt man nun den tatsächlichen Phasenrand (der Amplitudenrand ist unendlich groß). Die Amplitude F_o erreicht 0 dB bei ω_δ = 36,2/sec , der zugehörige Phasenwinkel ist $- 150{,}9^o$. Die Phasenrandbedingung ist also nicht ganz erfüllt. Zur Korrektur suchen wir nach derjenigen Kreisfrequenz, bei der φ_o den Winkel

$$\varphi_\delta = - 180^o + \delta = - 150^o$$

erreicht (da wir jetzt mit dem exakten Bode-Diagramm arbeiten, ist δ wieder mit 30° anzusetzen) und finden ω_δ = 35,0/sec . Die zugehörige Amplitude beträgt $F_o \hat{=} 0{,}5$ dB . Wir erfüllen die Phasenrandbedingung genau, wenn wir den Proportionalbeiwert $\tilde{K}_P$ (und damit F_o) um diese 0,5 dB verkleinern. Dann wird

$$\tilde{K}_P = 1 \hat{=} 0 \text{ dB}$$

und nach Gl. (63)

$$K_P = \tilde{K}_P K_{MR} = \tilde{K}_P / K_{MS} = 10 \text{ Vsec}$$

Es folgt
$$K_D = K_P T_v = 2{,}8 \text{ V sec}^2$$

Die Kreisverstärkung nimmt den Wert

$$K_o = K_S K_P = 1{,}49 \cdot 1/\text{Vsec} \cdot 10 \text{ Vsec} = 14{,}9$$

an, und es ergibt sich der Regelfaktor

$$r = \frac{1}{1 + K_o} = 6{,}29 \text{ \%}$$

5. Mehrschleifige Regelkreise

Im Beispiel 14 trat ein Wirkungsplan (in Bild 59) auf, der mehrere Schleifen enthielt. Eine innere Schleife ergab sich durch die Rückführung über das P-Glied mit dem Beiwert K_R , die äußere, übergeordnete Schleife führte über das untere P-Glied mit dem Beiwert $C_M\Phi$. Beim Schließen des Regelkreises wird eine weitere, allen anderen übergeordnete Schleife gebildet.

Wenn sich alle Schleifen klar voneinander trennen lassen, kann man beim Aufstellen der Übertragungsfunktion wie im Beispiel 14 vorgehen und von innen nach außen eine Schleife nach der anderen nach der Rückführungsregel Gl. (20) zusammenfassen. In den Fällen, in denen das nicht möglich ist, muß der Wirkungsplan nach den Regeln von Bild 17 umgeformt werden (s. Abschn. 2.5). Da diese Methoden einen gewissen Rechenaufwand erfordern, kann es zweckmäßig sein, sich vorher durch die folgenden Grenzwertsätze einen Überblick über das Verhalten der einzelnen Schleifen zu verschaffen.

5.1 Grenzwertsätze

Die Übertragungsfunktion $F(s) = x_a(s)/x_e(s)$ eines beliebigen stabilen Übertragungsgliedes ist das Verhältnis seiner Ausgangsgröße zur Eingangsgröße als Funktion der komplexen Kreisfrequenz $s = \sigma + j\omega$. Für den Spezialfall des rein imaginären $s = j\omega$ wird die Übertragungsfunktion zum komplexen Frequenzgang $F(j\omega) = \underline{F}$. Daraus folgt, daß $F(0)$ das Verhalten bei der Kreisfrequenz $\omega = 0$, d.i. das statische Verhalten, beschreibt. Somit haben wir

> Das Verhalten eines stabilen Übertragungsgliedes nach dem Abklingen der Einschwingvorgänge ($t \to \infty$) wird durch den Wert $F(0)$ der Übertragungsfunktion wiedergegeben.

Ist $F(0) = K$ eine Konstante, so wird bei Sprungerregung

$x_e(t) = X_{eo}\varepsilon(t)$ am Eingang die Ausgangsgröße $x_a(t)$ nach Abklingen der Einschwingvorgänge gegen KX_{eo} streben. Ist dagegen $F(0) = 0$, so muß auch die Sprungantwort nach genügend langer Zeit $(t \to \infty)$ verschwinden.

Für sehr hohe komplexe Kreisfrequenzen $(s \to \infty)$ gibt die Übertragungsfunktion das Verhalten des Übertragungsgliedes unmittelbar nach dem Sprung an. Das gilt auch für instabile Übertragungsglieder. Nach Gl. (9) folgt:

$\lim_{s \to \infty} F(s)$ ist gleich der Übergangsfunktion $h(t)$ unmittelbar nach dem Sprung $(t = +0)$.

Ist $\lim_{s \to \infty} F(s) = K$ endlich, so macht bei Sprungerregung am Eingang $(x_e(t) = X_{eo}\varepsilon(t))$ auch die Ausgangsgröße $x_a(t)$ einen Sprung von der Höhe KX_{eo}. Das ist beispielsweise der Fall beim D-T_1-Glied mit der Übertragungsfunktion

$$F(s) = K_D s/(1 + Ts)$$

Der Grenzwert ist K_D/T ; bei Sprungerregung am Eingang (Sprunghöhe X_{eo}) springt daher die Ausgangsgröße $x_a(t)$ von null auf $K_D X_{eo}/T$, um anschließend wieder auf null abzuklingen.

Verhält sich $F(s)$ im Unendlichen wie $1/s$, so wird im ersten Augenblick integriert, ein Sprung am Eingang erscheint daher am Ausgang als Anstieg. Verhält sich dagegen $F(s)$ im Unendlichen wie $1/s^2$, so muß die Sprungantwort eine horizontale Tangente haben. Steigt schließlich $F(s)$ im Unendlichen proportional s an, so wird die Eingangsgröße im ersten Moment differenziert; die Sprungantwort enthält demnach die Impulsfunktion.

In vielen Fällen läßt sich das <u>Verhalten einer Schleife</u> näherungsweise schon überblicken, bevor die Übertragungsfunktion aufgestellt ist. Beispielsweise hat die Schleife von Bild 12 (wenn an der Additionsstelle das Minuszeichen gilt) nach Gl. (20) die Übertragungsfunktion

$$F(s) = \frac{F_1(s)}{1 + F_1(s)F_2(s)}$$

In vielen Fällen ist nun $|F_1(s)F_2(s)| \gg 1$, dann ist die 1 im Nenner zu vernachlässigen und es wird

$$F(s) \cong 1/F_2(s) \tag{67}$$

Da das Produkt $F_1(s)F_2(s)$ gleich der Kreisübertragungsfunktion $F_o(s)$ ist, bedeutet das:

Ist in einer Schleife mit negativer Rückführung der Betrag $|F_o(s)|$ der Kreisübertragungsfunktion groß gegen 1 , so hat die gesamte Schleife näherungsweise das reziproke Verhalten des Rückführungsgliedes.

Meist ist die Bedingung $|F_o(s)| \gg 1$ nicht für alle komplexen Kreisfrequenzen erfüllt. Dann führt die Anwendung der Regel nur zu ungefähren Ergebnissen. So müßte beispielsweise die Schleife von Bild 63 wegen des I-Gliedes in der Rückführung D-Verhalten zeigen. Da aber für große komplexe Kreisfrequenzen s die Bedingung $|F_o(s)| \gg 1$ nicht erfüllt ist, gibt es Abweichungen bei Zeiten kurz nach dem Sprung; die Schleife hat $D\text{-}T_1$-Verhalten.

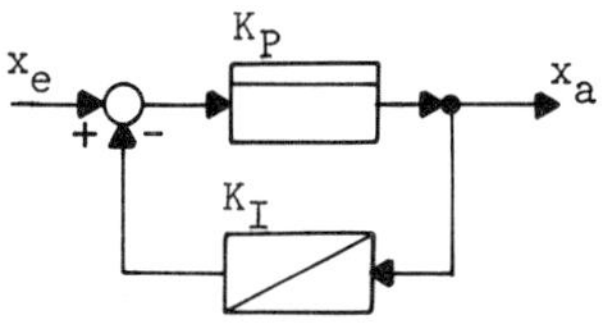

Bild 63 Schleife mit P-Glied im Vorwärtszweig und I-Glied im Rückwärtszweig

Da für kleine Kreisfrequenzen ($s \rightarrow 0$) die Kreisübertragungsfunktion unendlich groß wird, gibt die obige Regel das statische Verhalten exakt wieder: Die Sprungantwort verschwindet für $t \rightarrow \infty$. Auf einen vollständigen Regelkreis angewandt sagt dieses Ergebnis, daß es bei Verwendung eines I-Reglers keine bleibende Regelabweichung gibt (s. Abschn. 3.2.2)

Im Regelkreis von Bild 35 liegt das I-Glied im Vorwärtszweig, das P-Glied im Rückwärtszweig; er muß daher näherungsweise P-Charakter haben, aber für große komplexe Kreisfrequenzen s

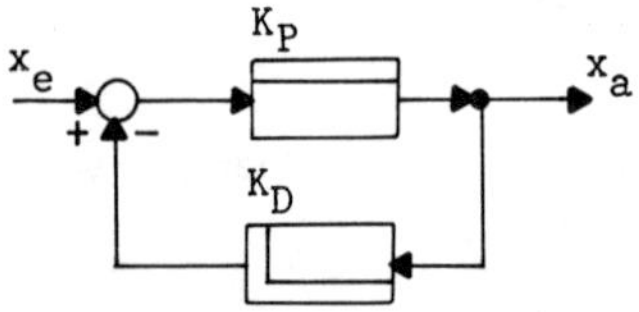

Bild 64 Schleife mit P-Glied im Vorwärtszweig und D-Glied im Rückwärtszweig

ist der Betrag $|F_o(s)|$ klein. Die Ausgangsgröße $x_a(t)$ wird daher erst nach langer Zeit der Eingangsgröße $x_e(t)$ proportional; wir haben P-T_1-Verhalten.

Die Schleife von Bild 64 müßte wegen der differenzierenden Rückführung I-Verhalten zeigen; das gilt jedoch nur kurz nach dem Sprung, weil die Kreisübertragungsfunktion für kleine Kreisfrequenzen s nicht mehr groß gegen 1 ist. Die Schleife hat P-T_1-Verhalten; die Sprungantwort stimmt zu Anfang mit derjenigen eines I-Gliedes überein. Die Annäherung ist um so besser, je größer der Proportionalbeiwert K_P ist, weil mit ihm auch der Betrag $|F_o(s)|$ der Kreisübertragungsfunktion anwächst.

5.2 Unterlagerte Regelschleifen

Je stärker die Phasendrehung einer Regelstrecke ist, desto leichter wird der Regelkreis instabil. Besteht nun eine Strecke aus mehreren Teilen, so liegt es nahe, die Eigenschaften einzelner Teile bereits durch eine Teilregelung zu verbessern und so die Phasendrehung zu verringern. Dadurch wird die übergeordnete Regelung, die die gesamte Strecke erfaßt, keineswegs überflüssig, muß sie doch diejenigen Störungen ausregeln, die von der unterlagerten Schleife der Teilregelung nicht erfaßt werden.

Beispiel 15: Die Regeleigenschaften der Strecke von Bild 52 sollen durch eine innere Rückführung verbessert werden.

Dazu wollen wir das dritte Übertragungsglied (P-T_1-Glied mit der kleinsten Zeitkonstanten T_3 = 1,2 sec) mit einem P-Regler mit dem Proportionalbeiwert K_1 regeln. Dieser Regler braucht eine Führungsgröße W_1, die wir als konstant annehmen wollen. Betrachten wir nur Abweichungen vom stationären

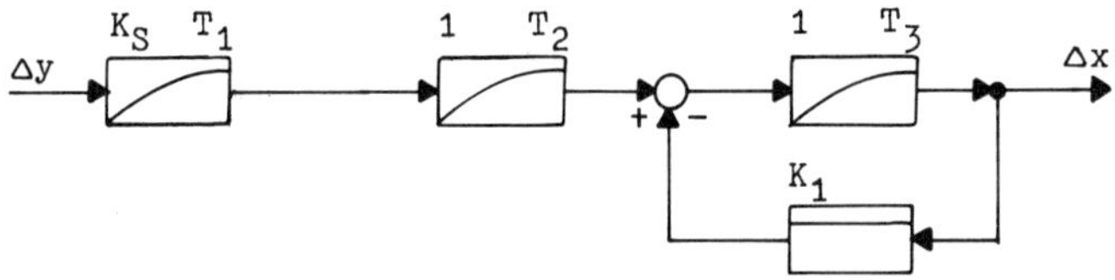

Bild 65 $P\text{-}T_3$-Strecke mit Teilregelung

Zustand, so kann die Konstante W_1 unberücksichtigt bleiben; Eingangs- und Ausgangsgröße der Strecke sind dann die Abweichungen Δy und Δx vom eingeschwungenen Zustand. Damit haben wir den **Wirkungsplan von Bild 65.**

Die Teilregelung kann nicht instabil sein, weil die Phase des offenen Regelkreises nur bis auf -90° abfällt; eine besondere Stabilitätsuntersuchung kann somit entfallen. Die innere Schleife hat die Übertragungsfunktion

$$F_3(s) = \frac{1/(1 + T_3 s)}{1 + [K_1/(1 + T_3 s)]} = \frac{1}{1 + K_1 + T_3 s} = \frac{1}{1 + K_1} \cdot \frac{1}{1 + \frac{T_3}{1 + K_1} s}$$

Für die gesamte Strecke folgt dann

$$F_S(s) = \frac{K_S}{1 + K_1} \cdot \frac{1}{(1 + T_1 s)(1 + T_2 s)\{1 + [T_3 s/(1 + K_1)]\}}$$

Durch die Teilregelung wird nicht nur die Streckenverstärkung, sondern auch die dritte Zeitkonstante um den Faktor $1 + K_1$ verkleinert. Wählt man K_1 genügend groß (z.B. 100), so wird diese Zeitkonstante, die ja bereits ohne Teilregelung die kleinste war, so klein und die zugehörige Eckkreisfrequenz so groß, daß die durch sie verursachte Phasendrehung erst bei Kreisfrequenzen beginnt, bei denen die Kreisverstärkung der übergeordneten Regelung bereits unter 1 liegt, so daß diese Eckkreisfrequenz im Bode-Diagramm nicht mehr berücksichtigt zu werden braucht. Die Strecke erhält damit praktisch $P\text{-}T_2$-Verhalten und läßt sich infolgedessen leichter regeln. Sie hat jetzt den Proportionalbeiwert $K_S/(1 + K_1)$ und die Zeitkonstanten T_1 und T_2. Mit den Werten vom Bei-

spiel 7 wird, wenn wir $K_1 = 100$ wählen,
$K_S' = K_S/(1 + K_1) = 0{,}099 \mathrel{\hat{=}} -20$ dB , $T_1 = 25$ sec , $T_2 = 6$ sec

Der Leser zeichne zur Übung das Bode-Diagramm (Annäherung durch Streckenzüge)!

Soll die übergeordnete Regelung mit einem P-Regler erfolgen, so spielt die Amplitudenrandbedingung keine Rolle, weil die Phase φ_o des offenen Regelkreises den Wert -180° nur asymptotisch erreicht. Der Phasenrand δ soll $\geqq 30^o$ sein. Der Phasenwinkel φ_S der Strecke, der gleich der Phase φ_o des offenen Regelkreises ist, erreicht den Wert $\varphi_\delta = -150^o$ bei der Kreisfrequenz $\omega_\delta = 0{,}38$/sec. Dort ist die Streckenamplitude auf $F_S \mathrel{\hat{=}} -47{,}5$ dB abgefallen. Da die Amplitude F_o des offenen Regelkreises bei ω_δ 0 dB betragen darf, wählen wir

$$F_R = K_P = 224 \mathrel{\hat{=}} 47{,}5 \text{ dB}$$

Da der Übertragungsbeiwert der Strecke $K_S' = 0{,}099$ ist, folgt für die Kreisverstärkung $K_o = K_S'K_P = 22{,}2$ und nach Gl. (6) für den Regelfaktor

$$r = \frac{1}{1 + K_o} = 4{,}3\ \%$$

Das ist eine merkliche Verbesserung gegenüber Beispiel 8 ; dort erreichten wir einen Regelfaktor von 11,2 % .

Bei Verwendung anderer Regler lassen sich noch günstigere Ergebnisse erzielen. Da, wie oben ausgeführt, die Strecke nahezu P-T_2-Verhalten zeigt, läßt sich bei Verwendung eines PD-Reglers erreichen, daß die Phase φ_o des offenen Regelkreises -90° nicht unterschreitet. Damit ist es möglich, den Übertragungsbeiwert K_P des Regelverstärkers beliebig groß zu wählen und dadurch den Regelfaktor r in jedem Fall so klein wie gewünscht zu machen.

In diesem Beispiel erkauft man sich den Vorteil der besseren Regelung durch innere Rückführung allerdings durch eine Verkleinerung der Streckenverstärkung von K_S auf $K_S/(1 + K_1)$. Das muß durch eine entsprechend große Reglerverstärkung wieder ausgeglichen werden. Dieser Nachteil läßt sich vermeiden, wenn die überlagerte Regelung in die Führungsgröße der unterlagerten Regelung eingreift. Das soll im folgenden Beispiel gezeigt werden.

Beispiel 16: Die Strecke von Bild 66 soll durch eine innere Rückführung regelbar gemacht werden.

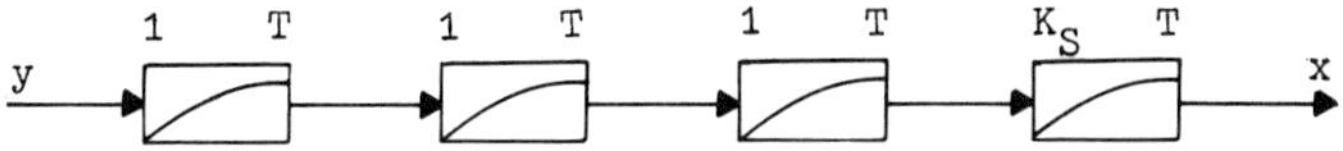

Bild 66 P-T_4-Strecke mit vier gleichen Zeitkonstanten

Die Strecke habe einen Proportionalbeiwert $K_S = 20 \mathrel{\hat{=}} 26$ dB und vier gleiche Zeitkonstanten $T = 1$ sec . Sie ist in der vorliegenden Form praktisch nicht regelbar, denn bei der Eckkreisfrequenz $\omega_E = 1/T = 1/\text{sec}$ dreht jedes der vier P-T_1-Glieder die Phase um -45° , zusammen also um den Winkel $\varphi_S = -180^\circ$; infolgedessen ist ω_E gleich der Kreisfrequenz ω_ε, bei der der Amplitudenrand abgelesen wird. Da nun die Amplitude jedes einzelnen P-T_1-Gliedes bis zur Eckkreisfrequenz ω_E um 3 dB abgefallen ist, ergibt sich für

$\omega = \omega_E = \omega_\varepsilon$ $F_S \mathrel{\hat{=}} 26 \text{ dB} - 4 \cdot 3 \text{ dB} = 14 \text{ dB}$

Bei Verwendung eines P-Reglers darf wegen der Bedingung $\varepsilon \mathrel{\hat{\geqq}} 8$ dB die Amplitude des Regelverstärkers

$-14 \text{ dB} - 8 \text{ dB} = -22 \text{ dB}$ nicht übersteigen.

Wegen der sehr steil verlaufenden Phasenkurve ergibt sich bei einem Phasenrand $\delta \geqq 30^\circ$ keine schärfere Bedingung. Wählen wir daher für den Proportionalbeiwert des Regelverstärkers den obigen Wert $K_P = 0{,}0795 \mathrel{\hat{=}} -22$ dB , so wird die Kreisverstärkung $K_o = K_S K_P = 1{,}59$ und der Regelfaktor

$$r = \frac{1}{1 + 1{,}59} = 38{,}6\ \%$$

Das ist ganz sicher unbefriedigend. Die Verwendung anderer Regler, beispielsweise eines PD-Reglers, läßt auch kein wesentlich besseres Ergebnis erwarten, weil dadurch höchstens die Phasendrehung eines Verzögerungsgliedes kompensiert werden kann; die Phase φ_0 des offenen Regelkreises erreicht dann immer noch -270°, wodurch die Kreisverstärkung K_0 stark begrenzt wird. (Die Verhältnisse liegen ähnlich wie bei einer P-T_3-Strecke mit P-Regler, s. Beispiel 8.) Somit kann nur noch eine innere Rückführung Erfolg bringen. Um die Phasendrehung genügend zu vermindern, muß über zwei Glieder rückgekoppelt werden; wenn wir die beiden ersten wählen, kann die übergeordnete Regelung bequem in die Führungsgröße w_1 des inneren Kreises eingreifen (d.h. diese wird gleich der Stellgröße y der übergeordneten Regelung). Der Regelverstärker der inneren Regelung habe P-Verhalten mit dem Proportionalbeiwert K_1. Bild 67 zeigt den **Wirkungsplan der Regelstrecke** mit der inneren Rückführung

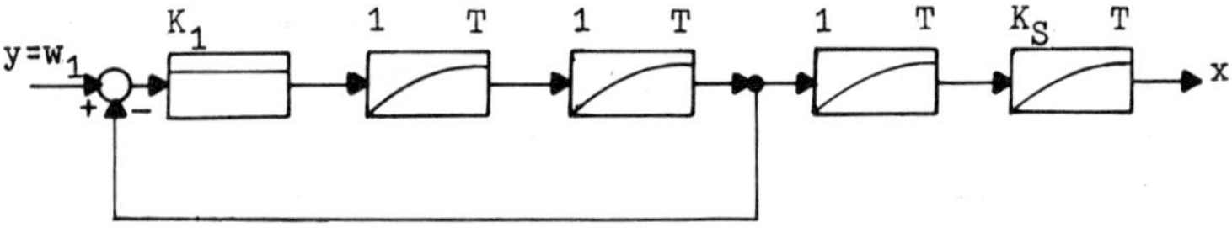

Bild 67 P-T_4-Strecke mit innerer Rückführung

Die veränderte Strecke bleibt in jedem Fall stabil, weil die Phase der offenen Schleife den Wert -180° nur asymptotisch erreicht. Wir erhalten jetzt die Übertragungsfunktion

$$F(s) = \frac{K_1/(1+Ts)^2}{1+\left[K_1/(1+Ts)^2\right]}\cdot\frac{K_S}{(1+Ts)^2} =$$

$$= \frac{K_1K_S}{\left[K_1+(1+Ts)^2\right](1+Ts)^2} = \frac{K_1K_S}{(1+K_1+2Ts+T^2s^2)(1+Ts)^2}$$

$$= \frac{K_1K_S}{1+K_1}\cdot\frac{1}{\left\{1+\left[2Ts/(1+K_1)\right]+\left[T^2s^2/(1+K_1)\right]\right\}\cdot(1+Ts)^2}$$

Das ist wiederum P-T_4-Verhalten. Ist $K_1 \gg 1$, so wird $K_1/(1+K_1) \cong 1$; die Streckenverstärkung hat sich also nur geringfügig verkleinert. Die innere Schleife bildet für sich ein P-T_2-Glied mit der Kennkreisfrequenz

$$\omega_o = \sqrt{1 + K_1}/T = \omega_E \sqrt{1 + K_1}$$

und dem Dämpfungsgrad

$$\vartheta = 1/\sqrt{1 + K_1} < 1$$

Je größer der Proportionalbeiwert K_1 des Regelverstärkers der inneren Schleife gewählt wird (und hier gibt es im Prinzip keine obere Grenze), desto größer wird auch die Kennkreisfrequenz ω_o ; dadurch läßt sich erreichen, daß die Schleife mit ihrer Phasendrehung erst bei Kreisfrequenzen ω einsetzt, bei denen der Phasenwinkel φ_2 der beiden letzten Übertragungsglieder im Bild 67 fast -180° erreicht hat. Dazu muß $\omega_o >> \omega_E$ sein; wählt man beispielsweise

$$K_1 = 624$$

so wird $\omega_o = 25\,\omega_E = 25/\text{sec}$ und $\vartheta = 0{,}04$

Der Faktor $K_1/(1 + K_1)$ nimmt den Wert $0{,}998$ an, so daß näherungsweise $K_1K_S/(1 + K_1) \cong K_S = 20$ gesetzt werden kann. Das Bode-Diagramm der Regelstrecke einschließlich der inneren Schleife läßt sich dann nach den Formeln

$$F_S = \frac{20}{\sqrt{\left[1 - (0{,}04\ \text{sec}\cdot\omega)^2\right]^2 + (3{,}2\cdot 10^{-3}\ \text{sec}\cdot\omega)^2}\left[1 + (1\ \text{sec}\cdot\omega)^2\right]}$$

(F_S ist noch in Dezibel umzurechnen) und

$$\varphi_S = \text{arc tan}\ \frac{1 - (0{,}04\ \text{sec}\cdot\omega)^2}{3{,}2\cdot 10^{-3}\ \text{sec}\cdot\omega} - 2\ \text{arc tan}\ (1\ \text{sec}\cdot\omega) - 90^o$$

berechnen. Es ist im Bild 68 dargestellt.

Für diese Regelstrecke soll nun ein P-Regler für die übergeordnete Regelung dimensioniert werden. Ein Amplitudenrand von $\varepsilon \stackrel{\wedge}{\geqq} 8$ dB und ein Phasenrand $\delta \geqq 30^o$ sollen eingehalten werden.

Die Phase φ_S (gleich der Phase φ_o des offenen Regelkreises) erreicht bei $\omega_\varepsilon = 18/\text{sec}$ -180° ; dort ist $F_S \stackrel{\wedge}{=} -18$ dB . Um die Amplitudenrandbedingung einzuhalten,

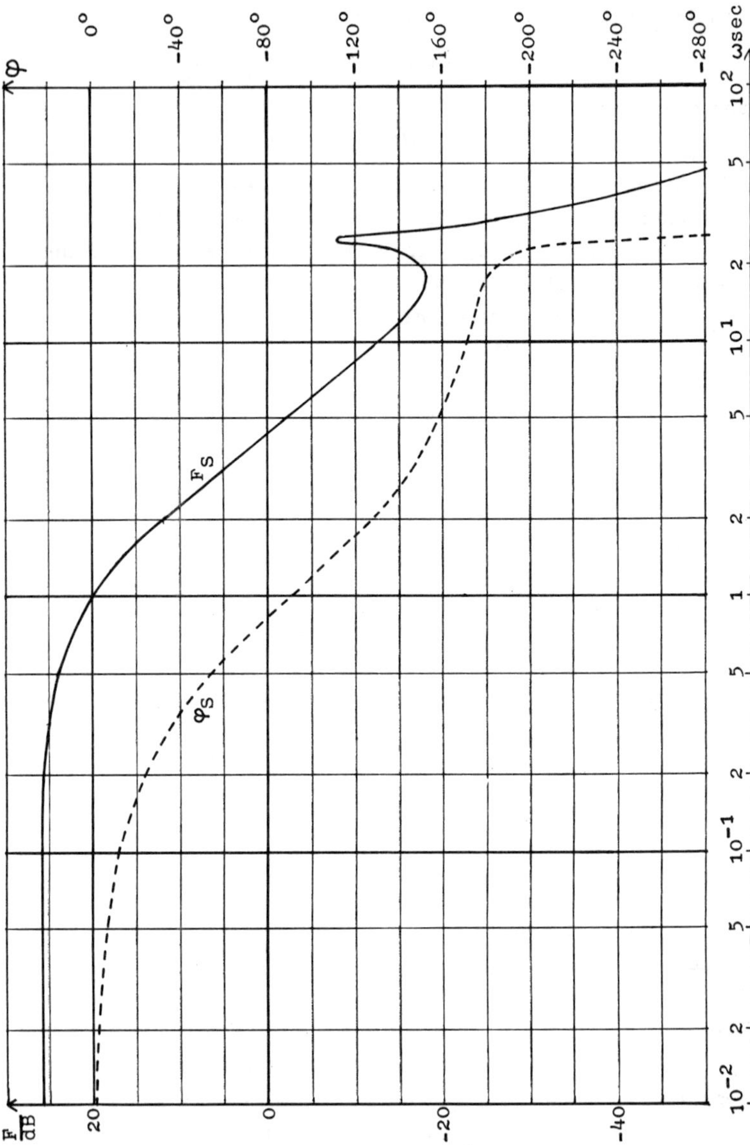

Bild 68 Bode-Diagramm zum Beispiel 16

muß $K_P \stackrel{\wedge}{\leqq}$ 18 dB - 8 dB = 10 dB sein.

Die Phasenkurve $\varphi_o = \varphi_S$ erreicht den Winkel $\varphi_\delta = -180^\circ + \delta = -150^\circ$ bei der Kreisfrequenz ω_δ = 3,8/sec ; die Strecke hat dort die Amplitude $F_S \stackrel{\wedge}{=} +2{,}5$ dB . Um mit der Gesamtamplitude 0 dB nicht zu überschreiten, muß $K_P \stackrel{\wedge}{\leqq} -2{,}5$ dB bleiben. Wir erfüllen beide Ungleichungen für K_P , wenn wir den Proportionalbeiwert des Regelverstärkers

$$K_P = 0{,}75 \stackrel{\wedge}{=} -2{,}5 \text{ dB}$$

wählen. Dann wird die Kreisverstärkung

$$K_o = K_S K_P = 20 \cdot 0{,}75 = 15$$

und der Regelfaktor

$$r = 1/(1 + K_o) = 1/16 = 6{,}25\ \%$$

Durch die unterlagerte Regelschleife konnte also eine wesentliche Verbesserung erreicht werden.

Die Amplitudenkurve F_o des offenen Regelkreises - sie verläuft um 2,5 dB tiefer als die Kurve F_S in Bild 68 - hat eine deutliche Resonanzspitze bei der Kreisfrequenz $\omega_m = \omega_o\sqrt{1 - 2\vartheta^2} \cong \omega_o$ (s. [1] , Abschn. 3.2.2). Dadurch wird jedoch die Stabilität nicht gefährdet, weil die Amplitude auch in der Spitze unter - 8 dB bleibt. Aber auch bei einer höheren Spitze bestünde keine Gefahr; das erkennt man aus dem Nyquist-Diagramm (Bild 69). Bei der Kreisfrequenz ω_ε , bei der der Phasenwinkel $\varphi_o = -180^\circ$ erreicht wird, hat die Amplitude ein Minimum, um dann wieder anzusteigen; das Maximum tritt beim Winkel $\varphi_o \cong -270^\circ$ auf. Dadurch werden Amplituden- und Phasenrand nicht mehr beeinflußt.

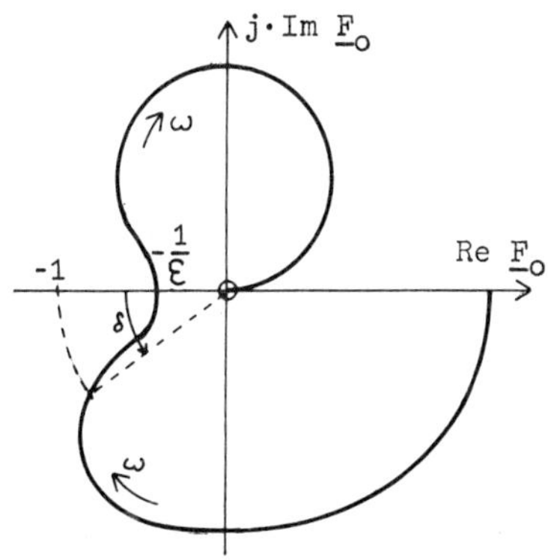

Bild 69 Nyquist-Diagramm zum Beispiel 16 (nicht maßstäblich)

Regelungen mit unterlagerten

Regelschleifen erzielen besonders gute Ergebnisse, wenn der untergeordnete Regelkreis schnell im Verhältnis zum übergeordneten ist. Ein bekanntes Beispiel ist die Drehzahlregelung eines Gleichstrommotors mit unterlagerter Stromregelung; die Winkelgeschwindigkeit des Motors kann sich (infolge der bewegten Massen) nur verhältnismäßig langsam ändern, deswegen kann die schnellere Stromregelschleife das Regelverhalten wesentlich verbessern.

5.3 Mehrfachregelungen

Man spricht von einer Mehrfachregelung, wenn zwei oder mehr physikalische Größen gleichzeitig geregelt werden. Da sich diese Größen meist gegenseitig beeinflussen, ist das Regelverhalten i. allg. nicht einfach zu durchschauen. Ein bekanntes Beispiel ist die Spannungs-Frequenz-Regelung in elektrischen Netzen. Sie ist jedoch so kompliziert, daß sie für eine Behandlung in diesem Rahmen nicht in Frage kommt.

Überschaubar ist dagegen das

Beispiel 17: Temperaturregelung eines Gasofens

Dem Ofen sollen Gas und Luft im richtigen Verhältnis zuge-

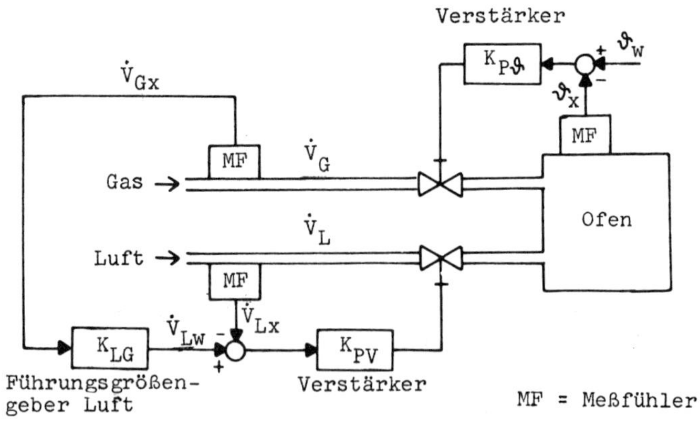

Bild 70 Temperaturregelung eines Gasofens

führt werden. Zu regeln sind das Volumenstromverhältnis Gas/Luft und die Temperatur des Ofens. Dazu dient die Anlage von Bild 70 .

Der Volumenstrom $\dot{V}_G$ des Gases gibt - im richtigen Verhältnis - die Führungsgröße $\dot{V}_{Lw}$ des Luftstromes $\dot{V}_L$. Dieser Regelkreis sorgt für ein konstantes Verhältnis $\dot{V}_L/\dot{V}_G = K_{LG}$ (Verhältnisregelung). Er muß so schnell ansprechen, daß auch kurzzeitig keine größeren Abweichungen im Luft-Gas-Verhältnis auftreten können. Da die Führungsgröße ständiger Veränderung unterliegt, ist das Führungsverhalten von besonderer Bedeutung.

Die Temperaturregelung wirkt direkt nur auf den Gasstrom $\dot{V}_G$, erst durch die Verhältnisregelung wird dann auch der Luftstrom $\dot{V}_L$ beeinflußt. Die Temperaturregelung ist die übergeordnete Regelung; sie wirkt auf die untergeordnete Verhältnisregelung ein, während es umgekehrt keinen Einfluß gibt.

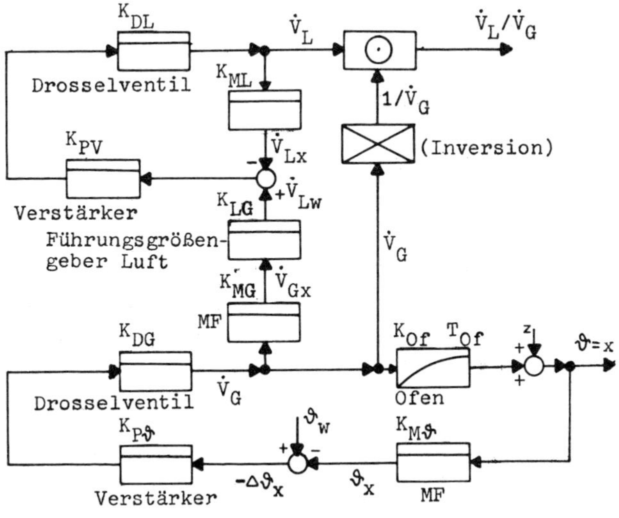

Bild 71 **Wirkungsplan zu Bild 70**

Durch die thermische Trägheit des Ofens ist gewährleistet, daß die übergeordnete Regelung langsamer arbeitet als die untergeordnete. Wenn wir annehmen, daß Verstärker und Drosselventile verzögerungsfrei arbeiten und der Ofen ein P-T_1-Verhalten hat, ergibt sich der **Wirkungsplan von Bild 71** .

Denken wir uns eine Störgröße z direkt am Ausgang auf die Ofentemperatur einwirken (wobei wir unter z diejenige Temperaturabweichung verstehen wollen, die ohne Regelung auftreten würde), so wird ihre Wirkung durch die Störübertragungsfunktion

$$F_z(s) = \frac{\Delta\vartheta(s)}{z(s)} = \frac{1}{1 + F_o(s)}$$

beschrieben. Die Verhältnisregelung kann dabei zunächst unberücksichtigt bleiben, weil sie nicht auf die Temperaturregelung zurückwirkt. Somit ist $F_o(s)$ das Produkt aller Übertragungsfunktionen im übergeordneten Regelkreis

$$F_o(s) = K_{M\vartheta}K_{P\vartheta}K_{DG}\cdot\frac{K_{Of}}{1 + Ts} = \frac{K_o}{1 + Ts}$$

mit

$$K_o = K_{M\vartheta}K_{P\vartheta}K_{DG}K_{Of}$$

Es folgt $$F_z(s) = \frac{1 + Ts}{1 + Ts + K_o} = \frac{1}{1 + K_o}\cdot\frac{1 + Ts}{1 + Ts/(1 + K_o)}$$

Wir haben also PD-T_1-Verhalten; dabei ist, da $1 + Ts$ im Zähler steht, die Vorhaltzeit $T_v = T$, während als Zeitkonstante des Verzögerungsgliedes $T' = T/(1 + K_o)$ auftritt. Aus den Grenzwertsätzen folgt, daß sich die Störung unmittelbar nach ihrem Auftreten ($t \to 0$, $s \to \infty$) voll auf die Regelgröße $\vartheta = x$ auswirkt (denn es ist $F_z(\infty) = 1$) . Nach genügend langer Zeit ($t \to \infty$, $s \to 0$) wird die Wirkung der Störung verkleinert; sie erscheint mit dem Regelfaktor $r = 1/(1 + K_o)$ multipliziert.

Selbstverständlich wirkt die Störung auch auf die Verhältnisregelung, doch ist der Zusammenhang nichtlinear. Deswegen berechnen wir die Wirkungen auf die Volumenströme $\dot{V}_G$ und $\dot{V}_L$ zunächst einzeln. Für den Gasstrom ergibt sich die Übertragungsfunktion

$$F_{zG}(s) = \frac{\Delta\dot{V}_G(s)}{z(s)} = -\frac{K_{M\vartheta}K_{P\vartheta}K_{DG}}{1 + [K_o/(1 + Ts)]}$$

$$= -\frac{K'}{1 + K_o}\cdot\frac{1 + Ts}{1 + [Ts/(1 + K_o)]}$$

mit $K' = K_{M\vartheta}K_{P\vartheta}K_{DG}$

Den Zusammenhang zwischen den Volumenströmen $\dot{V}_G$ und $\dot{V}_L$ gibt die Übertragungsfunktion

$$F_{GL}(s) = \dot{V}_L(s)/\dot{V}_G(s) = K_{MG}K_{LG}K_{PV}K_{DL}/(1 + K_{PV}K_{DL}K_{ML})$$

an. Hiermit ergibt sich für den Luftstrom $\dot{V}_L$ die Übertragungsfunktion

$$F_{zL}(s) = \Delta\dot{V}_L(s)/z(s) = F_{zG}(s)F_{GL}(s) =$$

$$= -\frac{K'}{1 + K_o}\cdot\frac{K_{MG}K_{LG}K_{PV}K_{DL}}{1 + K_{PV}K_{DL}K_{ML}}\cdot\frac{1 + Ts}{1 + [Ts/(1 + K_o)]}$$

Die Übertragungsfunktionen $F_{zG}(s)$ und $F_{zL}(s)$ unterscheiden sich nur durch einen konstanten Faktor. Das bedeutet, daß die Volumenströme $\dot{V}_G$ und $\dot{V}_L$ das gleiche Zeitverhalten haben; das ist darauf zurückzuführen, daß im untergeordneten Regelkreis keine zeitabhängigen Glieder vorkommen. Das Mischungsverhältnis Luft/Gas ist somit

$$\frac{\dot{V}_L}{\dot{V}_G} = \frac{K_{MG}K_{LG}K_{PV}K_{DL}}{1 + K_{PV}K_{DL}K_{ML}}$$

6. Störgrößenaufschaltung

Im Abschn. 1.1 wurden die Vor- und Nachteile der Steuerung einerseits und der Regelung andererseits gegeneinander abgewogen. Es liegt nahe, Regelung und Steuerung miteinander zu verbinden und so die Nachteile auszuschalten; mann spricht dann von einer Regelung mit Störgrößenaufschaltung. Bei ihr wird der Regelkreis so gesteuert, daß der Einfluß einer oder mehrerer Störgrößen nach Möglichkeit kompensiert wird. Die notwendigen steuernden Eingriffe sollen möglichst durch die Regelung nicht wieder ausgeglichen werden, deswegen muß die Störgrößenaufschaltung zwischen Meßort und Eingang des Regelverstärkers erfolgen (s. Anmerkung im Abschn. 3.2.2); am einfachsten ist meist die Aufschaltung auf die Führungsgröße. Dazu ist meist keine große Leistung erforderlich, man erzielt dann mit geringem Aufwand große Wirkungen. Dabei ist jedoch zu beachten, daß die Gefahr der Überkompensation besteht; die Wirkung der Störung verkehrt sich dann in das Gegenteil.

Im Beispiel von Bild 2 kann man zur Störgrößenaufschaltung ein zweites Widerstandsthermometer, das die Außentemperatur mißt, in den Gegenzweig der Meßbrücke legen. Um eine Überkompensation zu vermeiden, muß der Einfluß dieses Thermometers durch Reihen- und Parallelwiderstände herabgesetzt werden.

Weil die Störgrößenaufschaltung nur den (kleinen) Restfehler der Regelung zu kompensieren braucht, wird normalerweise für die Steuerung kein kompliziertes "Programm" (s. Bild 1) notwendig sein; ein linearer Einfluß der Störgröße wird vielmehr den Zweck vollkommen erfüllen.

Beispiel 18: Bei der elektronischen Spannungsregelung vom Beispiel 2 soll der Innenwiderstand durch Störgrößenaufschaltung weiter verkleinert werden.

Das gelingt durch Einfügen eines Steuerwiderstandes R_s in

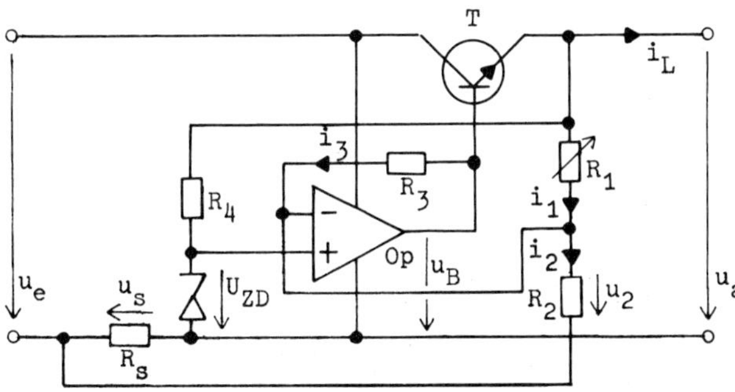

Bild 72 Elektronische Spannungsregelung mit Störgrößenaufschaltung

die Minusleitung gemäß der Schaltung von Bild 72 . Fließt ein Laststrom i_L , so erzeugt dieser im Steuerwiderstand R_s eine Teilspannung $u_s = R_s i_L$

Diese Spannung liegt in Reihe mit der Bezugsspannung U_{ZD} ; diese wird dadurch vom Laststrom abhängig. Auf diese Weise kann die bleibende Regelabweichung kompensiert werden.

Wie im Beispiel 2 vernachlässigen wir die Spannung zwischen den beiden Eingängen des Operationsverstärkers. Dann ist näherungsweise $u_2 = U_{ZD} + u_s$

und da wie bisher $i_1 + i_3 = i_2$ sein muß,

folgt
$$\frac{u_a - U_{ZD}}{R_1} + \frac{u_B - U_{ZD}}{R_3} = \frac{U_{ZD} + u_s}{R_2} = \frac{U_{ZD} + R_s i_L}{R_2}$$

und
$$u_B = \left(1 + \frac{R_3}{R_2}\right)U_{ZD} + \frac{R_3}{R_1}(U_{ZD} - u_a) + \frac{R_3 R_s}{R_2} i_L$$

Diese Gleichung unterscheidet sich von der entsprechenden Gleichung im Beispiel 2 nur durch das letzte Glied, das zusätzlich auftritt. Demnach ergibt sich der **Wirkungsplan von** Bild 73 mit

$$K_1 = \frac{1}{S}, \quad K_2 = \frac{R_{1max}}{\alpha_{max}}, \quad K_3 = R_3, \quad K_4 = \frac{R_3 R_s}{R_2}$$

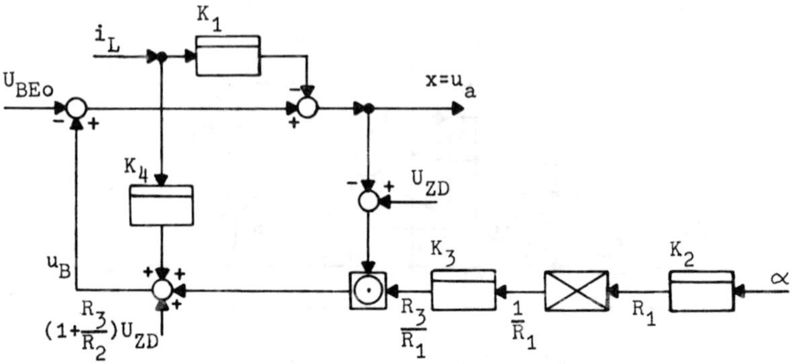

Bild 73 Wirkungsplan zu Bild 72

wobei

R_{1max} = maximaler Widerstand des Drehpotentiometers R_1

α_{max} = maximaler Stellwinkel des Drehpotentiometers R_1

Dieser Wirkungsplan läßt sich in einfacher Weise umformen. Gemäß Bild 17 f erhält man durch Vertauschen von Additionsstellen den Wirkungsplan von Bild 74 . Dabei ist angenommen, daß der Widerstand R_1 nicht verändert wird, so daß das Multiplizierglied durch ein P-Glied mit dem Proportionalbeiwert R_3/R_1 ersetzt werden kann. Aus diesem Wirkungs-

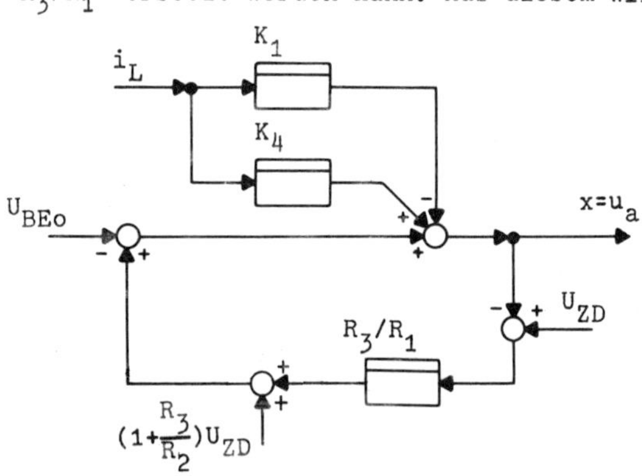

Bild 74 Umformung des Wirkungsplanes von Bild 73

plan erhält man in bekannter Weise die Störübertragungsfunktion

$$F_z(s) = \frac{\Delta x(s)}{i_L(s)} = -(K_1 - K_4)\frac{1}{1 + R_3/R_1} = -(\frac{1}{S} - \frac{R_3R_s}{R_2})\frac{R_1}{R_1 + R_3}$$

Ihr Negativwert ist der Innenwiderstand

$$R_i' = (\frac{1}{S} - \frac{R_3R_s}{R_2})\frac{R_1}{R_1 + R_3}$$

der geregelten Spannungsquelle. Durch passende Wahl von R_s läßt sich der Innenwiderstand zu null machen; dazu muß

$$R_s = \frac{R_2}{SR_3}$$

sein. Dieser Wert ist unabhängig von R_1 und gilt deshalb für jeden eingestellten Sollwert. Trotzdem gelingt die Kompensation der Regelabweichung nicht vollkommen. Weil nämlich die Steilheit S des Transistors T mit zunehmendem Laststrom i_L größer wird, ergeben sich um so kleinere Werte für R_s, je größer der Laststrom wird. Um aber den Schaltungsaufwand nicht zu groß werden zu lassen, arbeitet man mit einem konstanten Widerstand R_s, den man für einen mittleren Laststrom bemißt. Die Regelabweichung ist dann bei kleinen Lastströmen nicht voll und bei großen überkompensiert; infolgedessen fällt die Ausgangsspannung u_a bei steigendem Laststrom i_L zunächst ein wenig ab, um bei größeren Werten von i_L wieder anzusteigen. Dieser Fehler ist jedoch meist so klein, daß er für die praktische Anwendung keine Rolle spielt.

7. Nichtlineare Regelkreise

7.1 Begrenzter Linearitätsbereich

Im Abschn. 2 wurde bereits darauf hingewiesen, daß es lineare Regelungen im strengen Sinne nicht geben kann. Beispielsweise ist die Ausgangsspannung eines Verstärkers der Eingangsspannung nur so lange proportional, wie der Verstärker nicht übersteuert ist; die Ausgangsspannung des übersteuerten Verstärkers ist dagegen konstant. Der Zusammenhang zwischen Eingangs- und Ausgangsgröße wird näherungsweise durch die Begrenzerkennlinie (Bild 75) wiedergegeben. Diese Kennlinie tritt bei vielen Proportionalgliedern auf oder ist eine gute Annäherung an die wahren Verhältnisse.

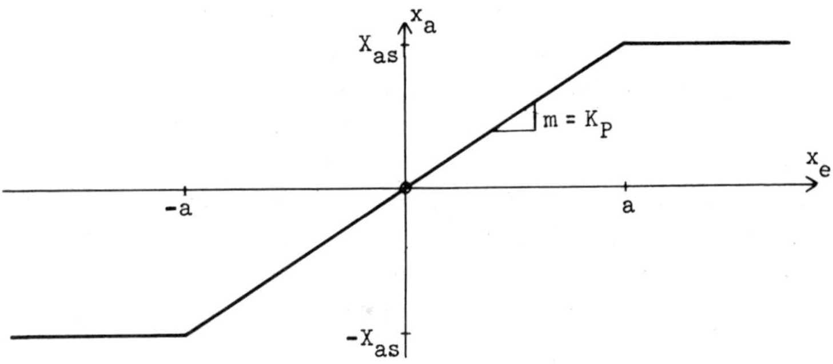

Bild 75 Begrenzerkennlinie

Bei I-Gliedern tritt die Übersteuerung schon bei einer beliebig kleinen Eingangsgröße ein, sofern diese nur genügend lange anliegt.

Selbstverständlich liefert die lineare Theorie nur so lange richtige Ergebnisse, wie kein Übertragungsglied des Regelkreises übersteuert ist. Deswegen sind die Maximalwerte der Ausgangsgrößen von großer Bedeutung; ferner ist es wichtig, daß die Aussteuerbereiche der einzelnen Glieder des Regelkreises aufeinander abgestimmt sind, denn ein zu kleiner Aussteuerbereich eines einzelnen Gliedes macht die großen Bereiche der anderen wertlos.

7.1.1 Begriffe

Der Linearitätsbereich der Regelgröße x wird als Aufgabenbereich X_{Ah} bezeichnet; man versteht unter X_{Ah} die Differenz zwischen maximalem und minimalem Wert der Regelgröße. Der Stellbereich Y_h ist die Differenz zwischen Maximalwert und Minimalwert der Stellgröße y. Die Führungsgröße w kann in dem Führungsbereich W_h (Maximalwert minus Minimalwert) variieren. Der Störbereich Z_h schließlich ist der Bereich, in dem die Störgröße z liegen darf, ohne daß die Funktionsfähigkeit der Regelung beeinträchtigt wird.

Wird die Stellgröße y um den größtmöglichen Wert Y_h verstellt $(\Delta y = Y_h)$, so ändert sich die Regelgröße x mit der maximal möglichen Geschwindigkeit $(dx/dt)_{max}$. Ihr Reziprokwert heißt Anlaufwert

$$A = \frac{1}{(dx/dt)_{max}} \tag{68}$$

7.1.2 Auswirkungen auf das Regelverhalten

Sobald in einem oder mehreren Übertragungsgliedern eines Regelkreises der Linearitätsbereich überschritten wird, kann die lineare Theorie keine richtigen Ergebnisse mehr liefern. Das bedeutet aber nicht in jedem Fall, daß die Regeleinrichtung unbrauchbar wird; entscheidend ist hier der Störbereich. Störungen, die seine Grenzen überschreiten, werden nicht mehr ausgeregelt. Diese Grenzen werden i. allg. dann erreicht, wenn mindestens ein Übertragungsglied des Regelkreises dauernd übersteuert wird. Kurzzeitige Übersteuerungen beeinträchtigen dagegen das Regelverhalten meist nur unwesentlich. So ist es besonders bei Regelverstärkern mit D-Anteil leicht möglich, daß der Stellbereich vorübergehend überschritten wird. Die Folge ist nur, daß die Regelgröße x ihren stationären Wert später als nach der linearen Theorie erreicht.

Zu beachten ist, daß der Störbereich von der eingestellten Führungsgröße w abhängt. Wird diese laufend verändert, so kann man als Störbereich Z_h nur denjenigen Bereich ansehen, in dem für alle einstellbaren Werte der Führungsgröße die Funktionsfähigkeit erhalten bleibt.

Die Stabilität eines Regelkreises wird i. allg. durch das Erreichen der Linearitätsgrenzen nicht gefährdet, wenn die üblichen Bedingungen für Amplituden- und Phasenrand für den linearen Bereich eingehalten werden. In diesem Fall kann nämlich jede Verstärkungsminderung - also auch eine Übersteuerung - die Stabilität nur vergrößern. Das gilt nicht, wenn die Übersteuerung in einer inneren Rückführung eintritt.

Beispiel 19: Es soll untersucht werden, welche Wirkungen bei der elektronischen Spannungsregelung (Beispiel 2) auftreten, wenn der Laststrom i_L den Störbereich Z_h überschreitet. Da das dynamische Verhalten des Regelkreises unwesentlich ist, gibt es keine kurzzeitigen, sondern nur dauernde Übersteuerungen. Stellen wir uns vor, daß der Laststrom i_L von null an stetig vergrößert wird, so fällt wegen des endlichen Innenwiderstandes der Schaltung von Bild 7 die Ausgangsspannung u_a ein wenig ab. Da diese über den Spannungsteiler $R_1 - R_2$ am negierenden Eingang des Operationsverstärkers liegt, steigt dessen Ausgangsspannung u_B und damit die Basis-Emitterspannung u_{BE} des Transistors T. Dadurch steigt auch der Basisstrom i_B, bis schließlich der maximale Ausgangsstrom des Operationsverstärkers erreicht wird. Ein nicht kurzschlußfester Operationsverstärker kann bei Überschreiten dieses Stromes zerstört werden; deswegen sollte man nur einen kurzschlußsicheren Operationsverstärker verwenden. Der Strom i_B wird dann durch den Verstärker begrenzt; das Einsetzen dieser Begrenzung bedeutet, daß der Störbereich überschritten wird. Der Laststrom i_L kann nun nicht mehr weiter anwachsen, stattdessen fällt bei weiterer Verkleinerung des Lastwiderstandes die Ausgangsspannung u_a steil ab. Ein solches

Verhalten ist in der Regel erwünscht, weil es die Gesamtschaltung kurzschlußfest macht.

7.2 Linearisierung nichtlinearer Kennlinien

Der mathematische Aufwand zur Lösung nichtlinearer Differentialgleichungen ist in den meisten Fällen beträchtlich. Man wird daher so weit wie irgend möglich versuchen, nichtlineare Gleichungen durch lineare anzunähern. Das gelingt in vielen Fällen, indem man die nichtlinearen Kennlinien durch ihre Tangenten ersetzt.

Um dieses Verfahren anwenden zu können, muß vorausgesetzt werden, daß der Regelkreis einen stationären Zustand hat und daß die Abweichungen von diesem Zustand (ob kurzzeitig oder dauernd ist dabei belanglos) stets klein bleiben. Die Werte aller physikalischen Größen des stationären Zustandes (nach Abschn. 2 mit großen Buchstaben bezeichnet) müssen zunächst bekannt sein; sie geben die Arbeitspunkte an. An die Kennlinie eines jeden nichtlinearen Übertragungsgliedes wird nun im Arbeitspunkt die Tangente angelegt; ihr Steigungsmaß ist der Übertragungsbeiwert des linearisierten Übertragungsgliedes. Der so erstellte lineare Wirkungsplan gilt nur für die Abweichungen Δx , Δy usw. vom stationären Zustand.

Beispiel 20: Die Ausgangsspannung eines Drehstromgenerators soll geregelt werden.

Bild 76 zeigt die Schaltung des geregelten Generators. Die Ausgangsspannung u_G (Regelgröße) wird von einem Weicheiseninstrument gemessen. Vergrößert sich die Spannung zufällig, so wird der Weicheisenkern entgegen der Federkraft stärker angezogen; dadurch wird der Stellwiderstand vergrößert. Im Erregerkreis des Erregergenerators (EG) fließt ein kleinerer Strom; hierdurch wird seine Ausgangsspannung kleiner. Die Folge ist, daß die Erregung des Drehstromgenerators (G) geringer wird und seine Ausgangsspannung wieder absinkt.

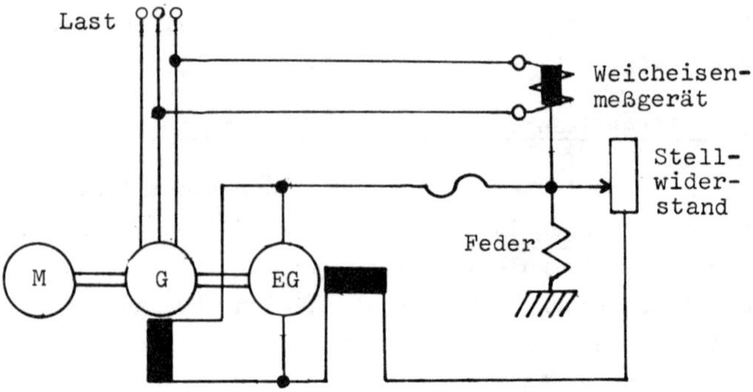

Bild 76 Spannungsregelung eines Drehstromgenerators mit Erregermaschine

Im Weicheisenmeßgerät wird eine Kraft F erzeugt, die dem Quadrat der Generatorspannung $u_G = x$ proportional ist

$$F = K_1 x^2$$

Sie ist gleich der Gegenkraft der Feder, die der Verstellung b des Stellwiderstandes proportional ist

$$b = K_2 F$$

Dabei wollen wir annehmen, daß das Meßwerk so schnell einschwingt, daß dieser Vorgang dynamisch für das Regelverhalten keine Rolle spielt. Die Ruhelage des Meßwerkes sei B_o ; in dieser Stellung sei der Stellwiderstand R_{St} kurzgeschlossen, dann ist

$$R_{St} = K_3 \Delta b$$

der Abweichung $\Delta b = b - B_o$ proportional. Zum Widerstand R_{St} addiert sich der Widerstand R_E der Erregerwicklung. Der Reziprokwert $1/(R_{St} + R_E)$ der Summe bestimmt den Erregerstrom i_{EE} der Erregermaschine; Proportionalbeiwert ist die Erregerspannung U_E . Wegen der Feldinduktivität hat dieses Übertragungsglied P-T_1-Verhalten; die Zeitkonstante sei T_{FE} . Die Erregerspannung u_E ist dem Strom i_{EE} proportional (Beiwert K_E) . Sie tritt hier einmal als Veränderliche und einmal als Konstante auf, das bedeutet die Vernachlässigung

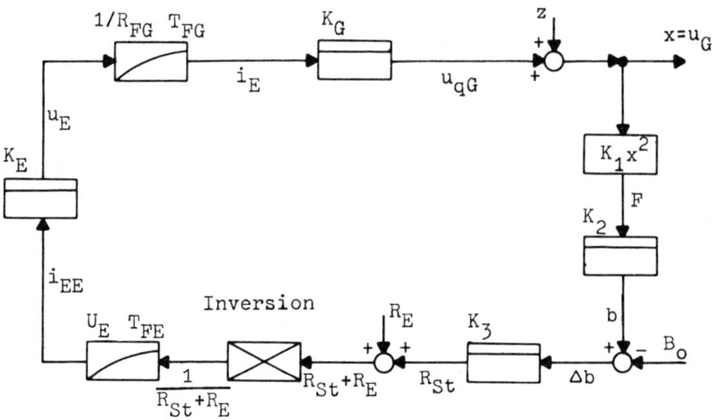

Bild 77 **Wirkungsplan zum Beispiel 20**

einer an sich vorhandenen inneren Rückführung. Diese ist nichtlinear und würde unser Beispiel zu sehr komplizieren.

Der Erregerstrom i_E des Drehstromgenerators folgt der Erregerspannung u_E verzögert (Zeitkonstante T_{FG}) . Ihm ist die Quellenspannung u_{qG} des Generators proportional (Beiwert K_G) . Somit ergibt sich der **Wirkungsplan von Bild 77** .

Unter der Störgröße z verstehen wir diejenige Spannungsänderung, die beim Einschalten des Laststromes i_L ohne Regelung auftreten würde.

Es fällt zunächst auf, daß im Bild 77 eine Vorzeichenumkehr innerhalb des Regelkreises fehlt. Diese Umkehr steckt verborgen im Block "Inversion" (Reziprokwertbildung). In ihm ändert sich zwar nicht das Vorzeichen der Gesamtgröße, wohl aber **das der Abweichung vom stationären Zustand.**

Ferner fehlt scheinbar der Sollwert-Istwert-Vergleich. Das Subtrahieren der Anfangsverstellung B_o kann nicht als solcher gedeutet werden, weil die Einstellung $\Delta b = 0$ bedeutet, daß der Stellwiderstand $R_{St} = 0$ wird; die Regeleinrichtung ist dann am Anschlag. Das darf nicht bei der Regelabweichung null eintreten; demnach kann Δb nicht die Regelabweichung oder ihr proportional sein. Daß es trotzdem eine Führungsgröße W geben muß, werden wir noch zeigen; der Vergleich ist wiederum verborgen im Block "Inversion".

Der Regelkreis enthält zwei nichtlineare Übertragungsglieder; in einem von ihnen, dem Meßfühler, wird das Quadrat der Regelgröße x gebildet, das andere ist das Inversionsglied. Für die Linearisierung muß zunächst der stationäre Zustand ermittelt werden; dabei ist das Einschwingverhalten ohne Bedeutung. Nimmt man an, daß kein Laststrom fließt, also $z = 0$ ist, so erhält man, wenn man mit dem stationären Wert X der Regelgröße beginnt und jeweils um ein Übertragungsglied zurückgeht

$$X = K_G I_E = \frac{K_G}{R_{FG}} U_E = \frac{K_G}{R_{FG}} K_E I_{EE} = \frac{K_G K_E U_E}{R_{FG}(R_{St} + R_E)} =$$

$$= \frac{K_G K_E U_E}{R_{FG}(R_E + K_3 \Delta b)} = \frac{K_G K_E U_E}{R_{FG}[R_E + K_3(b - B_o)]} =$$

$$= \frac{K_G K_E U_E}{R_{FG}(R_E + K_2 K_3 F - K_3 B_o)} = \frac{K_G K_E U_E}{R_{FG}(R_E - K_3 B_o + K_1 K_2 K_3 X^2)}$$

oder
$$X R_{FG}(K_1 K_2 K_3 X^2 - K_3 B_o + R_E) = K_G K_E U_E$$

Daraus folgt
$$X^3 + \frac{R_E - K_3 B_o}{K_1 K_2 K_3} X - \frac{K_G K_E U_E}{R_{FG} K_1 K_2 K_3} = 0$$

Diese Gleichung dritten Grades hat drei Wurzeln; wir wollen zeigen, daß davon genau eine positiv reell ist.

Wenn alle drei Wurzeln reell sind, so können sie nicht alle das gleiche Vorzeichen haben, denn ihre Summe ist gleich dem Negativwert des Koeffizienten des quadratischen Gliedes und somit null. Das Produkt der drei Wurzeln ist gleich dem Negativwert des konstanten Gliedes und demnach positiv. Daraus folgt, daß eine der Wurzeln positiv und zwei negativ sein müssen.

Sind dagegen zwei der Wurzeln konjugiert komplex, so ist ihr Produkt positiv; die dritte Wurzel muß dann positiv reell sein, damit das Produkt aller drei Wurzeln positiv wird.

Da X ein Effektivwert ist, kommt nur die positive Wurzel als Lösung in Betracht. Die obige Gleichung ist also eindeutig lösbar. Der so berechnete Wert X kann zugleich als der eingestellte Sollwert W angesehen werden, denn wir sind bei unserer Rechnung von einer Störgröße $z = 0$ ausgegangen; diese kann also keine Regelabweichung hervorrufen. Damit ist auch gezeigt, daß eine Führungsgröße W **existiert** und ein Sollwert-Istwert-Vergleich durchgeführt wird.

Wir müssen jetzt bei den nichtlinearen Übertragungsgliedern die Tangente im Arbeitspunkt bestimmen. Das kann grundsätzlich grafisch oder rechnerisch geschehen; bei mathematisch leicht erfaßbaren Kennlinien (wie sie hier vorliegen) ist die rechnerische Methode vorzuziehen, weil alle Fehler infolge Zeichenungenauigkeit entfallen. Im quadratischen Glied ist der Arbeitspunkt bestimmt durch

$$F_o = K_1 X^2$$

(Da das Zeichen f der Frequenz vorbehalten ist, muß der Augenblickswert der Kraft mit dem großen F bezeichnet werden, also abweichend von der in Abschn. 2 getroffenen Vereinbarung. Zur Unterscheidung wird der stationäre Wert der Kraft mit dem Index "o" gekennzeichnet.)

Bei einer Änderung der Regelgröße um Δx ergibt sich die veränderte Kraft

$$F = F_o + \Delta F = K_1 x^2 = K_1(X + \Delta x)^2 = K_1(X^2 + 2X\Delta x + \Delta x^2)$$

Vernachlässigt man das letzte Glied, das quadratisch klein ist, und subtrahiert auf beiden Seiten die konstante Kraft F_o, so erhält man $\quad \Delta F = 2K_1 X \Delta x$

Das ist die Gleichung der Tangente im Arbeitspunkt. Im linearisierten Wirkungsplan wird sie durch ein P-Glied mit dem Proportionalbeiwert $2K_1X$ wiedergegeben.

In ähnlicher Weise verfahren wir mit dem Block "Inversion". Der stationäre Wert des Stellwiderstandes sei mit R_{Sto} be-

zeichnet, der Augenblickswert ist dann $R_{St} = R_{Sto} + \Delta R_{St}$.
Damit wird

$$\frac{1}{R_E + R_{St}} = \frac{1}{R_E + R_{Sto} + \Delta R_{St}} = \frac{1}{R_E + R_{Sto}} \cdot \frac{1}{1 + [\Delta R_{St}/(R_E + R_{Sto})]}$$

$$= \frac{1}{R_E + R_{Sto}} \cdot \left[1 - \frac{\Delta R_{St}}{R_E + R_{Sto}} + \left(\frac{\Delta R_{St}}{R_E + R_{Sto}} \right)^2 - \ldots \right]$$

Bei Vernachlässigung des quadratischen und der höheren Glieder wird

$$\frac{1}{R_E + R_{St}} = \frac{1}{R_E + R_{Sto}} - \frac{\Delta R_{St}}{(R_E + R_{Sto})^2}$$

Dabei gibt das letzte Glied die Abweichung vom stationären Zustand an

$$\Delta \frac{1}{R_E + R_{St}} = - \frac{\Delta R_{St}}{(R_E + R_{Sto})^2}$$

Im linearisierten Wirkungsplan (Bild 78) wird diese Beziehung durch ein P-Glied mit dem Proportionalbeiwert

$$(R_E + R_{Sto})^{-2}$$

sowie durch eine Vorzeichenumkehr wiedergegeben. Da dieser Wirkungsplan nur für die Abweichungen vom stationären Zustand gilt, können die konstanten Größen B_o und R_E fortgelassen werden.

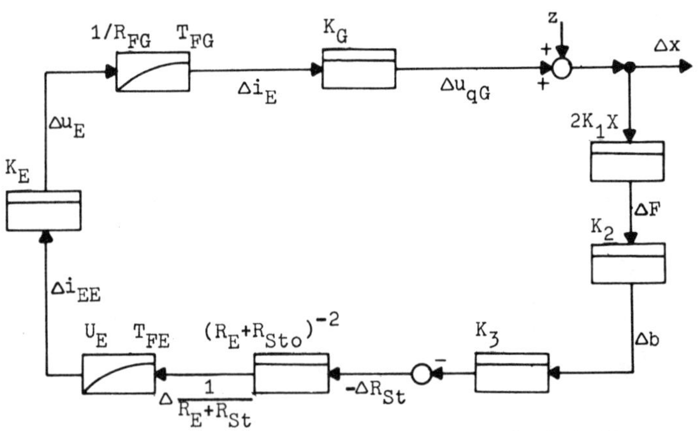

Bild 78 Linearisierter Wirkungsplan zum Beispiel 20

Aus Bild 78 ergibt sich die Störübertragungsfunktion

$$F_z(s) = \Delta x(s)/z(s) =$$

$$\frac{1}{1 + 2K_1XK_2K_3 \cdot \frac{1}{(R_E + R_{Sto})^2} \cdot \frac{U_E}{1 + T_{FE}s} \cdot K_E \cdot \frac{1}{R_{FG}(1 + T_{FG}s)} \cdot K_G}$$

oder, wenn die Kreisverstärkung

$$K_o = \frac{2K_1K_2K_3K_EK_GU_EX}{R_{FG}(R_E + R_{Sto})^2}$$

eingeführt wird,

$$F_z(s) = \frac{1}{1 + \frac{K_o}{(1 + T_{FE}s)(1 + T_{FG}s)}} = \frac{(1 + T_{FE}s)(1 + T_{FG}s)}{(1 + T_{FE}s)(1 + T_{FG}s) + K_o}$$

$$= \frac{1}{1 + K_o} \cdot \frac{1 + (T_{FE} + T_{FG})s + T_{FE}T_{FG}s^2}{1 + \frac{T_{FE} + T_{FG}}{1 + K_o}\, s + \frac{T_{FE}T_{FG}}{1 + K_o}\, s^2}$$

Das ist PDD^2-T_2-Verhalten mit dem Regelfaktor $r = 1/(1 + K_o)$ als Übertragungsbeiwert, der Kennkreisfrequenz

$$\omega_o = \sqrt{\frac{1 + K_o}{T_{FE}T_{FG}}}$$

und dem Dämpfungsgrad $\vartheta = \frac{1}{2} \frac{T_{FE} + T_{FG}}{\sqrt{T_{FE}T_{FG}(1 + K_o)}}$

Je größer die Kreisverstärkung K_o , desto besser wird das statische Verhalten (durch Verkleinerung des Regelfaktors r), desto schlechter wird jedoch das dynamische Verhalten (der Dämpfungsgrad ϑ wird kleiner). Um einen kleinen Regelfaktor und einen nicht zu geringen Dämpfungsgrad miteinander zu vereinen, müssen die Zeitkonstanten T_{FG} und T_{FE} möglichst verschieden gemacht werden. Da die Maschinen nur eine geringe Variation ermöglichen, läßt sich das nur dadurch erreichen, daß der Stellwiderstand R_{Sto} im stationären Zustand groß gegen den Widerstand R_E der Erregerwicklung gewählt wird.

7.3 Beschreibung des dynamischen Verhaltens von Regelkreisen durch Zustandskurven

Die Methode der Linearisierung versagt, wenn zu große Abweichungen vom stationären Zustand vorkommen; in diesem Fall kann man die nichtlinearen Kennlinien nicht mehr durch ihre Tangenten ersetzen. Es ist daher nach einer Möglichkeit zu suchen, das Verhalten eines nichtlinearen Regelkreises exakt zu beschreiben.

7.3.1 Zustandsgrößen und Zustandsraum

Wir betrachten zunächst ein beliebiges lineares Übertragungsglied; sein Verhalten wird durch Gl. (14) beschrieben. Dabei gilt für realisierbare Übertragungsglieder stets $n \geqq m$, weil zwischen dimensionsgleichen Größen eine echte Differentiation nicht möglich ist und daher die Ordnung m der Differentiation (Grad des Zählers der Übertragungsfunktion) die Ordnung n der Integration (Grad des Nenners der Übertragungsfunktion) nicht übersteigen darf.

Die Differentialgleichung (14) ist demnach n-ter Ordnung; das bedeutet, daß das Übertragungsglied n Energiespeicher enthalten muß. Der Inhalt dieser n Energiespeicher zur Zeit $t = 0$ ergibt die n Anfangsbedingungen, mit denen die n Integrationskonstanten bestimmt werden. Der Zustand des Übertragungsgliedes zum Zeitpunkt $t = 0$ ist also durch Angabe von n Werten bestimmt. Da die Wahl des Zeitnullpunktes willkürlich ist, muß das auch für jeden anderen Zeitpunkt gelten; demnach kann der Zustand des Übertragungsgliedes durch ein System von n Zeitfunktionen $x_1, x_2, \dots x_n$ beschrieben werden. Werden diese so ausgewählt, daß sie sich <u>nicht sprunghaft ändern</u> können, so heißen die x_i $(i = 1 \dots n)$ <u>Zustandsgrößen</u>.

Es gibt offensichtlich unendlich viele Systeme von Zustandsgrößen. Bilden $x_1 \dots x_n$ nämlich ein solches System, so ergibt auch jede unabhängige Linearkombination

$$\tilde{x}_i = \sum_{\gamma=1}^{n} c_{i\gamma} x_\gamma \qquad \text{mit} \qquad \text{Det}(c_{i\gamma}) \neq 0 \qquad (69)$$

wieder ein System von Zustandsgrößen.

Physikalisch ist es am günstigsten, die Inhalte der Energiespeicher durch passende Variable (z.B. Kondensatorspannung, Spulenstrom, Federdehnung) anzugeben. Da diese sich nicht sprunghaft ändern können, bilden sie ein System von Zustandsgrößen; wir wollen sie als <u>natürliche Zustandsgrößen</u> bezeichnen. Für die mathematische Darstellung kann eine andere Auswahl der Zustandsgrößen zweckmäßiger sein. Häufig werden die Ausgangsgröße x_a und ihre ersten $(n - 1)$ Ableitungen gewählt, doch muß in jedem Einzelfall geprüft werden, ob diese Größen Zustandsgrößen sind.

Die Zustandsgrößen hängen untereinander durch n Differentialgleichungen (für jeden Energiespeicher eine) zusammen. Da jede dieser Differentialgleichungen die Funktion nur eines Energiespeichers beschreibt, sind sie alle von der 1. Ordnung (aber in jeder von ihnen kommen in der Regel mehrere Variable x_i vor).

Eliminiert man mittels $(n - 1)$ der n Differentialgleichungen $(n - 1)$ der Zustandsgrößen, z.B. $x_2 \ldots x_n$, so bleibt für eine Zustandsgröße, in diesem Fall x_1, eine Differentialgleichung n-ter Ordnung bestehen. Ist x_1 identisch mit der Ausgangsgröße x_a, so ist das Gl. (14). Löst man das System der n Differentialgleichungen, so erhält man die Zustandsgrößen explizit als Zeitfunktionen $x_i(t)$ $(i = 1 \ldots\ldots n)$; zur Zeit $t = 0$ nehmen sie die Anfangswerte X_{io} an. Faßt man die Zustandsgrößen x_i als Koordinaten eines n-dimensionalen Raumes, des <u>Zustandsraumes</u> oder <u>Phasenraumes</u>, auf, so geben die Anfangsbedingungen einen Punkt $(X_{1o}, X_{2o} \ldots X_{no})$ dieses Raumes, <u>den Anfangspunkt</u>, an, und die Zeitfunktionen $x_1(t) \ldots\ldots x_n(t)$ beschreiben eine Raumkurve, die <u>Zustandskurve</u> oder <u>Trajektorie</u>, die vom Anfangspunkt ausgeht und in Abhängigkeit von der Zeit durchlaufen wird. Die Zustandskurve ist stetig, weil die Zustandsgrößen sich nicht sprunghaft ändern können.

Ist das Übertragungsglied stabil, so nähert sich die Zustandskurve mit zunehmender Zeit ($t \to \infty$) immer mehr einem bestimmten Punkt des Zustandsraumes (asymptotisches Verhalten). Bei instabilen Gliedern läuft die Zustandskurve entweder in das Unendliche (statische Instabilität) oder sie durchläuft eine sich ausdehnende Spirale (dynamische Instabilität). Bei linearen Übertragungsgliedern hängt es nicht vom Anfangspunkt ab, ob die Zustandskurve asymptotisch einem stationären Punkt zustrebt oder nicht; verschiedene Anfangspunkte ergeben zwar unterschiedliche, aber ähnliche Zustandskurven.

Diese Überlegungen lassen sich ohne weiteres auf nichtlineare Übertragungsglieder und Regelkreise verallgemeinern. Auch bei ihnen ist es physikalisch sinnvoll, als Zustandsgrößen die natürlichen zu wählen. Man erhält dann ein System von n Differentialgleichungen 1. Ordnung, von denen mindestens eine nichtlinear sein muß. Nicht in allen Fällen ist es möglich, $(n - 1)$ Zustandsgrößen zu eliminieren und dadurch eine Differentialgleichung n-ter Ordnung zu erhalten; u. U. kann dann eine andere Auswahl der Zustandsgrößen zweckmäßiger sein und zur Lösung führen. (Selbstverständlich ergeben sich bei anderer Wahl der Zustandsgrößen auch andere Zustandskurven. Auf das Ergebnis der Untersuchungen, z. B. auf die Stabilitätsbetrachtungen, hat das jedoch keinen Einfluß.)

Bei nichtlinearen Übertragungsgliedern kann es vom Anfangspunkt abhängen, ob die Zustandskurve einem stationären Punkt zustrebt oder nicht. Die einfache Unterscheidung stabil oder instabil ist dann nicht mehr möglich, vielmehr müssen stabile und instabile Bereiche im Zustandsraum unterschieden werden.

Beispiel 21: Zustandskurven eines I^2-Gliedes

Das I^2-Glied (Bild 79) gehorcht der Differentialgleichung

$$\frac{d^2x_a}{dt^2} = K_I^2 x_e$$

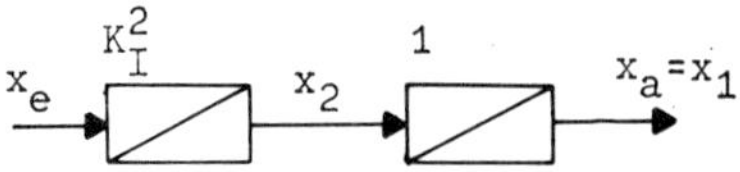

Bild 79 I^2-Glied

Sie ist von 2. Ordnung, der Zustandsraum ist somit eine Ebene, so daß eine anschauliche Darstellung der Zustandskurve möglich ist. Als Zustandsgrößen wählen wir

$$x_1 = x_a \qquad \text{und} \qquad x_2 = \frac{dx_a}{dt} = \dot{x}_a$$

Beide sind **Ausgangsgrößen eines I-Gliedes** und können sich deshalb nicht sprunghaft ändern. Es wird dann

$$\dot{x}_1 = x_2 \qquad \text{und} \qquad \dot{x}_2 = K_I^2 x_e$$

Nehmen wir die Eingangsgröße $x_e(t) = X_{eo}\varepsilon(t)$ als Sprungerregung an, so folgt, wenn beide Anfangswerte null sind, für $t > 0$

$$x_2(t) = K_I^2 X_{eo} t \qquad \text{und} \qquad x_1(t) = \tfrac{1}{2} K_I^2 X_{eo} t^2$$

Nach Eliminieren der Zeit t ergibt sich

$$x_1 = \frac{1}{2K_I^2 X_{eo}} x_2^2$$

Die Zustandskurve ist eine Parabel.

Bei beliebigen Anfangswerten X_{1o}, X_{2o} erhält man aus $\dot{x}_2 = K_I^2 X_{eo}$ durch Integration

$$x_2(t) = K_I^2 X_{eo} t + X_{2o}$$

und daraus durch nochmalige Integration

$$x_1(t) = \tfrac{1}{2} K_I^2 X_{eo} t^2 + X_{2o} t + X_{1o}$$

Aus diesen beiden Gleichungen wird wieder die Zeit t eliminiert

$$x_1 = \frac{1}{2K_I^2 X_{eo}} (x_2 - X_{2o})^2 + \frac{X_{2o}}{K_I^2 X_{eo}} (x_2 - X_{2o}) + X_{1o}$$

$$= \frac{1}{2K_I^2 X_{eo}} (x_2^2 - X_{2o}^2) + X_{1o}$$

Die Zustandskurven sind Parabeln, die sich bei positivem X_{eo}

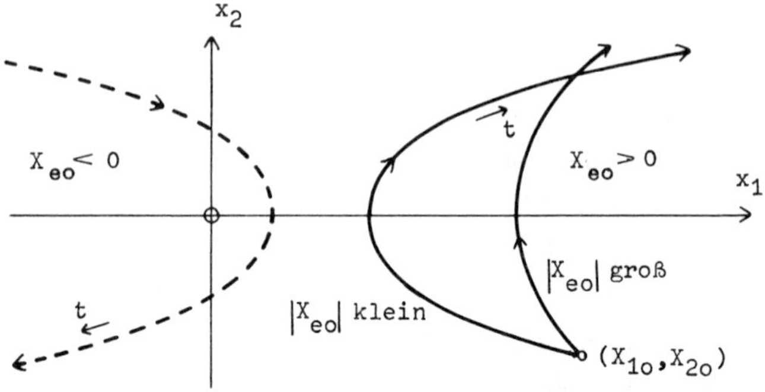

Bild 80 Zustandskurven des I^2-Gliedes

nach rechts und bei negativem nach links öffnen, und zwar um so weiter, je größer $|X_{eo}|$ ist. Alle Scheitelpunkte liegen auf der x_1-Achse; mit zunehmender Zeit t werden die Parabeln nach rechts oben (bei negativem X_{eo} nach links unten) durchlaufen (Bild 80).

<u>Beispiel 22</u>: Zustandskurven eines I-T_1-Gliedes

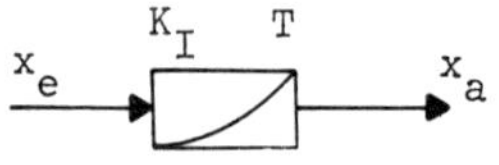

Bild 81 I-T_1-Glied

Aus der Übertragungsfunktion

$$F(s) = \frac{K_I}{s(1 + Ts)}$$

ergibt sich die Differentialgleichung

$$T\,\frac{d^2x_a(t)}{dt^2} + \frac{dx_a(t)}{dt} = K_I x_e(t)$$

Die Ausgangsgröße eines I-T_1-Gliedes ändert sich nicht sprunghaft, und die Sprungantwort hat im Nullpunkt eine horizontale Tangente; das bedeutet, daß auch die Ableitung stetig ist. Demnach sind die Ausgangsgröße $x_a = x_1$ und ihre Ableitung $\dot{x}_a = x_2$ Zustandsgrößen. Mit $x_e(t) = X_{eo}\varepsilon(t)$ gilt dann für $t > 0$

$$T\dot{x}_2 + x_2 = K_I X_{eo}$$

$$\dot{x}_1 - x_2 = 0$$

Die erste dieser beiden Differentialgleichungen gibt ein $P\text{-}T_1$-Verhalten wieder. Die Zustandsgröße x_2 geht dabei von ihrem Anfangswert X_{2o} in den Endwert $K_I X_{eo}$ über. Demnach ist die Lösung

$$x_2(t) = K_I X_{eo} + (X_{2o} - K_I X_{eo}) e^{-t/T}$$

Aus ihr ergibt sich durch Integration

$$x_1(t) = \int_o^t x_2(t)dt + X_{1o} = K_I X_{eo} t + T(X_{2o} - K_I X_{eo})(1 - e^{-t/T}) + X_{1o}$$

Die erste dieser beiden Gleichungen läßt sich nach der Zeit t auflösen

$$t = - T \cdot \ln \frac{x_2 - K_I X_{eo}}{X_{2o} - K_I X_{eo}}$$

Durch Einsetzen in die zweite Gleichung erhält man

$$x_1 = X_{1o} - T(x_2 - X_{2o}) - K_I X_{eo} T \cdot \ln \frac{x_2 - K_I X_{eo}}{X_{2o} - K_I X_{eo}}$$

Sämtliche Zustandskurven nähern sich asymptotisch der Horizontalen $x_2 = K_I X_{eo}$, bei positivem X_{eo} im ersten, bei negativem im dritten Quadranten. Das folgt daraus, daß, wenn x_2 seinem Endwert $K_I X_{eo}$ zustrebt, der Logarithmus gegen $-\infty$ und infolgedessen x_1 gegen $+\infty$ strebt. Dabei kann keine Zustandskurve diese Horizontale überschreiten; x_2 bleibt vielmehr immer auf der gleichen Seite, auf der der Anfangswert X_{2o} liegt, denn andernfalls würde das Argument des Logarithmus negativ werden (Bild 82).

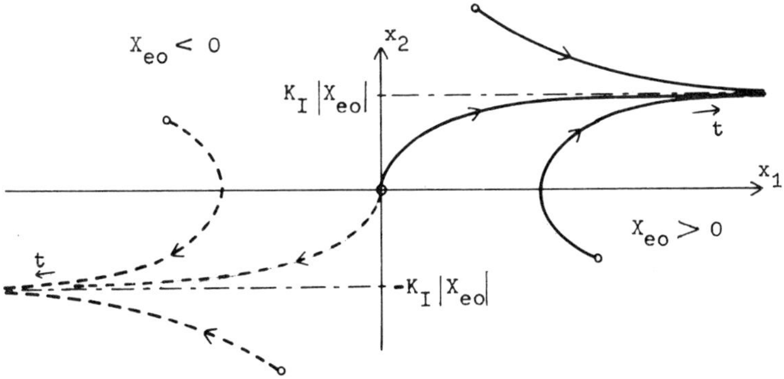

Bild 82 Zustandskurven eines $I\text{-}T_1$-Gliedes

Beispiel 23: Bestimmung der Zustandskurven eines aperiodischen $P\text{-}T_2$-Gliedes

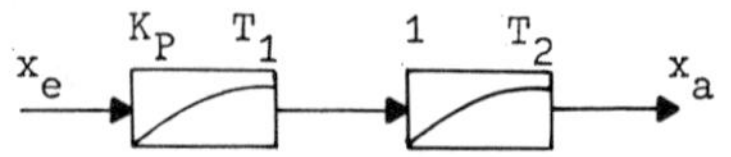

Bild 83 Aperiodisches $P\text{-}T_2$-Glied

Aperiodische $P\text{-}T_2$-Glieder lassen sich in $P\text{-}T_1$-Glieder zerlegen (s. Bild 83). Aus der Übertragungsfunktion

$$F(s) = \frac{x_a(s)}{x_e(s)} = \frac{K_P}{(1 + T_1 s)(1 + T_2 s)}$$

folgt

$$(1 + T_1 s)(1 + T_2 s)x_a(s) = K_P x_e(s)$$

Durch Transformation in den Zeitbereich erhält man die Differentialgleichung

$$T_1 T_2 \ddot{x}_a(t) + (T_1 + T_2)\dot{x}_a(t) + x_a(t) = K_P x_e(t)$$

Wenn $x_e(t) = X_{eo}\varepsilon(t)$ wieder als Sprungerregung angenommen wird, gilt für $t > 0$

$$T_1 T_2 \ddot{x}_a(t) + (T_1 + T_2)\dot{x}_a(t) + x_a(t) = K_P X_{eo}$$

Führt man $x_a(t) - K_P X_{eo} = \tilde{x}_a(t)$ als neue Veränderliche ein, so erhält man die homogene Differentialgleichung

$$T_1 T_2 \ddot{\tilde{x}}_a(t) + (T_1 + T_2)\dot{\tilde{x}}_a(t) + \tilde{x}_a(t) = 0$$

Die zugehörige charakteristische Gleichung hat die Wurzeln $s_1 = -1/T_1$ und $s_2 = -1/T_2$, infolgedessen hat die Differentialgleichung die allgemeine Lösung

$$\tilde{x}_a(t) = X_{ao1} e^{-t/T_1} + X_{ao2} e^{-t/T_2}$$

mit den Integrationskonstanten X_{ao1} und X_{ao2}. Es folgt

$$x_a(t) = X_{ao1} e^{-t/T_1} + X_{ao2} e^{-t/T_2} + K_P X_{eo}$$

Die Ausgangsgröße $x_a(t)$ sowie ihre Ableitung

$$\dot{x}_a(t) = -\frac{X_{ao1}}{T_1} e^{-t/T_1} - \frac{X_{ao2}}{T_2} e^{-t/T_2}$$

ändern sich nicht sprunghaft und sind daher als Zustandsgrößen geeignet, mit ihnen dann auch jede unabhängige Linearkombination. Es wird sich zeigen, daß die Zustandskurven besonders leicht überschaubar werden, wenn wir die Zustandsgrößen

$$x_1(t) = x_a(t) + T_2\dot{x}_a(t) = \frac{T_1 - T_2}{T_1} X_{ao1}e^{-t/T_1} + K_P X_{eo}$$

und

$$x_2(t) = x_a(t) + T_1\dot{x}_a(t) = \frac{T_2 - T_1}{T_2} X_{ao2}e^{-t/T_2} + K_P X_{eo}$$

auswählen. Durch Einführen der Anfangsbedingungen $x_1(0) = X_{1o}$ und $x_2(0) = X_{2o}$ ergeben sich die Beziehungen

$$X_{1o} = \frac{T_1 - T_2}{T_1} X_{ao1} + K_P X_{eo} \quad \text{und} \quad X_{2o} = \frac{T_2 - T_1}{T_2} X_{ao2} + K_P X_{eo}$$

aus denen sich die Integrationskonstanten X_{ao1} und X_{ao2} bestimmen lassen. Geht man mit diesen Werten in die obigen Gleichungen für $x_1(t)$ und $x_2(t)$, erhält man

$$x_1(t) = (X_{1o} - K_P X_{eo})e^{-t/T_1} + K_P X_{eo} \qquad \text{und}$$

$$x_2(t) = (X_{2o} - K_P X_{eo})e^{-t/T_2} + K_P X_{eo}$$

Zur Zeit $t = 0$ sind $x_1 = X_{1o}$ und $x_2 = X_{2o}$; für $t \rightarrow \infty$ streben x_1 und x_2 gegen $K_P X_{eo}$. Anfangs- und Endpunkt werden durch die Zustandskurve verbunden. Man erhält ihre Gleichung, indem man aus den Gleichungen für $x_1(t)$ und $x_2(t)$ die Zeit t eliminiert; das ergibt die Beziehung

$$\frac{x_2 - K_P X_{eo}}{X_{2o} - K_P X_{eo}} = \left(\frac{x_1 - K_P X_{eo}}{X_{1o} - K_P X_{eo}}\right)^{T_1/T_2}$$

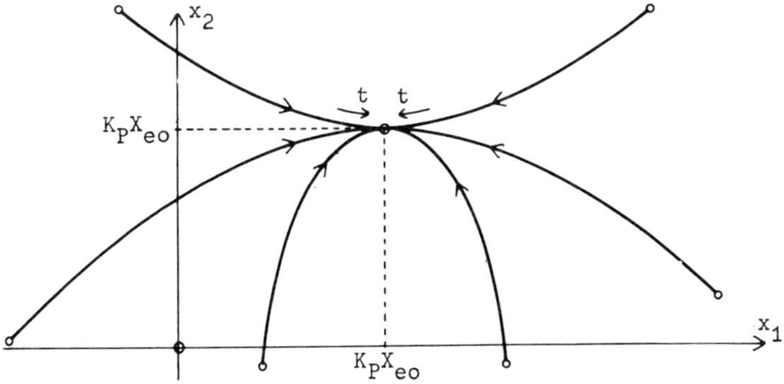

Bild 84 Zustandskurven eines aperiodischen P-T_2-Gliedes

Die entsprechenden Zustandskurven streben alle dem gemeinsamen Endpunkt $x_1 = x_2 = K_P X_{eo}$ zu. Wenn wir voraussetzen, daß $T_1 > T_2$ ist (andernfalls kann man T_1 und T_2 vertauschen), münden die Kurven mit horizontaler Tangente in den Endpunkt. Bild 84 zeigt Zustandskurven mit verschiedenen Anfangspunkten. Im Sonderfall $T_1 = T_2$ werden x_1 und x_2 gleich und sind nicht mehr unabhängig voneinander. Die Zustandsgrößen müssen dann anders ausgewählt werden.

7.3.2 Regelungen mit Zweipunktreglern und ihre Zustandskurven

Man spricht von einer Zweipunktregelung, wenn die Stellgröße y nur zwei Werte annehmen kann (s. auch Abschn. 1.1). Zweipunktregler sind einfach in Aufbau und Wirkungsweise; sie können zu einer zufriedenstellenden Regelung führen, wenn die Regelstrecke Verzögerungscharakter (P-T_n) hat oder integrierend wirkt (I- bzw. I-T_n-Verhalten) und dadurch die Schwankungen der Stellgröße ausgleicht. Das ist insbesondere bei Temperaturregelungen der Fall.

Bei einer Zweipunktregelung kann es keinen stationären Zustand geben, Zweipunktregelungen sind also instabile Regelungen. Eine gewisse Schwankung δx der Regelgröße x ist unvermeidlich; je kleiner diese Schwankung ist, desto besser ist die Regelung.

Das sprunghafte Ändern der Stellgröße y wollen wir als "Schalten" bezeichnen. (Meist wird ein- bzw. ausgeschaltet, z.B. die Heizung bei Temperaturregelungen.)

Zweipunktregler ohne Hysterese schalten, sobald die Regeldifferenz x_d ihr Vorzeichen ändert, und zwar so, daß der jeweiligen Regelabweichung entgegengewirkt wird. Zweipunktregler ohne Hysterese gibt es strenggenommen nicht; reale Regler haben immer eine, wenn auch kleine, Hysterese. In vielen Fällen ist ihr Einfluß allerdings zu vernachlässigen.

Zweipunktregler mit Hysterese schalten,

a) wenn die Regeldifferenz x_d die Hysterese ε überschreitet, die Stellgröße y auf ihren maximalen Wert $+ Y_s$.

b) wenn die Regeldifferenz x_d den Negativwert $- \varepsilon$ der Hysterese unterschreitet, die Stellgröße y auf ihren Minimalwert $- Y_s$.

Dieses Verhalten ist in der Kennlinie von Bild 85 dargestellt.

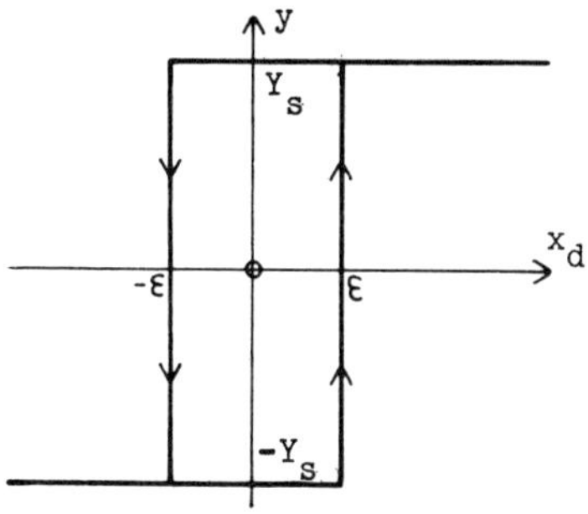

Bild 85 Kennlinie eines Zweipunktreglers mit Hysterese

Die Zustandskurve des Regelkreises ergibt sich stückweise aus den Zustandskurven der Strecke. Jedesmal, wenn der Regler schaltet, ändert sich die Eingangsgröße der Strecke; damit beginnt jeweils ein neues Kurvenstück. Alle diese Stücke aneinandergefügt ergeben die Zustandskurve des Regelkreises. Dabei sind grundsätzlich drei Fälle denkbar:

a) Die Kurvenstücke werden immer enger und kürzer und ziehen sich schließlich auf einen Punkt des Zustandsraumes zusammen. Das ist nur dadurch möglich, daß der Regler immer häufiger schaltet; die Schaltfrequenz strebt gegen unendlich. Dieser Fall kann nur bei Reglern ohne Hysterese auftreten; er ist unerwünscht, weil er zu einem schleichenden Kontakt und damit zur Zerstörung des Reglers führt.

b) Die Kurvenstücke werden nach jedem Umlauf größer, ohne daß eine obere Grenze erreicht wird. Die Regelgröße vollführt immer größere Schwingungen, die Regelung ist daher unbrauchbar.

c) Es werden immer wieder die gleichen Kurvenstücke durchlaufen, die Schaltpunkte sind zwei feste Punkte des Zustandsraumes; wir haben eine stationäre Schwingung vor uns. Wird diese Schwingung nicht sofort vom ersten Umlauf an durchlaufen, so nähert sich die Zustandskurve der stationären Schwingung immer mehr an. Diese wird dann als Grenzschwingung nach hinreichend langer Zeit erreicht. Nur dieser Fall ergibt eine brauchbare Regelung.

Beispiel 24: Temperaturregelung mit Zweipunktregler

Die Regelstrecke sei eine aperiodische P-T_2-Strecke mit dem Proportionalbeiwert K_P und den Zeitkonstanten T_1 und T_2 ($T_1 > T_2$). Als Regelgröße sehen wir zweckmäßigerweise nicht die Temperatur ϑ_x der Strecke, sondern die Übertemperatur $\Delta\vartheta_x = \vartheta_x - \vartheta_o$ über der Umgebungstemperatur ϑ_o an. Die Übertemperatur $\Delta\vartheta_x$ soll mit einem Zweipunktregler (mit Hysterese) geregelt, d.h. dem Sollwert $\Delta\vartheta_w$ möglichst gut angenähert werden. Der Regler schaltet die Heizung ein, wenn die Regelgröße $\Delta\vartheta_x$ den Wert $\Delta\vartheta_w - \varepsilon$ unterschreitet und schaltet wieder aus, sobald sie auf $\Delta\vartheta_w + \varepsilon$ angestiegen ist.

Die Eingangsgröße der Strecke ist bei ausgeschalteter Heizung null; beim Einschalten ändert sich die Stellgröße um den ganzen Stellbereich Y_h (s. Abschn. 7.1.1), so daß die Eingangsgröße der Strecke den Wert Y_h annimmt.

Wir können auf die Ergebnisse des Beispiels 23 zurückgreifen; dementsprechend müssen wir als Zustandsgrößen

$$x_1 = \Delta\vartheta_x + T_2\Delta\dot{\vartheta}_x \qquad \text{und} \qquad x_2 = \Delta\vartheta_x + T_1\Delta\dot{\vartheta}_x$$

wählen. Wir erhalten dann Zustandskurven, die denen des Bildes 84 entsprechen. Bei dauernd ausgeschalteter Heizung würde nach genügend langer Zeit eine Abkühlung auf die Umgebungstemperatur, also auf $\Delta\vartheta_x = 0$, erfolgen; bei dauernd eingeschalteter Heizung würde eine End-Übertemperatur $\Delta\vartheta_E = K_P Y_h$ erreicht werden. Da der Differentialquotient $\Delta\dot{\vartheta}_x$ der Regelgröße für $t \to \infty$ in jedem Fall verschwindet, ergeben sich als Endpunkte unserer Zustandskurven

bei ausgeschalteter Heizung $x_1 = x_2 = 0$

bei eingeschalteter Heizung $x_1 = x_2 = \Delta\vartheta_E = K_P Y_h$

Die Umschaltpunkte findet man folgendermaßen: Aus den Gleichungen für die Zustandsgrößen x_1 und x_2 folgt

$$\Delta\vartheta_x = \frac{T_1 x_1 - T_2 x_2}{T_1 - T_2}$$

Setzt man für $\Delta\vartheta_x$ die Einschalttemperatur $\Delta\vartheta_w - \varepsilon$ ein, so folgt

$$T_1 x_1 - T_2 x_2 = (T_1 - T_2)(\Delta\vartheta_w - \varepsilon)$$

Das ist die Gleichung einer Geraden in der Zustandsebene, die die x_1-Achse im Punkt $X_{1ein} = (\Delta\vartheta_w - \varepsilon)(T_1 - T_2)/T_1$ schneidet und das Steigungsmaß T_1/T_2 hat. Diese Einschaltlinie ist im Bild 86 gestrichelt eingezeichnet, ebenso die Ausschaltlinie, die zur Einschaltlinie parallel verläuft und die x_1-Achse im Punkt $X_{1aus} = (\Delta\vartheta_w + \varepsilon)(T_1 - T_2)/T_1$ schneidet.

Kurvenstücke, die links von der Einschaltlinie beginnen, streben dem Endpunkt $(\Delta\vartheta_E, \Delta\vartheta_E) = (K_P Y_h, K_P Y_h)$ zu, bis die Ausschaltlinie erreicht wird. Liegt dagegen der Anfangspunkt rechts der Ausschaltlinie, läuft die Zustandskurve so lange auf den Nullpunkt zu, bis sie auf die Einschaltlinie trifft. Bei einem Anfangspunkt zwischen den Schaltlinien hängt es vom zufälligen Schaltzustand des Reglers ab, ob die Zustandskurve zuerst ansteigt oder abfällt.

Jeder Schaltpunkt ist Anfangspunkt eines neuen Kurvenstückes. Bild 86 zeigt die Zustandskurve, wie sie sich bei Ersteinschaltung (Beginn im Nullpunkt) ergibt. Man erkennt, daß nach wenigen Umläufen immer wieder die gleichen Kurvenstücke durchlaufen werden, daß also eine Grenzschwingung erreicht wird. (Man überzeugt sich leicht, daß immer die gleiche Grenzschwingung auftritt, gleichgültig, von welchem Anfangspunkt man ausgeht.)

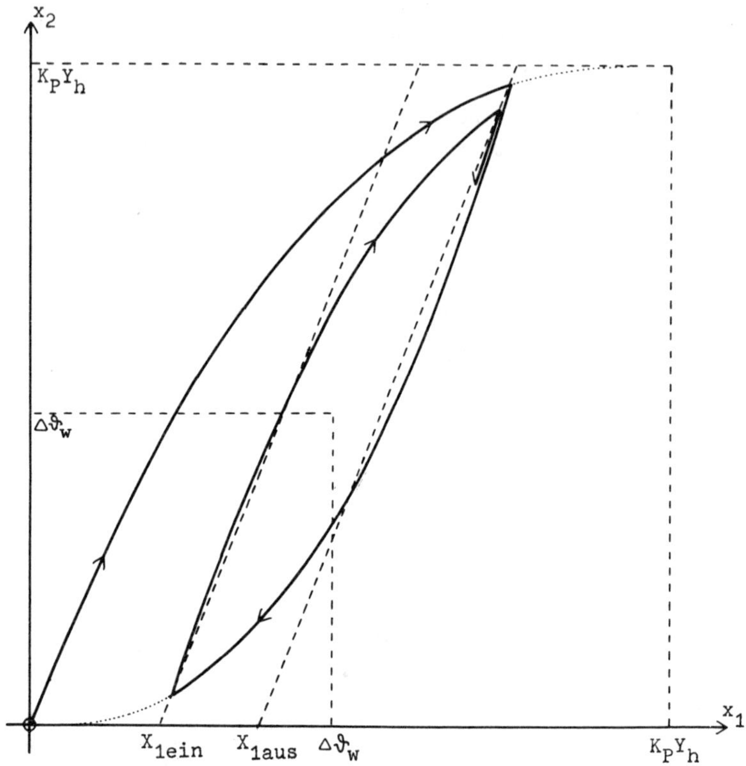

Bild 86 Zustandskurve einer P-T_2-Strecke, die mit einem Zweipunktregler geregelt wird

Die Zustandskurve der Grenzschwingung besteht aus zwei Teilstücken; für jedes von ihnen gelten die im vorigen Beispiel hergeleiteten Gleichungen

$$x_1 = (X_{1o} - K_PX_{eo})e^{-t/T_1} + K_PX_{eo}$$

und

$$x_2 = (X_{2o} - K_PX_{eo})e^{-t/T_2} + K_PX_{eo}$$

Wir setzen die Werte $X_{eo} = Y_h$ für den Anstieg und $X_{eo} = 0$ für den Abfall ein und bezeichnen die Koordinaten des Einschaltpunktes mit (X_{1E}, X_{2E}), die des Ausschaltpunktes mit (X_{1A}, X_{2A}). Es seien ferner τ_1 die Anstiegszeit und τ_2 die Abfallzeit; dann gilt für den Anstieg

$$X_{1A} = (X_{1E} - K_P Y_h)e^{-\tau_1/T_1} + K_P Y_h$$

$$X_{2A} = (X_{2E} - K_P Y_h)e^{-\tau_1/T_2} + K_P Y_h$$

und für den Abfall
$$X_{1E} = X_{1A}e^{-\tau_2/T_1}$$

$$X_{2E} = X_{2A}e^{-\tau_2/T_2}$$

Hinzu kommen die Schaltbedingungen

$$T_1 X_{1E} - T_2 X_{2E} = (T_1 - T_2)(\Delta\vartheta_w - \varepsilon)$$

und
$$T_1 X_{1A} - T_2 X_{2A} = (T_1 - T_2)(\Delta\vartheta_w + \varepsilon)$$

Das sind sechs Gleichungen für die sechs Unbekannten X_{1E}, X_{2E}, X_{1A}, X_{2A}, τ_1 und τ_2. Eine geschlossene Lösung des transzendenten Gleichungssystems ist allerdings nicht möglich. Nur bei Reglern ohne Hysterese ($\varepsilon = 0$) läßt sich die Lösung $X_{1E} = X_{2E} = X_{1A} = X_{2A} = \Delta\vartheta_w$ und $\tau_1 = \tau_2 = 0$ angeben. In diesem Fall zieht sich die Schleife der Grenzschwingung auf einen Punkt zusammen; es stellt sich ein schleichender Kontakt ein (s. Abschn. 7.3.2).

Bild 86 zeigt die Zustandskurve in einem Fall mit Hysterese $\varepsilon > 0$. Da für die Übertemperatur

$$\Delta\vartheta_x = \frac{T_1 x_1 - T_2 x_2}{T_1 - T_2}$$

gilt, sind die Linien gleicher Temperatur in der Zustandsebene die Geraden $T_1 x_1 - T_2 x_2 = \text{const.}$; das sind alle Parallelen zu den Schaltlinien, die selbst auch Linien konstanter Temperatur sind. Da sie von der Zustandskurve der Grenzschwingung nur wenig überschritten werden, ist die Temperaturschwankung $\delta\vartheta_x = \Delta\vartheta_{xmax} - \Delta\vartheta_{xmin}$ nur wenig größer als die doppelte Hysterese 2ε .

Schwankungsfrequenz und -amplitude lassen sich näherungsweise nach der Methode der harmonischen Balance berechnen. Darauf wird in Abschn. 7.5 eingegangen.

7.4 Regelkreise mit nur einer wesentlichen Nichtlinearität

In vielen Fällen besitzt der nichtlineare Regelkreis nur eine wesentliche Nichtlinearität, gegenüber der alle anderen Nichtlinearitäten unberücksichtigt bleiben können, d.h. durch lineare Kennlinien angenähert werden können. Das ist durchweg bei Regelkreisen mit Mehrpunktreglern der Fall. Mehrpunktregler sind Regler, bei denen die Stellgröße y nur endlich viele Werte annehmen kann; ein Spezialfall ist der uns schon bekannte Zweipunktregler. Aber auch bei Regelkreisen mit analog arbeitenden Reglern gelingt es meist, den Signalflußplan so umzuformen, daß alle Nichtlinearitäten an einer Stelle konzentriert erscheinen. Der Regelkreis hat dann die Form von Bild 87.

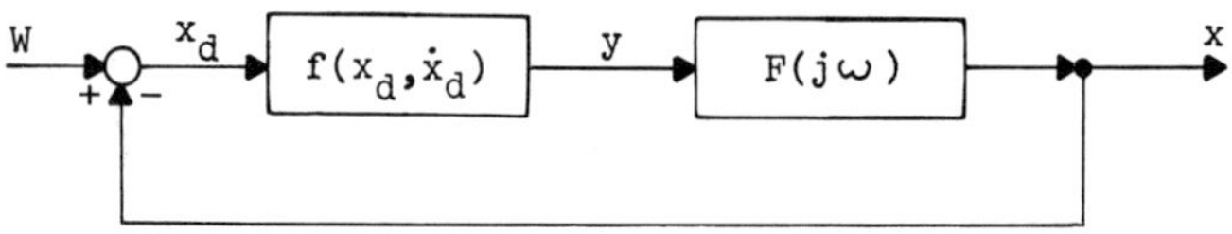

Bild 87 Regelkreis mit nur einer wesentlichen Nichtlinearität

Das erste Glied ist das nichtlineare, das zweite ist linear. Die Aufteilung soll nach Möglichkeit so vorgenommen werden, daß das nichtlineare Glied keine Frequenzabhängigkeit mehr enthält. Die Funktion $f(x_d,\dot{x}_d)$, die den Zusammenhang zwischen Ausgangs- und Eingangsgröße des nichtlinearen Gliedes beschreibt, muß trotzdem das Argument $\dot{x}_d$ enthalten, um auch Mehrpunktglieder mit Hysterese zu erfassen; eine Abhängigkeit von x_d allein ergibt nur eindeutige Kennlinien. Sehr oft (bei allen Mehrpunktreglern) ist das nichtlineare Glied der Regelverstärker, seine Ausgangsgröße ist die Stellgröße y. Auch in allen anderen Fällen wollen wir das Zeichen y für die Ausgangsgröße des nichtlinearen Gliedes beibehalten.

Wenn wir annehmen, daß der Regelkreis entweder einen stationären Zustand besitzt oder, sofern er instabil ist, alle Größen um ihren Mittelwert schwanken, so brauchen wir nur noch die Abweichungen Δx , Δy usw. von diesen Mittelwerten zu betrachten. Wir erhalten dann den vereinfachten Wirkungsplan von Bild 88 , in dem alle konstanten Größen, insbesondere die Führungsgröße W , fortgefallen sind.

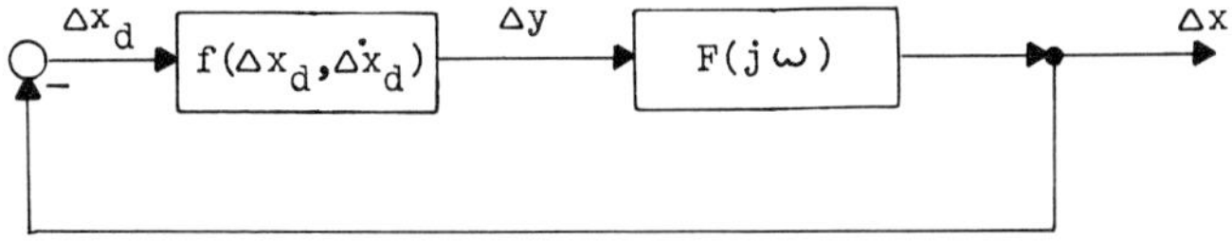

Bild 88 Vereinfachung des Wirkungsplanes von Bild 87

7.4.1 Beschreibungsfunktion

Wir nehmen an, daß die Eingangsgröße Δx_d des nichtlinearen Gliedes im Bild 88 sinusförmig schwankt

$$\Delta x_d(t) = - \Delta x(t) = X_s \sin \omega t \tag{70}$$

Die Folge ist eine periodische Schwankung der Ausgangsgröße Δy , die i. allg. nicht sinusförmig verlaufen wird, sich aber durch eine Fourierreihe darstellen läßt

$$\begin{aligned} \Delta y(t) &= a_o + \sum_{\gamma=1}^{\infty} (a_\gamma \cos \gamma\omega t + b_\gamma \sin \gamma\omega t) \\ &= a_o + \sum_{\gamma=1}^{\infty} C_\gamma \sin(\gamma\omega t + \varphi_\gamma) \end{aligned} \tag{71}$$

Das konstante Glied a_o brauchen wir nicht zu berücksichtigen, weil wir nur die Abweichungen vom Mittelwert betrachten. Vernachlässigen wir alle Oberschwingungen, so bleibt

$$\Delta y(t) = C_1 \sin(\omega t + \varphi_1) \tag{72}$$

Ersetzt man die Sinusdarstellung durch die komplexe Schreibweise, so wird

$$\underline{\Delta x}_d = X_s e^{j\omega t} \qquad \text{und} \qquad \underline{\Delta y} = C_1 e^{j(\omega t + \varphi_1)}$$

Der Quotient $$N(X_s) = \frac{C_1}{X_s} e^{j\varphi_1} \qquad (73)$$

heißt Beschreibungsfunktion des nichtlinearen Übertragungsgliedes. Sie spielt eine ähnliche Rolle wie der komplexe Frequenzgang bei linearen Gliedern; sie ist gewissermaßen der Frequenzgang für die Grundschwingung. Sie hängt allerdings meist gar nicht von der Frequenz ab (weil alle Frequenzabhängigkeit im nichtlinearen Glied vermieden werden sollte), wohl aber (infolge der Nichtlinearität) von der Amplitude X_s der Schwankung der Regelgröße x. Tritt im nichtlinearen Glied Hysterese auf, wird die Beschreibungsfunktion komplex.

Die Beschreibungsfunktion läßt sich nach den Methoden der Fourieranalyse berechnen. Für die Ausgangsgröße des nichtlinearen Gliedes gilt

$$\Delta y = f(\Delta x_d, \Delta\dot{x}_d) \qquad (74)$$

oder, wenn man Δx_d nach Gl. (70) einsetzt

$$\Delta y = f(X_s \sin\omega t, \omega X_s \cos\omega t)$$

Die Grundschwingung von Δy ist nach Gl. (71) gegeben durch

$$\Delta y_1 = a_1 \cos\omega t + b_1 \sin\omega t \qquad (75)$$

Dabei gilt nach Fourier, wenn $T_o = 2\pi/\omega$ die Periodendauer ist

$$a_1 = \frac{\omega}{\pi} \int_0^{T_o} f(X_s \sin\omega t, \omega X_s \cos\omega t) \cos\omega t \, dt$$

und $$b_1 = \frac{\omega}{\pi} \int_0^{T_o} f(X_s \sin\omega t, \omega X_s \cos\omega t) \sin\omega t \, dt$$

Durch die Substitution $\omega t = v$ folgt

$$a_1 = \frac{1}{\pi} \int_0^{2\pi} f(X_s \sin v, \omega X_s \cos v) \cos v \, dv$$

$$(76)$$

und $$b_1 = \frac{1}{\pi} \int_0^{2\pi} f(X_s \sin v, \omega X_s \cos v) \sin v \, dv$$

Aus Gl. (71) ergeben sich die Koeffizienten der Grundschwingung $a_1 = C_1 \sin \varphi_1$ und $b_1 = C_1 \cos \varphi_1$

Damit wird nach Gl. (73)

$$N(X_s) = \frac{C_1}{X_s}(\cos \varphi_1 + j\sin \varphi_1) = \frac{b_1 + ja_1}{X_s}$$

und nach Gl. (76)

$$N(X_s) = \frac{1}{\pi X_s} \int_0^{2\pi} f(X_s \sin v, \omega X_s \cos v)(\sin v + j\cos v)dv$$
$$= \frac{j}{\pi X_s} \int_0^{2\pi} f(X_s \sin v, \omega X_s \cos v)e^{-jv}\, dv \qquad (77)$$

7.4.2 Beschreibungsfunktionen einiger oft vorkommender nichtlinearer Übertragungsglieder

7.4.2.1 Allgemeines Dreipunktglied

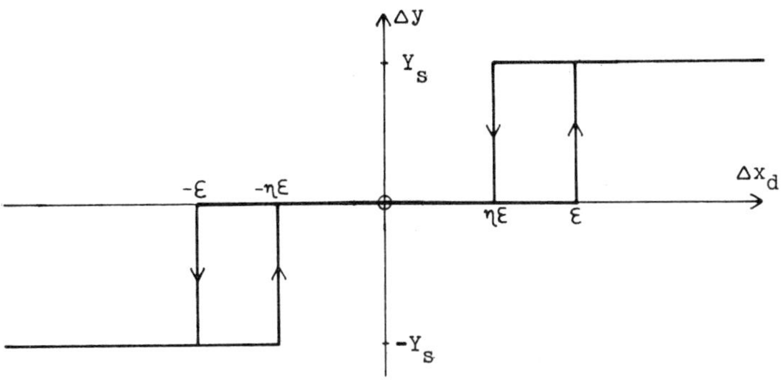

Bild 89 Kennlinie des allgemeinen Dreipunktgliedes

Das allgemeine Dreipunktglied mit Hysterese hat die Kennlinie von Bild 89. Einige andere unstetige Übertragungsglieder sind als Spezialfälle enthalten:

Für $\eta = 1$ wird es zum Dreipunktglied ohne Hysterese.

Für $\eta = 1$ und $\varepsilon = 0$ entsteht ein Zweipunktglied ohne Hysterese.

Für $\eta = -1$ fallen $\eta\varepsilon$ und $-\varepsilon$ zusammen, es entsteht dann ein Zweipunktglied mit Hysterese.

Wir nehmen an, daß die Eingangsgröße Δx_d des allgemeinen Dreipunktgliedes nach Gl. (70) sinusförmig verläuft. Ist die Amplitude $X_s < \varepsilon$, so werden die Einschaltpunkte nicht erreicht, das Dreipunktglied bleibt dauernd in der Nullage. Infolgedessen ist

$$N(X_s) = 0 \quad \text{für} \quad X_s < \varepsilon \qquad (78)$$

Ist $X_s \geqq \varepsilon$, so schaltet das Dreipunktglied, sobald die Eingangsgröße Δx_d den Wert ε erreicht, die Ausgangsgröße Δy auf $+Y_s$; das ist der Fall bei $v = \omega t = \arcsin \varepsilon/X_s$. Bei Verkleinerung der Eingangsgröße Δx_d wird die Ausgangsgröße Δy auf null zurückgeschaltet, wenn $\Delta x_d = \eta\varepsilon$ wird, also bei $v = \omega t = \pi - \arcsin(\eta\varepsilon/X_s)$. Damit ist für $\dot{x}_d \geqq 0$

$$f(X_s \sin v, \omega X_s \cos v) = \begin{cases} 0 & \text{für } v < \arcsin \frac{\varepsilon}{X_s} \\ Y_s & \text{für } \arcsin \frac{\varepsilon}{X_s} \leqq v \leqq \pi - \arcsin \frac{\eta\varepsilon}{X_s} \\ 0 & \text{für } v > \pi - \arcsin \frac{\eta\varepsilon}{X_s} \end{cases}$$

Für die negative Halbschwingung gilt das Entsprechende.

Die Abhängigkeit der Funktion $f(X_s \sin v, \omega X_s \cos v)$ von ihrem zweiten Argument $\Delta\dot{x}_d = \omega X_s \cos v$ besteht nur formal, um die Hysterese zu erfassen; in der obigen Darstellung ist sie bereits berücksichtigt. Wegen der Symmetrie zwischen positiver und negativer Halbschwingung brauchen wir bei der Berechnung der Beschreibungsfunktion $N(X_s)$ nach Gl. (77) nur von 0 bis π zu integrieren; durch Verdoppeln dieses Integrales wird die negative Halbschwingung berücksichtigt. Da $N(X_s)$ nur zwischen den Grenzen $v = \arcsin(\varepsilon/X_s)$ und $v = \pi - \arcsin(\eta\varepsilon/X_s)$ von null verschieden ist, wird

$$N(X_s) = \frac{2jY_s}{\pi X_s} \int\limits_{\arcsin(\varepsilon/X_s)}^{\pi-\arcsin(\eta\varepsilon/X_s)} e^{-jv}\, dv = -\frac{2jY_s}{\pi X_s} \cdot \frac{1}{j}\, e^{-jv} \Bigg|_{\arcsin(\varepsilon/X_s)}^{\pi-\arcsin(\eta\varepsilon/X_s)}$$

$$= \frac{2Y_s}{\pi X_s} \left[e^{-j\arcsin(\varepsilon/X_s)} - e^{-j\pi + j\arcsin(\eta\varepsilon/X_s)} \right]$$

oder $N(X_s) = \frac{2Y_s}{\pi X_s}\left[e^{-j\arcsin(\varepsilon/X_s)} + e^{j\arcsin(\eta\varepsilon/X_s)}\right]$

$$= \frac{2Y_s}{\pi X_s}\left[\cos\arcsin(\varepsilon/X_s) - j\frac{\varepsilon}{X_s} + \cos\arcsin(\eta\varepsilon/X_s) + j\frac{\eta\varepsilon}{X_s}\right]$$

Da nun $\cos\arcsin(\varepsilon/X_s) = \sqrt{1 - (\varepsilon/X_s)^2}$, folgt für $X_s \geqq \varepsilon$

$$N(X_s) = \frac{2Y_s}{\pi X_s}\left(\sqrt{1 - \frac{\varepsilon^2}{X_s^2}} + \sqrt{1 - \frac{\eta^2\varepsilon^2}{X_s^2}}\right) - j\frac{2\varepsilon Y_s}{\pi X_s^2}(1 - \eta) \qquad (79)$$

Aus dieser Beschreibungsfunktion für das allgemeine Dreipunktglied ergeben sich die Formeln für die Spezialfälle

Dreipunktglied ohne Hysterese ($\eta = 1$)

$$N(X_s) = \frac{4Y_s}{\pi X_s}\sqrt{1 - \frac{\varepsilon^2}{X_s^2}} \qquad (80)$$

Zweipunktglied ohne Hysterese ($\eta = 1$ und $\varepsilon = 0$)

$$N(X_s) = \frac{4Y_s}{\pi X_s} \qquad (81)$$

Zweipunktglied mit Hysterese ($\eta = -1$)

$$N(X_s) = \frac{4Y_s}{\pi X_s}\sqrt{1 - \frac{\varepsilon^2}{X_s^2}} - j\frac{4\varepsilon Y_s}{\pi X_s^2} \qquad (82)$$

Die Beschreibungsfunktionen der Übertragungsglieder mit Hysterese sind komplex (Gl. (79) und (82)), aber trotzdem frequenzunabhängig, ein Verhalten, wie es bei komplexen Frequenzgängen linearer Glieder niemals vorkommt. Hier gilt die Analogie zwischen komplexem Frequenzgang und Beschreibungsfunktion nicht mehr.

7.4.2.2 Begrenzerkennlinie

Das nichtlineare Übertragungsglied habe die Begrenzerkennlinie von Bild 75, doch wollen wir, den Bezeichnungen dieses Abschnitts entsprechend, die Eingangsgröße mit Δx_d statt x_e, die Ausgangsgröße mit Δy statt x_a und ihren Maximalwert mit Y_s statt X_{as} bezeichnen. Das Steigungsmaß des ansteigenden Teils der Kennlinie sei K_P (Proportionalbeiwert des linearen Bereiches). Es ist dann

$$Y_s = K_P a \tag{83}$$

Die Begrenzerkennlinie läßt sich algebraisch durch die Funktion

$$f(\Delta x_d, \Delta\dot{x}_d) = \begin{cases} - K_P a & \text{für } \Delta x_d < - a \\ K_P \Delta x_d & \text{für } - a \leqq \Delta x_d \leqq a \\ K_P a & \text{für } \Delta x_d > a \end{cases} \tag{84}$$

beschreiben. Wir nehmen die Eingangsgröße Δx_d wiederum nach Gl. (70) als sinusförmig an und setzen $\omega t = v$. Ist die Amplitude $X_s < a$, so werden die Knickstellen der Begrenzerkennlinie nicht erreicht, und das nichtlineare Glied verhält sich wie ein lineares P-Glied; es hat dann die Beschreibungsfunktion $N(X_s) = K_P$. Für $X_s \geqq a$ erfolgt die Berechnung nach Gl. (77); wegen der Symmetrie der Kennlinie sind die Integrale über die positive und die negative **Halbschwingung gleich; damit erhält man**

$$N(X_s) = \frac{2j}{\pi X_s} \int_0^{\pi} f(X_s \sin v, \omega X_s \cos v) e^{-jv}\, dv =$$

$$= \frac{2jK_P}{\pi X_s} \left\{ \int_0^{\arcsin(a/X_s)} X_s \sin v\, e^{-jv}\, dv + a \int_{\arcsin(a/X_s)}^{\pi - \arcsin(a/X_s)} e^{-jv}\, dv + \int_{\pi - \arcsin(a/X_s)}^{\pi} X_s \sin v\, e^{-jv}\, dv \right\}$$

Durch die Substitution $v' = \pi - v$ läßt sich das letzte Integral umformen in

$$\int_0^{\arcsin(a/X_s)} X_s \sin v'\, e^{-j\pi + jv'}\, dv' = - \int_0^{\arcsin(a/X_s)} X_s \sin v\, e^{jv}\, dv$$

und mit dem ersten Integral zusammenfassen, wobei die Differenz der beiden Exponentialfunktionen einen weiteren Faktor $\sin v$ ergibt. Damit wird

$$N(X_s) = \frac{2jK_P}{\pi X_s} \left\{ - 2j \int_0^{\arcsin(a/X_s)} X_s \sin^2 v\, dv + a \int_{\arcsin(a/X_s)}^{\pi - \arcsin(a/X_s)} e^{-jv}\, dv \right\}$$

$$N(X_s) = \frac{2K_P}{\pi}\left\{(v - \sin v \cos v)\Big|_0^{\arcsin(a/X_s)} - \frac{a}{X_s}\, e^{-jv}\Big|_{\arcsin(a/X_s)}^{\pi-\arcsin(a/X_s)}\right\}$$

$$= \frac{2K_P}{\pi}\left\{\arcsin\frac{a}{X_s} - \frac{a}{X_s}\left[\sqrt{1-\frac{a^2}{X_s^2}} - 2\sqrt{1-\frac{a^2}{X_s^2}}\right]\right\}$$

oder

$$N(X_s) = \begin{cases} K_P & \text{für} \quad X_s \leqq a \\ \dfrac{2K_P}{\pi}\left[\dfrac{a}{X_s}\sqrt{1-\dfrac{a^2}{X_s^2}} + \arcsin\dfrac{a}{X_s}\right] & \text{für} \quad X_s > a \end{cases} \tag{85}$$

7.4.2.3 Tote Zone

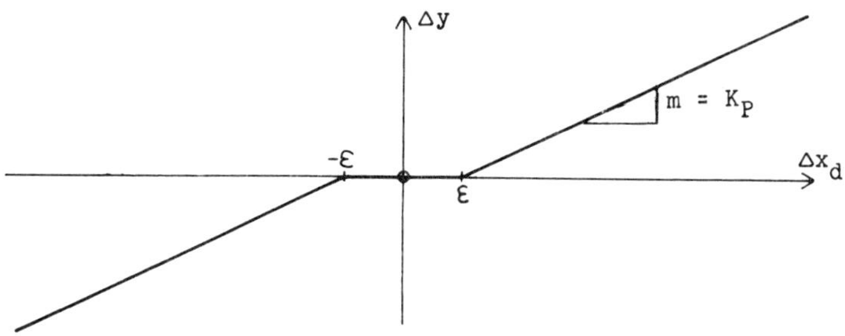

Bild 90 Kennlinie eines Übertragungsgliedes mit toter Zone

Die Kennlinie eines Übertragungsgliedes mit toter Zone ist im Bild 90 dargestellt. Im Bereich $-\varepsilon \leqq \Delta x_d \leqq \varepsilon$ bleibt die Ausgangsgröße Δy null, außerhalb ist der Zusammenhang linear (Übertragungsbeiwert K_P) . Man kann diese Kennlinie als Differenz aus einer linearen Kennlinie (Gerade durch den Nullpunkt mit Steigungsmaß K_P) und einer Begrenzerkennlinie (Bild 75) mit dem gleichen Steigungsmaß und den Knickstellen $\Delta x_d = \pm\varepsilon$ (statt $\pm a$) auffassen. Infolgedessen ist auch die Beschreibungsfunktion des Übertragungsgliedes mit toter Zone die Differenz der Beschreibungsfunktionen des linearen P-Gliedes $N(X_s) = K_P$ und der Begrenzerkennlinie (Gl. (85)).

Damit haben wir

$$N(X_s) = \begin{cases} 0 & \text{für} \quad X_s \leqq \varepsilon \\ K_P\left[1 - \frac{2}{\pi}\left(\frac{\varepsilon}{X_s}\sqrt{1 - \frac{\varepsilon^2}{X_s^2}} + \arc\sin\frac{\varepsilon}{X_s}\right)\right] & \text{für} \quad X_s > \varepsilon \end{cases} \qquad (86)$$

7.5 Stabilitätsuntersuchungen an nichtlinearen Regelkreisen nach der Methode der Harmonischen Balance

Die Stabilitätsuntersuchungen an nichtlinearen Regelkreisen mit Hilfe der Zustandskurven (Abschn. 7.3) führen zu anschaulichen Bildern, solange die Differentialgleichung des Regelkreises höchstens von zweiter Ordnung ist, weil dann der Zustandsraum eine Ebene ist. Bei höherer Ordnung geht die Anschaulichkeit verloren; in diesen Fällen ist das Näherungsverfahren der Harmonischen Balance von Vorteil, das i. allg. um so bessere Resultate liefert, je höher die Ordnung ist.

Wir nehmen an, daß der nichtlineare Regelkreis sich durch den vereinfachten Signalflußplan von Bild 88 darstellen läßt. Die Methode der Harmonischen Balance gestattet die Feststellung, ob stationäre Schwingungen auftreten können, sowie die näherungsweise Berechnung ihrer Frequenz und Amplitude. Stationäre Schwingungen gibt es nur in nichtlinearen Regelkreisen; Schwingungen in linearen instabilen Kreisen wachsen mit der Zeit immer weiter an. Eine Ausnahme liegt vor, wenn die charakteristische Gleichung ein (konjugiert komplexes) Nullstellenpaar mit Realteil $\sigma = 0$ hat; dann gibt es Schwingungen mit konstanten Amplituden, die aber (im Gegensatz zu stationären Schwingungen nichtlinearer Regelkreise) jeden beliebigen Wert annehmen können.

Unter den stationären Schwingungen nichtlinearer Regelkreise unterscheiden wir stabile, labile und metastabile. Wird die Amplitude einer stabilen stationären Schwingung durch eine Störung vergrößert oder verkleinert, so kehrt sie von selbst zum alten Wert zurück; die Amplitude der labilen Schwingung vergrößert bzw. verkleinert sich weiter, bis eine stabile

Schwingung erreicht wird, oder, wenn eine solche nicht möglich ist, bis ins Unendliche bzw. gegen null. Metastabile Schwingungen verhalten sich gegen Amplitudenvergrößerung stabil und gegen Verkleinerung instabil oder umgekehrt.

Die Methode der Harmonischen Balance basiert auf der Schwingbedingung $F_0(j\omega) = -1$ für den geschlossenen Regelkreis; sie wird nur auf die Grundschwingung angewendet. Für das nichtlineare Übertragungsglied übernimmt die Beschreibungsfunktion $N(X_s)$ die Rolle des komplexen Frequenzganges, so daß nach dem Signalflußplan von Bild 88 $F_0(j\omega) = N(X_s)F(j\omega)$ zu setzen ist. Damit nimmt die Schwingbedingung die Form an

$$N(X_s)F(j\omega) + 1 = 0 \qquad (87)$$

Die Wirkung der Oberschwingungen wird vernachlässigt. Damit nicht zu große Fehler auftreten, müssen die folgenden Bedingungen erfüllt sein:

a) Das lineare Übertragungsglied muß genügend ausgeprägten Tiefpaßcharakter haben. Das ist i. allg. erfüllt, wenn das Nennerpolynom der Übertragungsfunktion $F(s)$ einen um mindestens zwei höheren Grad als das Zählerpolynom hat.

b) Die Kreisfrequenzen ω der auftretenden stationären Schwingungen müssen im Bereich der Eckkreisfrequenzen des linearen Übertragungsgliedes oder höher liegen. (Andernfalls würde das Tiefpaßverhalten nicht zu einer Unterdrückung der Oberschwingungen führen.)

Die Bedingung b) läßt sich nicht im voraus prüfen, weil die Kreisfrequenzen der stationären Schwingungen erst ermittelt werden müssen. In den meisten Fällen ist die Forderung erfüllt; es bedarf jedoch einer nachträglichen Bestätigung. Man kann davon ausgehen, daß die Methode der Harmonischen Balance um so genauere Resultate liefert, je besser der Tiefpaßcharakter des linearen Gliedes ausgeprägt ist. Sie eignet sich daher, wie bereits am Anfang dieses Abschnittes erwähnt, besonders für Regelkreise höherer Ordnung.

Die Bedingungen a) und b) garantieren, daß die Oberschwingungen im Vergleich zur Grundschwingung im linearen Glied stärker gedämpft (bzw. weniger verstärkt) werden. Die Schwankung der Regelgröße und damit auch die der Regeldifferenz verläuft infolgedessen nahezu sinusförmig, womit der Ansatz von Gl. (70) nachträglich gerechtfertigt wird.

Erwünscht, aber nicht unbedingt erforderlich ist es, daß neben den Bedingungen a) und b) noch eine weitere eingehalten wird:

c) Die nichtlineare Kennlinie sollte symmetrisch bezüglich des Nullpunktes der Eingangsgröße Δx_d verlaufen.

Ist diese Bedingung erfüllt, so kann die zweite Harmonische der Grundschwingung, die vom linearen Glied am wenigsten unterdrückt wird, nicht entstehen. Ferner fehlt die Gleichrichterwirkung der nichtlinearen Kennlinie; ist diese unsymmetrisch, so hat eine sinusförmige Eingangsgröße Δx_d eine Verschiebung des Mittelwertes der Ausgangsgröße y zur Folge. Dadurch verschieben sich alle Mittelwerte im Regelkreis, was wiederum die Beschreibungsfunktion beeinflußt. Die Ergebnisse der Methode der Harmonischen Balance bleiben zwar im Prinzip richtig, weil nur die Schwingbedingung für die Grundschwingung untersucht wird, doch ist damit zu rechnen, daß die ermittelten Werte der Amplitude X_s und der Kreisfrequenz ω stärker von den tatsächlich auftretenden abweichen.

Die nach der Methode der Harmonischen Balance berechneten Schwingungskreisfrequenzen ω stimmen i. allg. mit den wirklichen Werten besser überein als die ermittelten Amplituden X_s. Das gilt besonders, wenn die Voraussetzung, daß die Regelgröße nahezu sinusförmig verläuft, nur unzureichend erfüllt ist. Die Amplitudenwerte werden dann schon deshalb ungenau, weil mittels Harmonischer Balance die Spitzenwerte der Grundschwingung berechnet werden, die von den Spitzenwerten der Gesamtschwingung erheblich abweichen können.

Im Zwei-Ortskurven-Verfahren (s. Abschn. 7.5.1) gestattet die Methode der Harmonischen Balance die Unterscheidung zwischen stabilen, labilen und metastabilen stationären Schwingungen.

Beispiel 25: P-T_3-Glied und Begrenzerkennlinie

Das lineare Übertragungsglied im **Wirkungsplan von Bild 88** habe P-T_3-Verhalten mit dem Proportionalbeiwert 1 und drei gleichen Zeitkonstanten T . Dann ist der komplexe Frequenzgang durch

$$F(j\omega) = \frac{1}{(1 + j\omega T)^3}$$

gegeben. Das nichtlineare Glied habe Begrenzerverhalten nach Bild 75 .

Eine stationäre Schwingung kann auftreten, wenn Gl. (87) eine Lösung besitzt. Als komplexe Gleichung kann sie als Bestimmungsgleichung für zwei reelle Unbekannte, die Kreisfrequenz ω und die Amplitude X_s , dienen. Wir bringen sie zunächst auf die Form

$$N(X_s) = - 1/F(j\omega)$$

Nach Gl. (85) folgt für $X_s > a$

$$\frac{2K_P}{\pi}\left[\frac{a}{X_s}\sqrt{1 - \frac{a^2}{X_s^2}} + \arcsin\frac{a}{X_s}\right] = - (1 + j\omega T)^3$$

$$= - 1 - j3\omega T + 3\omega^2T^2 + j\omega^3T^3$$

Da die linke Seite der Gleichung reell ist, muß auch der Imaginärteil der rechten Seite verschwinden; es folgt

$$- 3\omega T + \omega^3T^3 = 0$$

oder

$$\omega = \sqrt{3}/T$$

Setzt man diesen Wert in die obige Gleichung ein, so ergibt sich

$$\frac{2K_P}{\pi}\left[\frac{a}{X_s}\sqrt{1 - \frac{a^2}{X_s^2}} + \arcsin\frac{a}{X_s}\right] = - 1 + 9 = 8$$

oder

$$\frac{a}{X_s}\sqrt{1 - \frac{a^2}{X_s^2}} + \arcsin\frac{a}{X_s} = \frac{4\pi}{K_P} \qquad \text{(A)}$$

Die linke Seite dieser Gleichung ist eine Funktion von a/X_s, die für $a/X_s = 0$ den Wert null annimmt und für $a/X_s = 1$

gleich $\pi/2$ wird. Ihre Ableitung

$$\sqrt{1 - a^2/X_s^2} - \frac{a^2/X_s^2}{\sqrt{1 - a^2/X_s^2}} + \frac{1}{\sqrt{1 - a^2/X_s^2}} = 2\sqrt{1 - a^2/X_s^2}$$

verschwindet nur für $a/X_s = 1$, also am Ende des Intervalls; daraus folgt, daß die Funktion mit a/X_s monoton ansteigt. Gl. (A) besitzt demnach genau dann eine Lösung, wenn die rechte Seite $\leqq \pi/2$ oder wenn $K_p \geqq 8$ ist. In diesem Fall kann eine stationäre Schwingung auftreten.

Ersetzen wir das nichtlineare Glied durch ein lineares P-Glied mit gleichem Proportionalbeiwert K_P , so wird der Regelkreis ebenfalls für $K_P \geqq 8$ instabil; die Stabilitätsgrenze wird also durch die Nichtlinearität nicht beeinflußt. Das ist einleuchtend, denn bei kleinen Amplituden X_s ist die Begrenzung unwirksam. Während jedoch im linearen Kreis die Schwingungsamplitude immer weiter anwächst, bleibt sie im nichtlinearen endlich.

7.5.1 Zwei-Ortskurven-Verfahren

In komplizierteren Fällen läßt sich Gl. (87) nicht algebraisch lösen. Es ist dann zweckmäßig, sie auf die Form

$$F(j\omega) = -\frac{1}{N(X_s)} \quad (88)$$

zu bringen. Jede der beiden Seiten stellt eine komplexe Funktion einer reellen Variablen (ω bzw. X_s) dar und läßt sich als Ortskurve in der Gaußschen Zahlenebene wiedergeben. Jeder

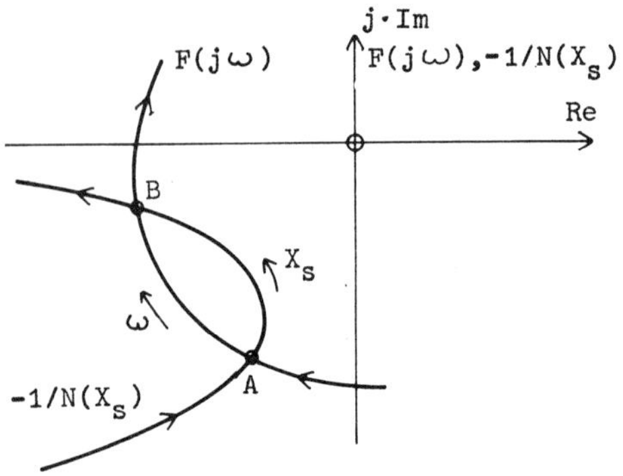

Bild 91 Ortskurven $F(j\omega)$ und $-1/N(X_s)$ mit zwei Schnittpunkten

Schnittpunkt der beiden Kurven entspricht einer Lösung von Gl. (88) und damit einer möglichen stationären Schwingung. Beispielsweise schneiden sich die im Bild 91 dargestellten Ortskurven in zwei Punkten A und B . Wir wollen zeigen, daß nur die Schwingung, die dem Punkt B entspricht, stabil ist.

Betrachten wir zunächst die zum Punkt A gehörende Schwingung; wird ihre Amplitude durch eine Störung kurzzeitig vergrößert, so wird die Ortskurve $-1/N(X_s)$ ein kleines Stück in Pfeilrichtung (Vergrößerung von X_s) durchlaufen. Dadurch verkleinert sich der Betrag $1/|N(X_s)|$, und es vergrößert sich $|N(X_s)|$ und damit auch die Kreisverstärkung $|F(j\omega)N(X_s)|$, wodurch die Amplitude X_s noch weiter anwächst. Entsprechend führt eine kurzzeitige Amplitudenverminderung zu immer weiterem Abklingen der Schwingung. Der Punkt A ist also instabil.

Die stationäre Schwingung, die dem Punkt B entspricht, verhält sich genau umgekehrt. Wird die Amplitude durch eine Störung vergrößert, so vergrößert sich auch $1/|N(X_s)|$; der Reziprokwert $|N(X_s)|$ wird dadurch kleiner, damit auch die Kreisverstärkung $|F(j\omega)N(X_s)|$, so daß sich die Amplitude X_s wieder auf ihren stationären Wert vermindert; die Schwingung ist stabil.

Bei der Entscheidung stabil oder instabil kommt es nicht auf die einzelne Ortskurve, sondern auf die Lage der Kurven zueinander an. Wir können unser Ergebnis daher verallgemeinern:

Eine stationäre Schwingung ist stabil, wenn die Ortskurve $-1/N(X_s)$ die Ortskurve $F(j\omega)$ (bei einem Durchlaufsinn, der ansteigenden Werten der Parameter X_s und ω entspricht) von rechts schneidet und labil, wenn sie von links schneidet.

Ein Berührungspunkt der beiden Kurven entspricht einer metastabilen Schwingung.

7.5.1.1 Ortskurven der Beschreibungsfunktionen von Mehrpunktgliedern

Wir wollen die häufig vorkommenden Ortskurven $-1/N(X_s)$ der Zwei- und Dreipunktglieder zusammenstellen. Für das Zweipunktglied ohne Hysterese wird nach Gl. (81)

$$-\frac{1}{N(X_s)} = -\frac{\pi}{4Y_s}X_s$$

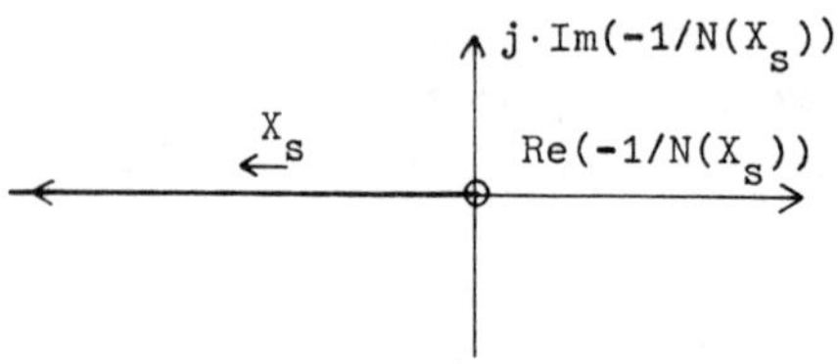

Die Ortskurve durchläuft mit wachsender Amplitude X_s die negative reelle Achse vom Nullpunkt ausgehend nach minus unendlich (Bild 92).

Bild 92 Ortskurve $-1/N(X_s)$ eines Zweipunktgliedes ohne Hysterese

Für das Zweipunktglied mit Hysterese gilt nach Gl. (82)

$$-1/N(X_s) =$$

$$= -\frac{1}{\frac{4Y_s}{\pi X_s}\sqrt{1-\frac{\varepsilon^2}{X_s^2}} - j\,\frac{4\varepsilon Y_s}{\pi X_s^2}} = -\frac{\frac{4Y_s}{\pi X_s}\sqrt{1-\frac{\varepsilon^2}{X_s^2}} + j\,\frac{4\varepsilon Y_s}{\pi X_s^2}}{\left(\frac{4Y_s}{\pi X_s}\sqrt{1-\frac{\varepsilon^2}{X_s^2}}\right)^2 + \left(\frac{4\varepsilon Y_s}{\pi X_s^2}\right)^2}$$

$$= -\frac{\pi X_s}{4Y_s}\cdot\frac{\sqrt{1-\varepsilon^2/X_s^2} + j\varepsilon/X_s}{1-\varepsilon^2/X_s^2 + \varepsilon^2/X_s^2} = -\frac{\pi}{4Y_s}\left(\sqrt{X_s^2-\varepsilon^2} + j\varepsilon\right)$$

Der Imaginärteil dieser Funktion ist konstant, während der Realteil bei $X_s = \varepsilon$ mit null beginnt und mit steigender Amplitude X_s nach minus unendlich läuft. Die Ortskurve ist daher eine Parallele zur negativen reellen Achse im Abstand $\pi\varepsilon/4Y_s$ (Bild 93).

Beim Dreipunktglied ohne Hysterese gilt nach Gl. (80)

$$-\frac{1}{N(X_s)} = -\frac{\pi X_s}{4Y_s\sqrt{1-\varepsilon^2/X_s^2}}$$

Diese Funktion strebt sowohl für $X_s \rightarrow \varepsilon$ als auch für $X_s \rightarrow \infty$ gegen minus unendlich; dazwischen nimmt sie negativ reelle Werte an. Bei $X_s = \varepsilon\sqrt{2}$ erreicht sie ihr Maximum $-\pi\varepsilon/2Y_s$. Die negative reelle Achse wird links von diesem Punkt doppelt durchlaufen (Bild 94). Wird sie in diesem Bereich von der Ortskurve $F(j\omega)$ geschnitten, so sind zwei **stationäre Schwingungen** mit verschiedenen Amplituden X_s, aber der gleichen Kreisfrequenz ω möglich. Nach der Regel vom Abschn. 7.5.1 ist nur die Schwingung mit der größeren Amplitude stabil.

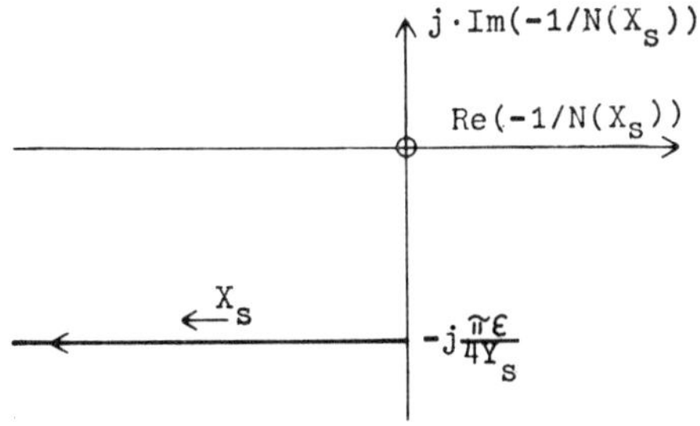

Bild 93 Ortskurve $-1/N(X_s)$ eines Zweipunktgliedes mit Hysterese

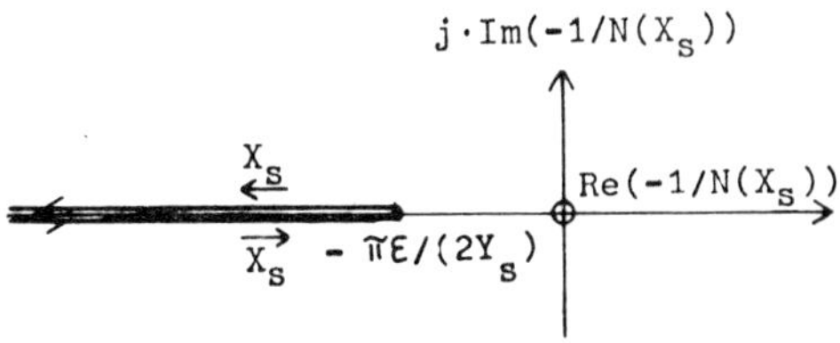

Bild 94 Ortskurve $-1/N(X_s)$ eines Dreipunktgliedes ohne Hysterese

Für das Dreipunktglied mit Hysterese entsteht durch die Umrechnung der Gl. (79) eine Beziehung, die nicht mehr in einfacher Weise zu überblicken ist; es empfiehlt sich daher eine punktweise Berechnung der Ortskurven $-1/N(X_s)$ für verschiedene Werte η. Nach Einführen der normierten Funktion

$$-\frac{1}{\tilde{N}(X_s)} = -\frac{2Y_s}{\pi\varepsilon}\,\frac{1}{N(X_s)}$$

ergibt sich die Darstellung vom Bild 95. Alle Ortskurven beginnen für $X_s = \varepsilon$ auf der Parallelen

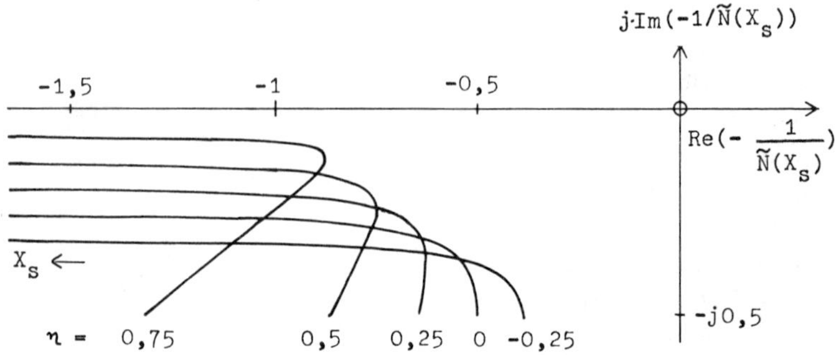

Bild 95 Ortskurven $-1/\tilde{N}(X_s)$ eines Dreipunktgliedes mit Hysterese für verschiedene Werte des Parameters η

$$j \cdot \mathrm{Im}[-1/\tilde{N}(X_s)] = -j/2$$

zur negativen reellen Achse und nähern sich bei großen Amplituden X_s den Parallelen im Abstand $-(1-\eta)/4$ zur negativen reellen Achse asymptotisch an.

7.5.1.2 P-T_n-Strecken und Mehrpunktregler

Lineare P-T_n-Strecken haben Ortskurven $F(j\omega)$, wie sie im Bild 96 für verschiedene Ordnungen n dargestellt sind. Die Ortskurve des Gliedes n-ter Ordnung läuft für Kreisfrequenzen $\omega \to \infty$ unter dem Winkel $-n\pi/2$ in den Nullpunkt.

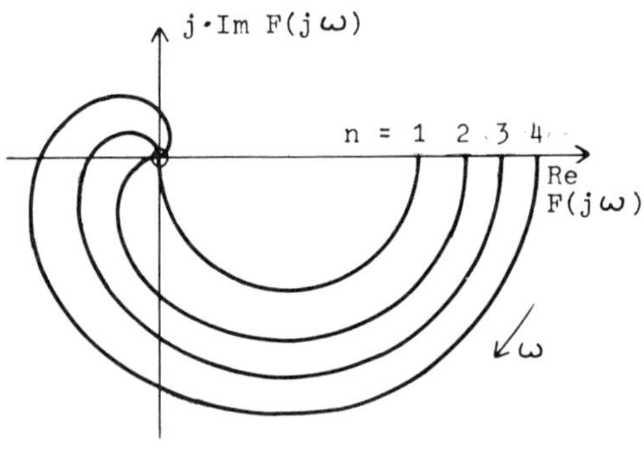

Bild 96 Ortskurven der P-T_n-Glieder für Ordnungen $n = 1, 2, 3, 4$

Bei Zusammenarbeit mit Mehrpunktreglern ist das Auftreten von stationären Schwingungen **erwünscht**, weil nur durch diese eine kontinuierliche

Einstellung des Mittelwertes der Regelgröße möglich ist. Ihre Frequenzen dürfen nicht zu hoch werden, weil dann die Schaltglieder durch schleichende Kontakte zerstört werden können.

Die Ortskurve $-1/N(X_s)$ <u>des Zweipunktreglers ohne Hysterese</u> fällt mit der negativen reellen Achse zusammen; sie wird vom Nullpunkt ausgehend nach links durchlaufen (Bild 92). Für die Ordnungen $n = 1$ und $n = 2$ schneiden sich die Ortskurven $F(j\omega)$ und $-1/N(X_s)$ nur im Nullpunkt, der erst bei unendlich großer Kreisfrequenz ω erreicht wird; das bedeutet, daß ein unerwünschter schleichender Kontakt auftritt (s. a. Bsp. 24). Für $n \geqq 3$ ist dagegen eine echte stationäre Schwingung möglich; sie ist stabil, weil die Ortskurve $-1/N(X_s)$ von rechts schneidet.

Nehmen wir an, daß das lineare Glied von dritter Ordnung ist und drei gleiche Zeitkonstanten T sowie den Proportionalbeiwert K_P hat, so gilt für den komplexen Frequenzgang

$$F(j\omega) = K_P/(1 + j\omega T)^3$$

Wie im Beispiel 25 ergibt sich als Kreisfrequenz der stationären Schwingung $\omega = \sqrt{3}/T$ und es folgt

$$1/F(j\omega) = (1 - 3\omega^2T^2)/K_P = (1 - 9)/K_P = -8/K_P$$

Nach Gl. (81) gilt für die Amplitude X_s die Gleichung

$$N(X_s) = 4Y_s/(\pi X_s) = -1/F(j\omega) = 8/K_P$$

oder

$$X_s = K_P Y_s/(2\pi)$$

Entsprechend geht man vor, wenn das lineare Glied verschiedene Zeitkonstanten hat sowie für Ordnungen $n = 4, 5$ und 6. Für $n \geqq 7$ schneidet die Ortskurve $F(j\omega)$ die negative reelle Achse mehr als einmal; es sind dann mehrere stationäre Schwingungen (die alle stabil sind) mit verschiedenen Frequenzen und Amplituden möglich. Von ihnen tritt i. allg. nur die mit der kleinsten Frequenz auf; die anderen entstehen nur, wenn sie von einer Störung speziell angeregt werden, bleiben dann aber nach Verschwinden der Störung bestehen.

Die Ortskurve $-1/N(X_s)$ des <u>Zweipunktreglers mit Hysterese</u> verläuft parallel zur negativen reellen Achse (Bild 93); der Imaginärteil ist konstant $-\pi\varepsilon/4Y_s$. Ist das lineare Glied von erster Ordnung $(n = 1)$, so kommt es nicht zum Schnitt mit der Ortskurve $F(j\omega)$, weil diese nicht in den dritten Quadranten eintritt. Trotzdem kann eine P-T_1-Strecke mit einem Zweipunktregler mit Hysterese geregelt werden; es muß nur $K_P Y_s > \varepsilon$ sein, damit die Regelgröße x die Schaltpunkte $w \pm \varepsilon$ des Reglers erreicht. Die Methode der Harmonischen Balance kommt hier zu einem falschen Ergebnis, weil die Tiefpaßwirkung des linearen Gliedes zu gering ist.

Für Ordnungen $n > 1$ schneiden sich die Ortskurven, sofern der Proportionalbeiwert K_P des linearen Übertragungsgliedes genügend groß ist.

Die Ortskurve $-1/N(X_s)$ des <u>Dreipunktreglers ohne Hysterese</u> ist im Bild 94 dargestellt. Für Ordnungen $n = 1$ und $n = 2$ kann es keinen Schnittpunkt mit der Ortskurve $F(j\omega)$ geben, so daß keine stationären Schwingungen möglich sind. (Dabei ist für $n = 1$ der Abstand der beiden Ortskurven so groß, daß hier das Ergebnis der Harmonischen Balance trotz des unzureichenden Tiefpaßverhaltens des linearen Gliedes richtig ist.) Es ist auch leicht einzusehen, daß der Regelkreis immer wieder in seinen stabilen Zustand, in dem die Stellgrößenschwankung Δy ständig null bleibt, zurückkehren muß. Bei einer kurzzeitigen positiven Regelabweichung schaltet der Regler nämlich Δy auf den unteren Wert $-Y_s$, bis die Abweichung Δx_d der Regeldifferenz den Schaltpunkt $-\varepsilon$ wieder überschreitet, worauf der Regler auf null zurückschaltet.

Das gilt nicht mehr, wenn durch eine dauernd einwirkende Störung die Symmetriebedingung c) des Abschnitts 7.5 verletzt wird; der Regler kann dieser Störung nur entgegenwirken, indem er die Stellgröße periodisch in eine der Endlagen schaltet. Er pendelt dann zwischen dieser Endlage und der Nullage und arbeitet somit als Zweipunktregler. (Bei fehlender Hysterese und Ordnungen $n \leqq 2$ entsteht ein schleichender Kontakt.)

Ist das lineare Glied von dritter oder höherer Ordnung, so treten so große Phasendrehungen auf, daß auch bei völliger Symmetrie stationäre Schwingungen möglich sind, vorausgesetzt, daß der Proportionalbeiwert K_P des linearen Gliedes so groß ist, daß die Ortskurve $F(j\omega)$ die negative reelle Achse links vom Punkt $-\pi\varepsilon/2Y_s$ schneidet. Nach Bild 94 gibt es dann einen Doppelschnittpunkt mit der Ortskurve $-1/N(X_s)$ und somit zwei stationäre Schwingungen mit gleicher Kreisfrequenz ω, aber verschiedenen Amplituden X_{s1} und X_{s2}, von denen die größere (X_{s2}) stabil, die kleinere (X_{s1}) dagegen labil ist. Wird die Amplitude X_{s1} unterschritten, so klingt sie auf null ab. Daraus folgt, daß auch die Ruhelage stabil ist. Die stabile stationäre Schwingung tritt also nicht immer auf, sondern nur, nachdem sie durch eine Störung angeregt wurde; dabei muß die Amplitude X_{s1} wenigstens kurzzeitig überschritten worden sein.

Die Ortskurven $-1/N(X_s)$ des Dreipunktreglers mit Hysterese zeigt Bild 95. Mit den Kurven $F(j\omega)$ des linearen Gliedes (Bild 96) gibt es Schnittpunkte für Ordnungen $n \geqq 2$, sofern der Proportionalbeiwert K_P des linearen Gliedes groß genug ist; es gibt dann gleich zwei Schnittpunkte (die auch zu einem Berührungspunkt zusammenfallen können), sie liegen ähnlich wie im Bild 91. Nur die Schwingung, die dem Punkt B entspricht, ist stabil; A ist dagegen ein labiler Punkt. In gleicher Weise wie beim Dreipunktregler ohne Hysterese kann man auch hier zeigen, daß der Regelkreis bei Nullage des Reglers stabil ist.

Beispiel 26: Temperaturregelung mit Zweipunktregler

Wie im Beispiel 24 sei die Regelstrecke eine aperiodische $P\text{-}T_2$-Strecke mit dem Proportionalbeiwert K_P und den Zeitkonstanten T_1 und T_2 $(T_1 > T_2)$; sie soll mit einem Zweipunktregler mit Hysterese geregelt werden. Die Übertemperatur

$\Delta\vartheta_x$ gegenüber der Umgebung ist die Regelgröße x. Die Methode der Harmonischen Balance läßt sich nur auf Abweichungen Δx vom Mittelwert der Regelgröße anwenden; wir wollen diese Abweichungen hier mit $\Delta'\vartheta_x$ bezeichnen.

Nach Abschn. 7.5.1.2 schneiden sich die Ortskurven $F(j\omega)$ und $-1/N(X_s)$, sofern der Proportionalbeiwert K_P des linearen Gliedes hinreichend groß ist; es gibt dann genau einen Schnittpunkt, ihm entspricht eine stabile stationäre Schwingung. Zur Berechnung der Kreisfrequenz ω und der Amplitude X_s geht man zweckmäßig von Gl. (88) aus. Wegen

$$F(j\omega) = \frac{K_P}{(1 + j\omega T_1)(1 + j\omega T_2)} = \frac{K_P}{1 + j\omega(T_1 + T_2) - \omega^2 T_1 T_2}$$

folgt nach Gl. (82)

$$\frac{1}{F(j\omega)} = \frac{1}{K_P}\left[1 - \omega^2 T_1 T_2 + j\omega(T_1 + T_2)\right] =$$

$$= - N(X_s) = - \frac{4Y_s}{\pi X_s}\sqrt{1 - \frac{\varepsilon^2}{X_s^2}} + j\,\frac{4\varepsilon Y_s}{\pi X_s^2}$$

Durch Gleichsetzen der Real- und Imaginärteile beider Seiten dieser Gleichung ergeben sich die Beziehungen

$$\frac{\omega}{K_P}(T_1 + T_2) = \frac{4\varepsilon Y_s}{\pi X_s^2} \qquad \text{und}$$

$$\frac{1 - \omega^2 T_1 T_2}{K_P} = - \frac{4Y_s}{\pi X_s}\sqrt{1 - \frac{\varepsilon^2}{X_s^2}}$$

Eliminiert man aus diesen beiden Gleichungen die Kreisfrequenz ω, so erhält man eine Gleichung vierten Grades für das Quadrat X_s^2 der Amplitude; von ihren vier Wurzeln ist nur eine positiv reell.

Es fällt auf, daß die so berechneten Werte der Kreisfrequenz ω und der Amplitude X_s nicht von dem eingestellten Sollwert $\Delta\vartheta_W$ (s. Beispiel 24) abhängen, obwohl in Wirklichkeit eine solche Abhängigkeit besteht. Dieser Fehler ist darauf zurückzuführen, daß die Symmetriebedingung c) von Abschn.

7.5 nur in dem Sonderfall $\Delta\vartheta_W = \Delta\vartheta_E/2 = K_P Y_h/2$ (s. Beispiel 24) erfüllt ist; nur bei diesem Wert des Sollwerts $\Delta\vartheta_W$ liegen die Endwerte 0 und $K_P Y_h$ der Regelgröße $\Delta\vartheta_x$ symmetrisch zum Mittelwert $\Delta\vartheta_W$. In jedem anderen Fall ist demnach mit Fehlern zu rechnen, die um so größer sind, je weiter $\Delta\vartheta_W$ von $K_P Y_h/2$ abweicht. Je näher der Sollwert $\Delta\vartheta_W$ einem der Grenzwerte 0 oder $K_P Y_h$ liegt, desto flacher verläuft die Übergangsfunktion des P-T_2-Gliedes, die diesem Endwert zustrebt; dadurch verkleinert sich die Schaltfrequenz (s. Bild 97).

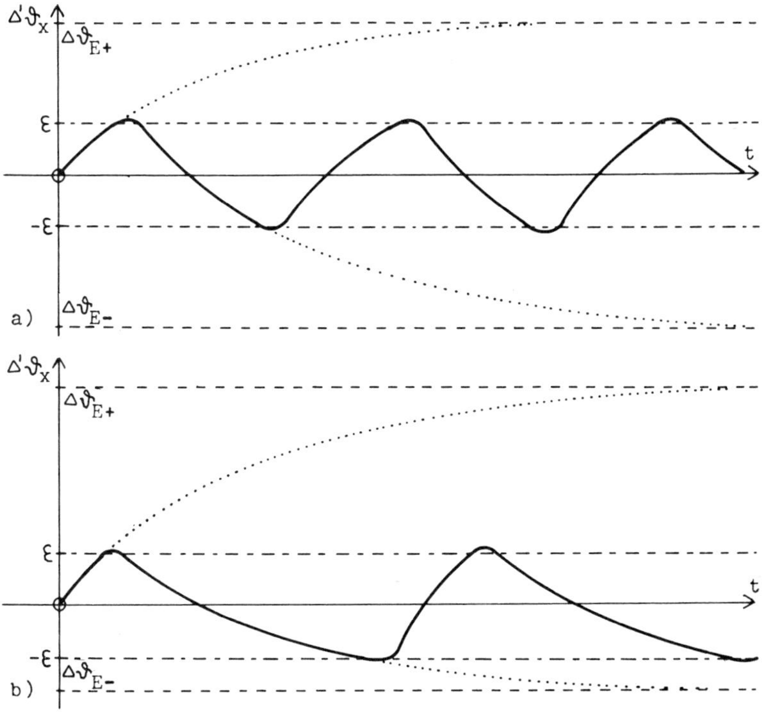

Bild 97 Verlauf der Regelgröße $\Delta'\vartheta_x$ bei der Temperaturregelung von Beispiel 26 bei symmetrischer (a) und bei unsymmetrischer (b) Lage der Endwerte $\Delta\vartheta_{E+}$ und $\Delta\vartheta_{E-}$

8. Abtastregelungen

8.1 Problemstellung

In zunehmendem Maße werden digitale Rechenanlagen in der Regelungstechnik eingesetzt. Insbesondere die preiswerten Klein- und Mikrocomputer mit ihren geringen Abmessungen finden zahlreiche Anwendungen. In diesem Abschnitt soll deshalb - soweit das in diesem Rahmen möglich ist - auf Probleme, die sich im Zusammenhang mit einer digital arbeitenden Regeleinrichtung ergeben, eingegangen werden.

Unbestreitbar bieten digitale Regeleinrichtungen zahlreiche Vorteile. So können auch kompliziertere Rechnungen ohne weiteres durchgeführt werden, es können ohne Schwierigkeiten mehrere Meßwerte aufgenommen und verarbeitet werden. Je komplizierter eine Anlage, desto größer werden die Vorteile der digitalen Datenverarbeitung. Hohe Rechengenauigkeit wirkt sich in der Regelungstechnik allerdings kaum aus, denn analoge Regler mit I-Anteil erreichen bereits, daß die Regelabweichung null wird und damit die höchstmögliche Genauigkeit.

Auch auf einige Nachteile muß hingewiesen werden. Durch den notwendigen Abtastvorgang (s.u.) verzögert sich der Eingriff des Reglers, deswegen arbeiten digitale Regelungen in vielen Fällen langsamer als analoge. Diese Verzögerung verschlechtert außerdem die Stabilität des Regelkreises. Zudem muß eine analoge Meßgröße quantisiert werden, bevor sie digital verarbeitet werden kann. Erfolgt die Quantisierung zu grob, so kommt es zu Quantisierungsfehlern und dadurch zu Regelabweichungen. Für die folgenden Betrachtungen wollen wir annehmen, daß die Quantisierungsfehler vernachlässigbar klein sind.

Die weitaus meisten Regelstrecken sind analoge Einrichtungen. Um die Regelgröße x in einer digitalen Regeleinrichtung verarbeiten zu können, muß sie zunächst in einem (analogen)

Meßwertumformer (MU) erfaßt und dann in einem Analog-Digital-Wandler (AD-Wandler) in ein digitales Signal umgeformt werden. Umgekehrt muß das Ausgangssignal des digitalen Reglers zunächst in einem Digital-Analog-Wandler (DA-Wandler) in eine analoge Stellgröße y umgewandelt werden, die dann über ein Stellglied die Regelstrecke beeinflußt. Ein entsprechendes Schema ist in Bild 98 dargestellt.

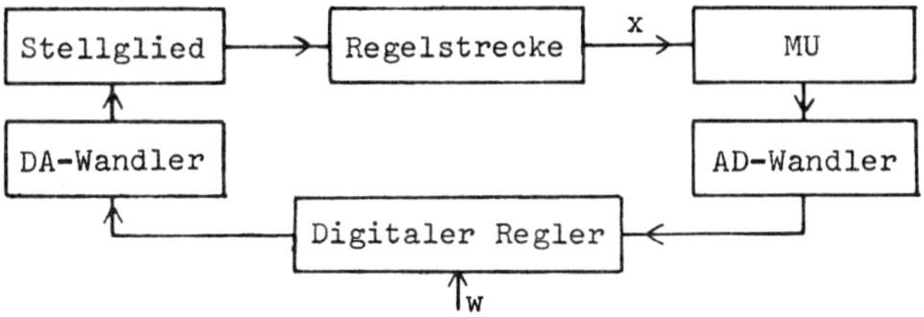

Bild 98 Schema einer digitalen Regelung

Eine digitale Regeleinrichtung kann ihrer Natur nach die Regelgröße nicht fortlaufend, sondern nur in bestimmten Zeitabständen aufnehmen und verarbeiten. Die Regelgröße x muß deshalb abgetastet werden; das bedeutet, daß nur einzelne Funktionswerte aus dem kontinuierlichen Verlauf herausgenommen werden. Wir wollen annehmen, daß das in gleichmäßigen Abständen τ geschieht, so daß also die Folge von Funktionswerten

$$x_o = x(0), \quad x_1 = x(\tau), \quad x_2 = x(2\tau), \quad \ldots\ldots \quad x_k = x(k\tau), \quad \ldots\ldots$$

gebildet wird. Eine derartige Folge heißt Abtastfolge, die Zeitdifferenz τ zwischen den einzelnen Abtastpunkten wird als Abtastperiode bezeichnet. Je kürzer diese Abtastperiode, desto mehr nähert sich das Verhalten der Regeleinrichtung dem kontinuierlichen Verlauf an, desto größer muß aber auch die Rechengeschwindigkeit der Einrichtung sein, da die Signalverarbeitung innerhalb der Periode τ abgeschlossen sein muß.

8.2 Differenzengleichungen

Die kontinuierlichen Operationen Integration und Differentiation sind in der diskreten Folge $x_k = x(k\tau)$ nicht möglich und müssen durch diskrete Operationen (Addition und Subtraktion) ersetzt werden. Gehen wir beispielsweise davon aus, daß die Funktion eines I-Regelverstärkers nachgebildet werden soll. Die Regeldifferenz $x_d = w - x$ (s. Gl. (2)) sei bereits berechnet und liege in der Abtastfolge $x_{dk} = x_d(k\tau)$ $(k = 0, 1, 2,...)$ vor. Der digitale Regler soll die Stellgröße y als Folge $y_k = y(k\tau)$ ausgeben. Die Rechenzeit und damit die Zeitverschiebung zwischen Eingabe und Ausgabe werde vernachlässigt.

Die Gleichung $y = K_I \int x_d dt$ eines analogen I-Regelverstärkers wird zu einer Summe; an die Stelle des Zeitdifferentials dt tritt die Abtastperiode τ. Damit wird

$$y_k = K_I \sum_{\nu=0}^{k} x_{d\nu}\tau \tag{89}$$

Dabei ist - wie in der Regelungstechnik üblich - vorausgesetzt, daß alle Funktionen für $t < 0$ verschwinden, so daß die Summation nur über die Abtastpunkte mit $k \geqq 0$ erfolgt.

Es wäre nun sehr aufwendig, für jeden Wert y_k wieder vom Zeitnullpunkt an zu summieren, zumal die Anzahl der Summanden bei jedem Schritt zunimmt. Aus diesem Grunde wird Gl. (89) umgeformt. Ersetzt man den Index k durch $k - 1$, so gilt

$$y_{k-1} = K_I \sum_{\nu=0}^{k-1} x_{d\nu}\tau$$

Diese Summe hat nur **einen** Summanden weniger als Gl. (89). Zieht man beide voneinander ab, so bleibt

$$y_k - y_{k-1} = K_I x_{dk}\tau$$

oder

$$y_k = y_{k-1} + K_I\tau x_{dk} \qquad \text{(I-Algorithmus)} \tag{90}$$

Gl. (90) erlaubt, jeden Wert der Folge y_k aus dem vorhergehenden Wert y_{k-1} zu berechnen. Man erkennt auch die Notwendigkeit, den jeweils letzten Wert der Stellgröße y zu speichern, damit sie für die Berechnung des folgenden zur Verfügung steht.

Beispiel 27: Gegeben sei ein Regelkreis aus einer P-Strecke und einem I-Regelverstärker (Bild 99). Der Proportionalbeiwert der Strecke sei gleich 1 . Die Integration im Regelverstärker soll durch den I-Algorithmus von Gl. (90) nachgebildet werden. Ferner sei $K_I\tau = 0{,}25$.

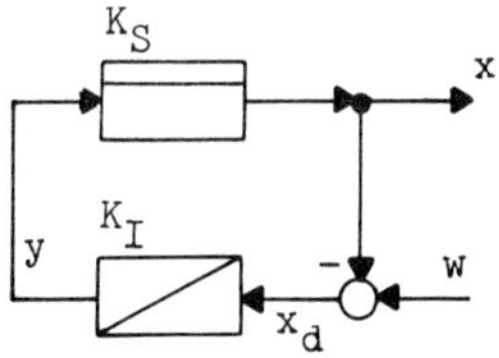

Bild 99 Regelkreis zum Beispiel 27

Wegen $K_S = 1$ ist die Regelgröße x gleich der Stellgröße y . Diese werde in den Pausen gehalten, so daß y (und damit die Regelgröße x) eine Treppenfunktion ist, wie sie z. B. in Bild 101 gezeigt ist. Diese Funktion wird abgetastet, wobei wir annehmen, daß der Abtaster jeweils den Funktionswert unmittelbar vor dem Treppensprung erfaßt. (Diese Annahme ist notwendig, um zu berücksichtigen, daß der digitale Regler eine endliche Rechenzeit benötigt. Der Abtaster kann daher nicht den gerade errechneten, sondern nur den vorhergehenden Funktionswert erfassen.) Die Führungsgröße w ändere sich zur Zeit $t = 0$ von 0 auf 1 : $w = 1 \cdot \varepsilon(t)$. Auch für die Führungsgröße liege der Abtastzeitpunkt unmittelbar vor dem Sprung, so daß $y_o = x_o = x_{do} = 0$ zu setzen ist. Wegen $x = y$ läßt sich Gl. (90) schreiben

$$x_k = x_{k-1} + K_I\tau x_{dk} = x_{k-1} + K_I\tau(1 - x_k) = x_{k-1} + 0{,}25(1 - x_k)$$

oder
$$1{,}25\, x_k = x_{k-1} + 0{,}25$$

oder
$$x_k = 0{,}8\, x_{k-1} + 0{,}2$$

Es folgt

$x_1 = 0{,}2$; $x_2 = 0{,}36$; $x_3 = 0{,}488$; $x_4 = 0{,}590$; $x_5 = 0{,}672$ usw.

Der zeitliche Verlauf ist in Bild 100 dargestellt. Zum Vergleich ist das Verhalten der Regelgröße bei analoger Regelung mit gleichem Integrierbeiwert K_I eingezeichnet (punktierte Linie). Es kann festgestellt werden, daß sich die Treppenfunk-

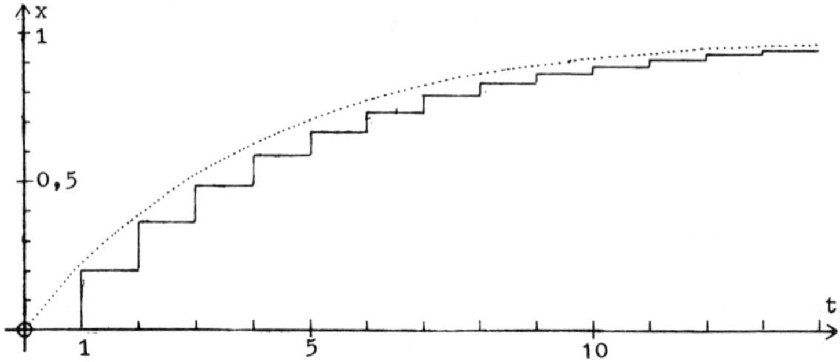

Bild 100 Zeitlicher Verlauf der Regelgröße im Beispiel 27

tion dem Verlauf der analogen Größe gut annähert; die zeitliche Verzögerung ist darauf zurückzuführen, daß der Regler frühestens zum nächsten Abtastzeitpunkt nach der Änderung der Führungsgröße reagieren kann. Die Annahme, daß der Abtastzeitpunkt unmittelbar vor dem Sprung liegen soll (s. o.), ist der ungünstigste Fall. Im statistischen Mittel wird daher die Verzögerung des Reglereinsatzes nur eine halbe Abtastperiode betragen.

Die Größe der Abtastperiode τ hat erheblichen Einfluß auf das Einschwingverhalten; sie muß im richtigen Verhältnis zu den Zeitkonstanten des Systems stehen. Hier ist τ durch die Annahme $K_I\tau = 0{,}25$ festgelegt. Bei einem größeren τ würde der Regelkreis erheblich langsamer einschwingen.

8.3 Weitere Algorithmen

Durch Hinzufügen eines Summanden, der proportional zur Regeldifferenz x_{dk} ist, zur rechten Seite von Gl. (89) erhält man die Gleichung für den PI-Algorithmus

$$y_k = K_P x_{dk} + K_I\tau \sum_{\nu=0}^{k} x_{d\nu}$$

Wieder ziehen wir den voraufgegangenen Wert der Folge y_k

$$y_{k-1} = K_P x_{d,k-1} + K_I\tau \sum_{\nu=0}^{k-1} x_{d\nu}$$

ab und erhalten

$$y_k - y_{k-1} = K_P(x_{dk} - x_{d,k-1}) + K_I \tau x_{dk}$$

oder nach Gl. (37)

$$y_k = y_{k-1} + K_P\left\{(1 + \frac{\tau}{T_n})x_{dk} - x_{d,k-1}\right\} \quad \text{(PI-Algorithmus)} \qquad (91)$$

Zur Berechnung der Stellgröße y_k benötigt der digitale Regler außer der momentanen Regeldifferenz $x_{dk} = x_d(k\tau)$ die gespeicherten Werte y_{k-1} und $x_{d,k-1}$ des voraufgegangenen Abtastzeitpunktes $(k-1)\tau$.

Die analoge Operation "Differenzieren" muß beim Übergang zur digitalen Regelung durch Differenzbildung ersetzt werden; aus dem Differentialquotienten dx_d/dt wird der Differenzenquotient $\Delta x_d/\Delta t$. Als Zeitschritt Δt wählt man zweckmäßig die Abtastperiode τ, so daß der Differenzenquotient den Wert

$$\frac{\Delta x_d}{\tau} = \frac{x_d(k\tau) - x_d((k-1)\tau)}{\tau} = \frac{x_{dk} - x_{d,k-1}}{\tau}$$

annimmt. Entsprechend Gl. (40) erhält man für einen PD-Algorithmus dann die Stellgröße

$$y_k = K_P x_{dk} + \frac{K_D}{\tau}(x_{dk} - x_{d,k-1})$$

oder nach Gl. (41)

$$y_k = K_P\left\{(1 + \frac{T_v}{\tau})x_{dk} - \frac{T_v}{\tau} x_{d,k-1}\right\} \quad \text{(PD-Algorithmus)} \qquad (92)$$

8.4 Mathematische Behandlunglung des Abtastvorganges

8.4.1 Treppenfunktion

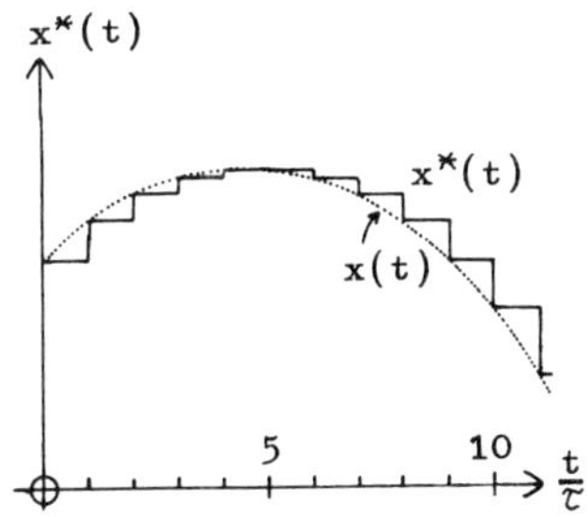

Bild 101 Treppenfunktion

Zur Ausführung der im vorigen Abschnitt beschriebenen Algorithmen ist außer der Abtastung eine Speicherung des vorhergehenden Wertes der Regelgröße x (oder der Regeldifferenz x_d) notwendig. Beide Vorgänge kann man sich in einem Abtast- und Halteglied vereint denken (auch wenn die Speicherung tatsächlich in digitaler Form im Regler stattfindet). Seine Wirkung ist in Bild 101 zu erkennen; es wird eine Treppenfunktion $x^*(t)$ erzeugt. Die Höhe der einzelnen waagerechten Kurvenstücke ist gleich den Abtastwerten x_k, beginnend mit x_0 zur Zeit $t = 0$. Mit Hilfe der Einheitssprungerregung $\varepsilon(t)$ (s. Gl. (8)) läßt sich das k-te waagerechte Kurvenstück durch die Funktion $x_k[\varepsilon(t - k\tau) - \varepsilon(t - (k+1)\tau)]$ beschreiben. Unter der Voraussetzung, daß $x(t)$ für $t < 0$ verschwindet, ist die Treppenfunktion gleich der Summe

$$x^*(t) = \sum_{k=0}^{\infty} x_k[\varepsilon(t - k\tau) - \varepsilon(t - (k+1)\tau)] \qquad (93)$$

Nach Korrespondenz 3 ist die Laplace-Transformierte der Einheitssprungerregung $\mathcal{L}\{\varepsilon(t)\} = 1/s$; nach dem Verschiebungssatz gilt

$$\mathcal{L}\{\varepsilon(t - k\tau)\} = \frac{e^{-sk\tau}}{s}$$

Damit ergibt sich

$$x^*(s) = \mathcal{L}\{x^*(t)\} = \sum_{k=0}^{\infty} x_k\left\{\frac{e^{-sk\tau}}{s} - \frac{e^{-s(k+1)\tau}}{s}\right\}$$

oder
$$x^*(s) = \frac{1 - e^{-\tau s}}{s} \sum_{k=0}^{\infty} x_k e^{-k\tau s} \qquad (94)$$

Der erste Faktor $\frac{1 - e^{-\tau s}}{s}$ ist die Laplace-Transformierte der Funktion $\varepsilon(t) - \varepsilon(t - \tau)$, der Differenz zweier Einheitssprungerregungen. Diese Differenz ist null, ausgenommen für Zeiten t mit $0 \leqq t < \tau$; sie stellt somit einen Rechteckimpuls der Höhe 1 und der Länge τ dar. Diese Funktion entspricht dem Haltevorgang, während der zweite Faktor der Gl. (94)

$$\overline{x}(s) = \sum_{k=0}^{\infty} x_k e^{-k\tau s} \qquad (95)$$

der die Abtastfolge x_k enthält, dem Abtastvorgang zuzuordnen ist.

8.4.2 Die z-Transformation

Setzen wir in Gl. (95)

$$e^{\tau s} = z \qquad (96)$$

so wird $\overline{x}$ als Funktion einer neuen komplexen Variablen z

angegeben. Wir wollen die so entstandene Funktion als $\overline{x}(z)$ bezeichnen, es gilt demnach

$$\overline{x}(z) = \sum_{k=0}^{\infty} x_k z^{-k} \tag{97}$$

$\overline{x}(z)$ heißt <u>z-Transformierte der Abtastfolge x_k</u> oder - in vereinfachendem Sprachgebrauch - <u>z-Transformierte der Funktion $x(t)$</u> (deren Abtastfolge x_k ist). Üblich sind auch die Schreibweisen

$$\overline{x}(z) = \mathfrak{z}\{x_k\} \qquad \text{und} \qquad \overline{x}(z) = \mathfrak{z}\{x(t)\}$$

Die z-Transformation spielt in der Theorie der Abtastvorgänge eine ähnliche Rolle wie die Laplace-Transformation für lineare Systeme. Um mit der z-Transformierten rechnen zu können, wird man i. allg. anstreben, die Summe in Gl. (97) aufzusummieren, um so einen geschlossenen Ausdruck für $\overline{x}(z)$ zu erhalten.

<u>Beispiel 28</u>: Es ist die z-Transformierte der Einheitssprungerregung $\varepsilon(t)$ zu berechnen.

Wegen $\varepsilon(t) = 1$ für $t \geqq 0$ werden alle Abtastwerte $x_k = 1$ $(k = 0, 1, 2, \ldots)$. Damit wird

$$\overline{x}(z) = \sum_{k=0}^{\infty} z^{-k}$$

Das ist eine geometrische Reihe; der Quotient zweier aufeinander folgender Glieder ist z^{-1}. Die Reihe konvergiert für $|z| > 1$, die Summenformel ergibt

$$\overline{x}(z) = \frac{1}{1 - z^{-1}} = \frac{z}{z - 1}$$

Somit gilt

$$\mathfrak{z}\{\varepsilon(t)\} = \frac{z}{z - 1} \tag{98}$$

<u>Beispiel 29</u>: Es ist die z-Transformierte der Einheitsanstiegserregung $r(t)$ (s. Gl. (11)) zu berechnen.

Wegen $r(t) = t$ für $t \geqq 0$ wird $x_k = r(k\tau) = k\tau$ und somit

$$\overline{x}(z) = \tau \sum_{k=0}^{\infty} k z^{-k}$$

Diese Reihe konvergiert wieder für $|z| > 1$. Um besser aufsummieren zu können, setzen wir vorübergehend $z^{-1} = w$ und gehen von der Summenformel der geometrischen Reihe aus

$$\sum_{k=0}^{\infty} w^k = \frac{1}{1 - w}$$

Differenzieren wir beide Seiten nach w, so folgt

$$\sum_{k=0}^{\infty} kw^{k-1} = \frac{1}{(1 - w)^2}$$

oder

$$\sum_{k=0}^{\infty} kw^k = \frac{w}{(1 - w)^2}$$

Setzt man wieder $w = z^{-1}$, ergibt sich die z-Transformierte der Einheitsanstiegserregung

$$\mathfrak{z}\{r(t)\} = \tau \frac{z}{(z - 1)^2} \tag{99}$$

8.4.3 Rechenregeln

Weitere z-Korrespondenzen sind im Anhang angegeben. Um den Umfang dieses Skriptums nicht zu sehr anwachsen zu lassen, soll auf weitere Beweise verzichtet werden. Das gilt auch für die folgenden Rechenregeln.

Die z-Transformation ist - ebenso wie die Laplace-Transformation - linear, d. h. wenn $x_1(t)$ und $x_2(t)$ zwei Zeitfunktionen sind, die mit der gleichen Abtastperiode abgetastet werden, gilt

$$\mathfrak{z}\{x_1(t) \pm x_2(t)\} = \mathfrak{z}\{x_1(t)\} \pm \mathfrak{z}\{x_2(t)\} \tag{100}$$

Ferner, wenn a eine Konstante

$$\mathfrak{z}\{ax(t)\} = a\mathfrak{z}\{x(t)\} \tag{101}$$

Weitere Rechenregeln finden sich im Anhang.

8.4.4 z-Übertragungsfunktionen digitaler Übertragungsglieder

Gegeben sei ein digitales Übertragungsglied, das aus einer Eingangsfolge x_{ek} die Ausgangsfolge x_{ak} errechnet. Die dabei auftretenden Operationen Addition, Subtraktion und Speichern lassen sich in einfacher Weise durch die z-Transformation wiedergeben. Das soll am PI-Algorithmus (s. Gl. (91))

gezeigt werden. Dabei ist die Eingangsgröße x_e des Regelverstärkers die Regeldifferenz x_d und die Ausgangsgröße x_a ist die Stellgröße y .

Wir gehen wieder davon aus, daß für Zeiten $t < 0$ alle Zeitfunktionen verschwinden. Dann kann nach der Verschiebungsregel (s. Rechenregeln im Anhang) eine Zeitverschiebung um eine Abtastperiode τ im z-Unterbereich durch Multiplikation mit z^{-1} wiedergegeben werden. Es folgt aus Gl. (91)

$$\overline{y}(z) = \overline{y}(z)\cdot z^{-1} + K_P\left\{(1 + \frac{\tau}{T_n})\overline{x}_d(z) - \overline{x}_d(z)\cdot z^{-1}\right\}$$

oder $$\overline{y}(z)(1 - z^{-1}) = K_P(1 + \frac{\tau}{T_n} - z^{-1})\overline{x}_d(z)$$

oder $$\overline{y}(z) = K_P \frac{(1 + \frac{\tau}{T_n})z - 1}{z - 1} \overline{x}_d(z)$$

Ist das Verhältnis $\overline{y}(z)/\overline{x}_d(z) = \overline{x}_a(z)/\overline{x}_e(z)$ unabhängig von der Eingangsgröße $\overline{x}_e(z)$ (wie in diesem Fall), so ist das digitale Übertragungsglied <u>linear</u>; dann wird

$$F_z(z) = \frac{\overline{x}_a(z)}{\overline{x}_e(z)} \tag{102}$$

als seine <u>z-Übertragungsfunktion</u> bezeichnet.

Damit erhalten wir für den PI-Algorithmus

$$F_z(z) = K_P \frac{(1 + \frac{\tau}{T_n})z - 1}{z - 1} \qquad \text{(PI-Algorithmus)} \tag{103}$$

Eine entsprechende Gleichung läßt sich aus Gl. (92) für den PD-Algorithmus ableiten

$$F_z(z) = K_P \frac{(1 + \frac{T_v}{\tau})z - \frac{T_v}{\tau}}{z} \qquad \text{(PD-Algorithmus)} \tag{104}$$

Bei einer <u>Kettenschaltung</u> zweier (oder mehrerer) digitaler Übertragungsglieder ist die Ausgangsgröße des ersten die Eingangsgröße des zweiten usw. Daher muß - entsprechend wie im Abschn. 2.3 - die z-Übertragungsfunktion der Kettenschaltung gleich dem Produkt der einzelnen z-Übertragungsfunktionen sein. (Voraussetzung ist nur, daß jedes Übertragungsglied seine Ausgangsgröße als diskrete Folge ausgibt, die dann in der gleichen Form vom nächsten Übertragungsglied aufgenommen werden kann.) Entsprechend Gl. (18) gilt also bei Kettenschaltung zweier digitaler Übertragungsglieder

$$F_z(z) = F_{z1}(z) \cdot F_{z2}(z) \tag{105}$$

Nach dieser Regel können wir die z-Übertragungsfunktion eines digitalen Regelverstärkers mit PID-Algorithmus berechnen. Nach Abschn. 3.2.6 läßt sich ein PID-Glied als Kettenschaltung eines PI- und eines PD-Gliedes auffassen. Somit können wir die z-Übertragungsfunktionen aus Gl. (103) und (104) miteinander multiplizieren (dabei ist einmal $K_P = 1$ gesetzt). Mit den Bezeichnungen von Bild 28 wird

$$F_z(z) = K_{Pk} \frac{(1 + \frac{\tau}{T_{nk}})z - 1}{z - 1} \cdot \frac{(1 + \frac{T_{vk}}{\tau})z - \frac{T_{vk}}{\tau}}{z}$$

$$= K_{Pk} \frac{(1 + \frac{\tau}{T_{nk}} + \frac{T_{vk}}{\tau} + \frac{T_{vk}}{T_{nk}})z^2 - (1 + 2\frac{T_{vk}}{\tau} + \frac{T_{vk}}{T_{nk}})z + \frac{T_{vk}}{\tau}}{z(z - 1)}$$

Aus Gl. (46) folgen die Beziehungen

$$K_{Pk}(1 + \frac{T_{vk}}{T_{nk}}) = K_P \ , \qquad \frac{K_{Pk}}{T_{nk}} = K_I = \frac{K_P}{T_n} \ , \qquad K_{Pk}T_{vk} = K_D = K_P T_v$$

Somit wird

$$F_z(z) = K_P \frac{(1 + \frac{\tau}{T_n} + \frac{T_v}{\tau})z^2 - (1 + 2\frac{T_v}{\tau})z + \frac{T_v}{\tau}}{z(z - 1)} \tag{106}$$

(PID-Algorithmus)

Diese Gleichung gilt allgemein, auch im Fall $T_n < 4T_v$, in dem eine Darstellung des PID-Gliedes in Kettenschaltung nicht möglich ist.

8.4.5 z-Übertragungsfunktionen analoger Übertragungsglieder

Wir setzen voraus, daß wesentliche Teile des Regelkreises, insbesondere die Regelstrecke, sich aus analogen linearen Übertragungsgliedern zusammensetzen. Um in einem einheitlichen Bildbereich, dem z-Bereich, operieren zu können, müssen wir auch analoge Funktionen in den z-Bereich transformieren. Dabei muß man sich darüber im klaren sein, daß die z-Transformation in erster Linie für digitale Übertragungsglieder geeignet ist und nur in geringerem Maße für analoge. Deswegen kann man keineswegs durch formale Anwendung von Gl. (96) in den z-Bereich transformieren; das würde bei analogen Funktionen zu falschen Ergebnissen führen. Als Beispiel sei auf die Laplace-Transformierte $1/s$ der Einheitssprungerregung $\varepsilon(t)$ verwiesen. Bei Anwendung von Gl. (96) würde sich die z-Transformierte $\tau/\ln z$ ergeben. Man vergleiche mit Beispiel 28 !

Es darf nicht übersehen werden, daß die z-Transformierte $\overline{x}(z)$ das Bild einer Abtastfolge x_k , nicht einer analogen Zeitfunktion $x(t)$ ist. (Darauf soll auch die Bezeichnung $\overline{x}(z)$ hinweisen.) Diese Abtastfolge stellen wir zweckmäßig als Treppenfunktion (s. Bild 101) dar, die damit zur Eingangsgröße $x_e(t)$ des analogen Übertragungsgliedes wird. Seine Ausgangsgröße $x_a(t)$ ist dann eine Zeitfunktion, die durch Abtasten wieder in eine Abtastfolge x_{ak} übergeht. Dividiert man ihre z-Transformierte $\overline{x}_a(z)$ durch die z-Transformierte $\overline{x}_e(z)$ der Eingangsfunktion, so erhält man die z-Übertragungsfunktion des analogen Übertragungsgliedes. Gl. (102) gilt also sinngemäß.

8.4.5.1 P-T_1-Glied

Gegeben sei ein P-T_1-Glied mit dem Proportionalbeiwert K_P und der Zeitkonstanten T . Am Eingang liege die Abtastfolge x_{ek} ; ihre z-Transformierte ist nach Gl. (95)

$$\overline{x}_e(z) = \sum_{k=0}^{\infty} x_{ek} z^{-k}$$

Die Folge werde durch eine Treppenfunktion entsprechend Gl. (93) dargestellt

$$x_e(t) = x_e^*(t) = \sum_{k=0}^{\infty} x_{ek}\left[\varepsilon(t - k\tau) - \varepsilon(t - (k+1)\tau)\right]$$

Durch das $P\text{-}T_1$-Verhalten wird daraus die Ausgangsfunktion

$$x_a(t) = K_P \sum_{k=0}^{\infty} x_{ek}\Big[(1 - e^{-\frac{t-k\tau}{T}})\varepsilon(t - k\tau) - $$
$$ - (1 - e^{-\frac{t-(k+1)\tau}{T}})\varepsilon(t - (k+1)\tau)\Big]$$

Durch Abtasten entsteht daraus die Abtastfolge

$$x_{a\nu} = K_P \sum_{k=0}^{\infty} x_{ek}\Big[(1 - e^{-(\nu-k)\frac{\tau}{T}})\varepsilon((\nu-k)\tau) - $$
$$ - (1 - e^{-(\nu-k-1)\frac{\tau}{T}})\varepsilon((\nu-k-1)\tau)\Big]$$

oder wegen $\varepsilon((\nu-k)\tau) = 0$ für $k > \nu$

$$x_{a\nu} = K_P\Big[\sum_{k=0}^{\nu} x_{ek}(1 - e^{-(\nu-k)\frac{\tau}{T}}) - \sum_{k=0}^{\nu-1} x_{ek}(1 - e^{-(\nu-k-1)\frac{\tau}{T}})\Big]$$

mit der z-Transformierten

$$\overline{x}_a(z) = K_P \sum_{\nu=0}^{\infty}\Big[\sum_{k=0}^{\nu} x_{ek}(1 - e^{-(\nu-k)\frac{\tau}{T}}) - $$
$$ - \sum_{k=0}^{\nu-1} x_{ek}(1 - e^{-(\nu-k-1)\frac{\tau}{T}})\Big]z^{-\nu}$$

Beim Vertauschen der Summenzeichen ist zu beachten, daß $k \leqq \nu$ bzw. $k \leqq \nu - 1$ bleiben muß. Die Summe über ν läuft dann von k bzw. $k + 1$ bis ∞.

$$\overline{x}_a(z) = K_P \sum_{k=0}^{\infty} x_{ek}\Big[\sum_{\nu=k}^{\infty} z^{-\nu} - e^{k\frac{\tau}{T}} \sum_{\nu=k}^{\infty} e^{-\nu\frac{\tau}{T}} z^{-\nu} - \sum_{\nu=k+1}^{\infty} z^{-\nu} + $$
$$ + e^{(k+1)\frac{\tau}{T}} \sum_{\nu=k+1}^{\infty} e^{-\nu\frac{\tau}{T}} z^{-\nu}\Big]$$

Die erste und die dritte Summe über ν heben sich bis auf einen Summanden gegenseitig auf. Die beiden anderen Summen sind geometrische Reihen, die sich durch einen geschlossenen Ausdruck darstellen lassen. Damit wird

$$\overline{x}_a(z) = K_P \sum_{k=0}^{\infty} x_{ek}\Big[z^{-k} - \frac{z^{-k}}{1 - z^{-1}e^{-\tau/T}} + \frac{z^{-k-1}}{1 - z^{-1}e^{-\tau/T}}\Big]$$

$$= K_P\Big[1 - \frac{z}{z - e^{-\tau/T}} + \frac{1}{z - e^{-\tau/T}}\Big] \sum_{k=0}^{\infty} x_{ek}z^{-k}$$

oder

$$\overline{x}_a(z) = K_P \frac{1 - e^{-\tau/T}}{z - e^{-\tau/T}} \sum_{k=0}^{\infty} x_{ek}z^{-k}$$

Da die Summe gleich der z-Tranformierten $\overline{x}_e(z)$ der Eingangsgröße ist, muß der Faktor davor gleich der z-Übertragungsfunktion des P-T_1-Gliedes sein. Somit entsprechen sich die Übertragungsfunktionen

$$\frac{K_P}{1 + Ts} \quad \Longleftrightarrow \quad K_P \frac{1 - e^{-\tau/T}}{z - e^{-\tau/T}} \tag{107}$$

Nach leichter Umformung mit $T = -\frac{1}{a}$ erhält man

$$\frac{K_P}{s - a} \quad \Longleftrightarrow \quad - K_P \frac{1 - e^{a\tau}}{a(z - e^{a\tau})} \tag{108}$$

Es sei darauf hingewiesen, daß in Gl. (107) und (108) Übertragungsfunktionen gegenübergestellt werden, nicht die Transformierten von Zeitfunktionen. Um diese zu transformieren, sind die Korrespondenztabellen im Anhang zu benutzen.

8.4.5.2 I-Glied

Gegeben sei ein I-Glied mit dem Integrierbeiwert K_I. Man erhält seine z-Übertragungsfunktion am einfachsten durch Grenzübergang aus Gl. (107). Zunächst werden beide Seiten mit T multipliziert

$$\frac{K_P T}{1 + Ts} \quad \Longleftrightarrow \quad K_P \frac{T(1 - e^{-\tau/T})}{z - e^{-\tau/T}}$$

Für den Zähler der rechten Seite gilt die Reihenentwicklung

$$T(1 - e^{-\tau/T}) = T(1 - 1 + \frac{\tau}{T} - \frac{1}{2!}(\frac{\tau}{T})^2 \pm \ldots) = \tau - \frac{1}{2}\frac{\tau^2}{T} \pm \ldots.$$

Beim Grenzübergang $T \rightarrow \infty$ fallen alle Summanden bis auf den ersten fort. Im Nenner geht $e^{-\tau/T} \rightarrow 1$. Auf der linken Seite geht $T/(1 + Ts) \rightarrow 1/s$. Ersetzt man noch K_P durch K_I, folgt

$$\frac{K_I}{s} \quad \Longleftrightarrow \quad \frac{K_I \tau}{z - 1} \tag{109}$$

8.4.6 Kettenschaltung von Übertragungsgliedern

Im allgemeinen gilt die Produktregel Gl. (105) für z-Übertragungsfunktionen analoger Übertragungsglieder nicht. Das liegt daran, daß die Eingangsgröße des zweiten Übertragungsgliedes

(s. Bild 102) keine Treppenfunktion ist, sondern ein vom ersten Übertragungsglied gebildetes analoges Signal.

Das hat zur Folge, daß die z-Übertragungsfunktion eines Übertragungsgliedes von höherer als erster Ordnung (z. B. $P\text{-}T_2$, $P\text{-}T_3$ usw.) nicht durch Multiplikation der z-Übertragungsfunktionen von Gliedern erster Ordnung berechnet werden kann; es ist vielmehr eine Partialbruchzerlegung nötig.

Beispiel 30: Es soll die z-Übertragungsfunktion einer Regelstrecke mit $P\text{-}T_2$-Verhalten und der Laplace-Übertragungsfunktion

$$F(s) = \frac{1}{1 + 5\ \sec\cdot s + 6\ \sec^2\cdot s^2}$$

berechnet werden.

Der Nenner der Übertragungsfunktion läßt sich als Produkt schreiben

$$F(s) = \frac{1}{(1 + 3\ \sec\cdot s)(1 + 2\ \sec\cdot s)}$$

Man findet unschwer die Partialbruchzerlegung

$$F(s) = \frac{3}{1 + 3\ \sec\cdot s} - \frac{2}{1 + 2\ \sec\cdot s}$$

Nach Gl. (107) ergibt sich die z-Übertragungsfunktion

$$F_z(z) = \frac{3(1 - e^{-\tau/3\ \sec})}{z - e^{-\tau/3\ \sec}} - \frac{2(1 - e^{-\tau/2\ \sec})}{z - e^{-\tau/2\ \sec}}$$

Bei einer Abtastperiode von $\tau = 0{,}6$ sec wird

$$F_z(z) = \frac{3(1 - e^{-0,2})}{z - e^{-0,2}} - \frac{2(1 - e^{-0,3})}{z - e^{-0,3}} = \frac{0{,}5438}{z - 0{,}8187} - \frac{0{,}5184}{z - 0{,}7408}$$

$$= \frac{25{,}444\cdot 10^{-3}\ z + 21{,}538\cdot 10^{-3}}{z^2 - 1{,}5595\ z + 0{,}60653}$$

Sind die Pole der Übertragungsfunktion komplex, so ist die Partialbruchzerlegung im Komplexen durchzuführen. Zur Anwendung kommt dann Gl. (108) ; sie gilt auch für komplexes a .

Eine einfache Rückführungsregel, die der Gl. (20) entspricht, gibt es für z-Übertragungsfunktionen analoger Übertragungsglieder ebenfalls nicht, da auch in Gl. (20) ein Produkt zweier Übertragungsfunktionen vorkommt. Lediglich die Parallelschaltungsregel Gl. (19) gilt entsprechend für z-Übertragungsfunktionen.

Enthält der analoge Teil eines Regelkreises mehrere Übertragungsglieder, so muß normalerweise die Laplace-Übertragungsfunktion des gesamten analogen Teils berechnet werden. Aus ihr läßt sich dann durch Partialbruchzerlegung die z-Übertragungsfunktion gewinnen.

Die Produktregel Gl.(105) ist gültig, wenn dafür gesorgt wird, daß allen digitalen Übertragungsgliedern eine Abtastfolge, den analogen dagegen eine Treppenfunktion als Eingangsgröße angeboten wird. Diese Bedingungen sind erfüllt bei der Signalübertragung zwischen digitalen Übertragungsgliedern (s. Abschn. 8.4.4), sie werden ferner bei den Übergängen analog-digital und digital-analog von den Wandlern erfüllt; nicht erfüllt sind sie bei analogen Übertragungsgliedern untereinander (s. o.).

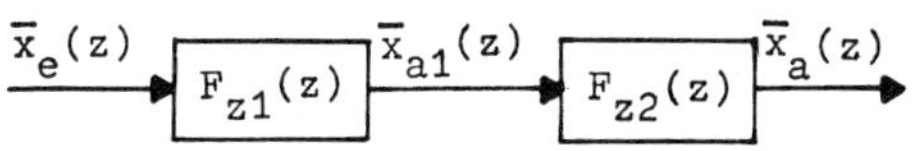

Bild 102 Kettenschaltung

Wenn in der Kettenschaltung (Bild 102) das eine Übertragungsglied digital, das andere ein analoges ist (der dazwischengeschaltete Wandler ist im Bild fortgelassen), so darf Gl.(105) benutzt werden. Das hat besondere Bedeutung, weil so die Übertragungsfunktionen des analogen und des digitalen Teils zu einer z-Übertragungsfunktion des gesamten Regelkreises zusammengefaßt werden können. Ist $F_{zS}(z)$ die z-Übertragungsfunktion der analogen Regelstrecke, $F_{zR}(z)$ diejenige des digitalen Reglers (die Übertragungsbeiwerte von Meßfühler, Stellglied und Wandlern seien darin bereits enthalten), so erhält man als z-Übertragungsfunktion des offenen Regelkreises

$$F_{zo}(z) = F_{zS}(z)F_{zR}(z) \qquad (110)$$

In diesem Fall gilt auch wieder die Rückführungsregel entsprechend Gl. (20) ; infolgedessen lassen sich Störübertragungsfunktionen und die Führungsübertragungsfunktion in bekannter Weise berechnen. Für diese folgt

$$F_{zw}(z) = \frac{F_{zo}(z)}{1 + F_{zo}(z)} \tag{111}$$

Beispiel 31: Die Regelstrecke von Beispiel 30 soll mit einem digitalen Regler mit PI-Algorithmus und den Daten $K_P = 4$ und $T_n = 10$ sec geregelt werden. Die Abtastperiode sei wie in Beispiel 30 $\tau = 0,6$ sec. Es ist die z-Führungsübertragungsfunktion aufzustellen.

Die in Beispiel 30 berechnete Übertragungsfunktion wird jetzt zur Übertragungsfunktion $F_{zS}(z)$ der Strecke. Die z-Übertragungsfunktion $F_{zR}(z)$ des Regelverstärkers ist durch Gl (103) gegeben. Damit erhält man nach Gl. (110) die z-Kreisübertragungsfunktion

$$F_{zo}(z) = K_P \frac{(1 + \frac{\tau}{T_n})z - 1}{z - 1} \cdot \frac{25{,}444 \cdot 10^{-3}\ z + 21{,}538 \cdot 10^{-3}}{z^2 - 1{,}5595\ z + 0{,}60653}$$

und daraus nach Gl. (111) die z-Führungsübertragungsfunktion

$$F_{zw}(z) = \frac{K_P\left[(1 + \frac{\tau}{T_n})z - 1\right](25{,}4 \cdot 10^{-3}\ z + 21{,}5 \cdot 10^{-3})}{(z-1)(z^2 - 1{,}56z + 0{,}607) + K_P\left[(1 + \frac{\tau}{T_n})z - 1\right](25{,}4 \cdot 10^{-3} z + 21{,}5 \cdot 10^{-3})}$$

oder nach Einsetzen der Zahlenwerte

$$F_{zw}(z) = \frac{0{,}10788\ z^2 - 10{,}458 \cdot 10^{-3}\ z - 86{,}150 \cdot 10^{-3}}{z^3 - 2{,}4517\ z^2 + 2{,}1556\ z - 0{,}69268}$$

8.5 Stabilität

Stabilitätsuntersuchungen sind bei digitalen Regelungen ähnlich wichtig wie bei analogen. Ein instabiler Regelkreis ist normalerweise unbrauchbar. Als stabil gilt ein Regelkreis, der von selbst wieder einem stationären Zustand zustrebt (s. Abschn. 2.7).

Die Stabilitätsuntersuchungen verlaufen ähnlich wie bei analogen linearen Regelkreisen; die Überlegungen von Abschn. 2.7 können weitgehend übernommen werden. Entscheidend ist wiederum die Lage der Nullstellen der charakteristischen Gleichung des Regelkreises; diese erhält man, indem man den Nenner der z-Führungsübertragungsfunktion oder einer z-Störübertragungsfunktion gleich null setzt. Dabei ist jedoch zu bedenken, daß durch Gl. (96) der Bereich der komplexen Kreisfrequenzen s mit negativem Realteil, also die linke Halbebene, auf das Innere des Einheitskreises in der z-Ebene abgebildet wird. An die Stelle der linken s-Halbebene tritt also das Innere des Einheitskreises.

Ferner muß darauf hingewiesen werden, daß alle Berechnungen über Abtastregelungen genaugenommen nur Ergebnisse über das Verhalten des Regelkreises zu den Abtastzeitpunkten $k\tau$ liefern; das gilt auch für die Stabilitätsbetrachtungen. Im Prinzip ist es beispielsweise denkbar, daß ein Regelkreis zu den Abtastzeitpunkten ein nach der obigen Definition stabiles Verhalten zeigt, tatsächlich aber die Regelgröße eine Sinusschwingung beliebiger Amplitude ausführt, deren Nulldurchgänge gerade auf die Abtastzeitpunkte $k\tau$ fallen. Derartige Erscheinungen lassen sich mit einiger Sicherheit ausschließen, indem man die Abtastperiode τ deutlich kleiner wählt als die kleinste Zeitkonstante des linearen Systems.

Unsere Stabilitätsbetrachtungen beziehen sich also genaugenommen immer nur auf das Verhalten des Regelkreises zu den Abtastzeitpunkten. Um auf diesen Unterschied hinzuweisen, sprechen wir von <u>z-Stabilität</u>. Damit haben wir in Analogie zum Abschn. 2.7

Setzt man den Nenner einer (beliebigen) z-Übertragungsfunktion des geschlossenen Regelkreises gleich null, so erhält man die <u>charakteristische z-Gleichung</u> des Regelkreises.

Ein Regelkreis ist genau dann z-stabil, wenn alle Nullstellen der charakteristischen z-Gleichung im Inneren des Einheitskreises der z-Ebene liegen.

Grundsätzlich ist ein Regelkreis mit Abtastregelung einem entsprechenden analogen Regelkreis stabilitätsmäßig unterlegen, weil eine Änderung der Regelgröße frühestens zum nächsten Abtastzeitpunkt erkannt werden kann; das entspricht im Mittel einer Totzeit von der Größe der halben Abtastperiode. Eine Totzeit verschlechtert aber stets die Stabilität. Nur bei einer sehr kurzen Abtastperiode - klein gegenüber allen Zeitkonstanten des linearen Systems - wird dieser Unterschied vernachlässigbar.

Beispiel 32: Der Regelkreis von Beispiel 31 ist auf z-Stabilität zu untersuchen.

Die charakteristische z-Gleichung ergibt sich aus dem Nenner einer beliebigen z-Übertragungsfunktion (hier der Führungsübertragungsfunktion) durch Nullsetzen

$$z^3 - 2{,}4517\, z^2 + 2{,}1556\, z - 0{,}69268 = 0$$

Man findet die Nullstellen

$z_1 = 0{,}938 \qquad z_2 = 0{,}756 + j\,0{,}408 \qquad z_3 = 0{,}756 - j\,0{,}408$

und daraus $\qquad |z_2| = |z_3| = 0{,}859$

Die Beträge aller Nullstellen sind < 1 ; der Regelkreis ist also z-stabil.

8.5.1 Nyquist-Kriterium

Das Stabilitäts-Kriterium von Nyquist gilt im Prinzip auch für Abtastregelungen. Nach Gl. (96) läßt sich die z-Kreisübertragungsfunktion $F_{zo}(z)$ (s. Gl. (110)) auch als Funktion der komplexen Kreisfrequenz s auffassen

$$F_{zo}(z) = F_o^*(s)$$

Für reelle Kreisfrequenzen ω ist $s = j\omega$ einzusetzen; s durchläuft dann die imaginäre Achse, während z nach

Gl. (96) auf dem Einheitskreis im mathematisch positiven Sinn umläuft, und zwar unendlich oft, weil $e^{j\omega\tau}$ eine periodische Funktion ist. (Diese Periodizität hat ihre Ursache in derjenigen des Abtastvorganges.) Zur Anwendung des Nyquist-Kriteriums muß die Ortskurve $F_{zo}(z) = F_o^*(j\omega)$ aufgetragen werden, die ganz unabhängig davon ist, ob man ω oder z als unabhängige Variable wählt; aus diesem Grunde gilt auch das gleiche Kriterium. Die Ortskurve $F_o^*(j\omega)$ wird wegen der Periodizität von $e^{j\omega\tau}$ unendlich oft durchlaufen; deswegen ist es zweckmäßiger, z als Parameter zu wählen. Läuft z einmal auf dem Einheitskreis um, so wird die Ortskurve $F_{zo}(z)$ einmal durchlaufen. Beschränkt man sich auf die Fälle, in denen $F_{zo}(z)$ entweder selbst stabil ist oder nur eine einfache Integration als Instabilität enthält, so gilt das Nyquist-Kriterium in der folgenden Form:

$F_{zo}(z)$ sei die z-Übertragungsfunktion des offenen Regelkreises. z durchlaufe den Einheitskreis einmal im mathematisch positiven Sinn; die zugehörige Ortskurve $F_{zo}(z)$ werde aufgetragen. Der Regelkreis ist genau dann stabil, wenn die Ortskurve $F_{zo}(z)$ den kritischen Punkt -1 nicht umschließt.

Der Grenzfall, in dem die Ortskurve den Punkt -1 genau trifft, muß bereits als instabil gelten.

Auch hier lassen sich - wie im Abschn. 2.8 - Amplituden- und Phasenrandbedingungen festlegen.

Leider ist die praktische Anwendung des Kriteriums erheblich schwieriger (vor allem, weil die Produktregel nicht allgemein gilt) als bei linearen Regelkreisen. Schon bei verhältnismäßig einfachen Regelkreisen läßt sich die Ortskurve bei vertretbarem Zeitaufwand nur noch mit dem Rechner berechnen.

Das Zeichnen von Kurven, die den Bode-Diagrammen entsprechen, (über z statt ω als unabhängige Variable), wäre im Prinzip möglich, ist aber unzweckmäßig. Der wesentliche Vorteil, die Addition der Bode-Diagramme bei Kettenschaltung, geht verloren. Außerdem verläuft die Ortskurve $F_{zo}(z)$ meist mehrfach verschlungen (entsprechend der Ordnung der z-Übertragungsfunktion $F_{zo}(z)$); die den Bode-Diagrammen entsprechenden Kurven werden dann sehr unübersichtlich.

8.6 Regelkreise mit endlicher Einstellzeit

In linearen Regelkreisen ist die Einstellzeit, d.i. die Zeit, in der die Regelgröße nach dem Einsetzen einer Störung oder der Veränderung der Führungsgröße den Endwert erreicht, theoretisch stets unendlich. Praktisch wird - da alle Einschwingvorgänge nach Exponentialfunktionen ablaufen - der Endwert bis auf einen vernachlässigbar kleinen Fehler nach endlicher Zeit erreicht.

Digitale Regelungen geben die Möglichkeit, die Regelstrecke so zu steuern, daß die Regelgröße schon nach endlicher Zeit ihren Endwert exakt annimmt. Man darf daraus nicht unbedingt schließen, daß ein Regelkreis mit digitaler Regelung schneller ist als ein analoger. Bild 100 zeigt, daß der Regelkreis mit digitaler Regelung - infolge der Abtastverzögerung - u. U. langsamer einschwingt. Die Größe der Abtastperiode spielt dabei eine entscheidende Rolle.

Die Problemstellung soll zunächst an einem einfachen Beispiel erläutert werden.

Beispiel 33: Eine P-T_1-Strecke soll mit einem digitalen Regler geregelt werden (Bild 103). Der Endwert der Regelgröße x sei gleich der Führungsgröße w, die sich zur Zeit $t = 0$ sprunghaft von 0 auf W_o ändere:

$$w = W_o \cdot \varepsilon(t)$$

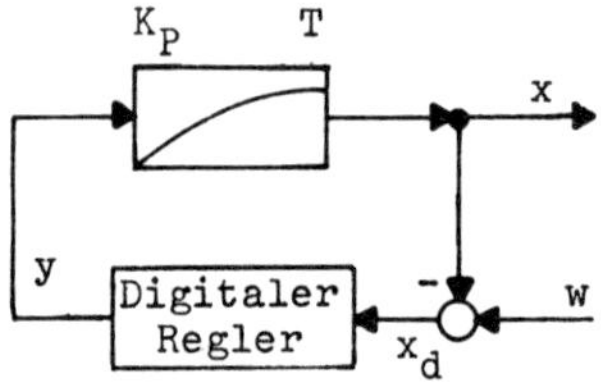

Bild 103 Regelkreis zum Beispiel 33

Die Einstellung soll in

einer Abtastperiode τ erfolgen.

Gesucht wird also eine Funktion $y(t)$, die die Regelgröße $x(t)$ in nur einer Periode τ auf den Sollwert W_o einstellt. $y(t)$ soll eine Treppenfunktion sein.

Zweifellos muß für $t \geq \tau$ $y(t) = W_o/K_P$ sein, damit $x(t)$ konstant gleich W_o bleibt. Somit ist nur noch zu untersuchen, welchen Wert $y(t)$ im Intervall $0 \leq t < \tau$ annehmen muß. Nennen wir diesen Wert zunächst y_o, so folgt für $0 \leq t < \tau$

$$x(t) = K_P y_o (1 - e^{-t/T})$$

Zur Zeit $t = \tau$ soll der Endwert W_o gerade erreicht sein; es gilt also

$$W_o = K_P y_o (1 - e^{-\tau/T})$$

oder

$$y_o = \frac{W_o}{K_P(1 - e^{-\tau/T})}$$

Damit ist der notwendige Verlauf der Stellgröße $y(t)$ bekannt

$$y(t) = \begin{cases} \dfrac{W_o}{K_P(1 - e^{-\tau/T})} & \text{für} \quad 0 \leq t < \tau \\ \dfrac{W_o}{K_P} & \text{für} \quad t \geq \tau \end{cases}$$

Während der ersten Abtastperiode ist es also notwendig, die Stellgröße y wesentlich größer zu machen als den stationären Wert W_o/K_P.

Schon dieses Beispiel zeigt, daß für Einstellung in endlicher Zeit die Eigenschaften der Strecke - hier die Konstanten K_P und T - im digitalen Regler gespeichert sein müssen, der Regler also ganz genau an die Strecke angepaßt sein muß. Das ist in dieser Form bei analogen Reglern nicht notwendig.

Wir wollen das Problem allgemein für eine stabile Regelstrekke lösen. Die Strecke habe die Laplace-Übertragungsfunktion $F_S(s)$, der Nenner dieser Übertragungsfunktion sei von n-ter

Ordnung, seine Nullstellen seien alle einfach. Zunächst machen wir außerdem die Annahme, daß diese Nullstellen s_1, s_2, ... s_n alle reell sind. Dann gibt es eine Partialbruchzerlegung

$$F_S(s) = \sum_{\nu=1}^{n} \frac{a_\nu}{s - s_\nu} \tag{112}$$

Da die Einheitssprungerregung $\varepsilon(t)$ die Laplace-Transformierte $1/s$ hat, folgt nach Korrespondenz 8 für die Übergangsfunktion

$$h(t) = \sum_{\nu=1}^{n} \frac{a_\nu}{s_\nu}(e^{s_\nu t} - 1)$$

Die Führungsgröße habe wieder den Verlauf $w = W_o\,\varepsilon(t)$. Eine Regelstrecke n-ter Ordnung kann nicht in einer einzigen Abtastperiode τ auf den Endwert $x = W_o$ eingestellt werden, vielmehr sind dazu n Perioden nötig. Die Stellgröße y ist dann eine Treppenfunktion mit $n + 1$ Stufen y_o, y_1, ... y_n, die jeweils zu den Zeitpunkten $t = 0$, τ, 2τ, ... $n\tau$ beginnen. Ab $t = n\tau$ ist die Stellgröße dann konstant. Das läßt sich darstellen durch die Zeitfunktion

$$y(t) = \sum_{k=0}^{n} (y_k - y_{k-1})\varepsilon(t - k\tau)$$

wobei $y_{-1} = 0$ gesetzt ist. Die Ausgangsgröße der Strecke (Regelgröße) wird dann

$$x(t) = \sum_{k=0}^{n} (y_k - y_{k-1}) \sum_{\nu=1}^{n} \frac{a_\nu}{s_\nu}(e^{s_\nu(t-k\tau)} - 1)\varepsilon(t - k\tau) \tag{113}$$

Ab $t = n\tau$ soll diese Funktion konstant gleich W_o sein. Für diese Zeiten ist zudem $\varepsilon(t - k\tau) = 1$. Es folgt

$$W_o = \sum_{k=0}^{n} (y_k - y_{k-1}) \sum_{\nu=1}^{n} \frac{a_\nu}{s_\nu}(e^{s_\nu(t-k\tau)} - 1)$$

oder nach Vertauschen der Summenzeichen

$$W_o = \sum_{\nu=1}^{n} \frac{a_\nu}{s_\nu} e^{s_\nu t} \sum_{k=0}^{n} (y_k - y_{k-1}) e^{-s_\nu k\tau} - \sum_{\nu=1}^{n} \frac{a_\nu}{s_\nu} \sum_{k=0}^{n} (y_k - y_{k-1}) \tag{114}$$

Die Zeitfunktion auf der rechten Seite kann nur konstant sein, wenn alle Koeffizienten der Exponentialfunktionen verschwinden. Es folgt

$$\sum_{k=0}^{n} (y_k - y_{k-1})e^{-s_\nu k\tau} = 0 \qquad \text{für} \quad \nu = 1\ ,\ 2\ \ldots\ n \tag{115}$$

Dann verschwinden in Gl. (114) alle Glieder bis auf das letzte; dieses muß also gleich W_o sein. Da nun die Summe

$$\sum_{\nu=1}^{n} \frac{a_\nu}{s_\nu} = A \tag{116}$$

ein fester Wert ist und wegen $y_{-1} = 0$

$$\sum_{k=0}^{n} (y_k - y_{k-1}) = y_n$$

gilt, folgt

$$y_n = -\frac{W_o}{A} \tag{117}$$

Zusammen mit den n Gleichungen Gl. (115) lassen sich daraus die $n + 1$ Unbekannten $y_o \,\ldots\ldots\, y_n$ berechnen.

Beispiel 34: Die Regelstrecke von Beispiel 30 soll in zwei Abtastperioden auf den Endwert $x = W_o = 1$ eingestellt werden. Die Abtastperiode sei $\tau = 0{,}6$ sec .

Nach Beispiel 30 existiert die Partialbruchzerlegung der Übertragungsfunktion

$$F_S(s) = \frac{3}{1 + 3\ \text{sec}\cdot s} - \frac{2}{1 + 2\ \text{sec}\cdot s}$$

oder

$$F_S(s) = \frac{1/\text{sec}}{s + 0{,}33333/\text{sec}} - \frac{1/\text{sec}}{s + 0{,}5/\text{sec}}$$

Somit ist zu setzen

$$a_1 = \frac{1}{\text{sec}} \qquad a_2 = -\frac{1}{\text{sec}} \qquad s_1 = -\frac{0{,}33333}{\text{sec}} \qquad s_2 = -\frac{0{,}5}{\text{sec}}$$

Nach Gl. (116) ist dann $A = \frac{a_1}{s_1} + \frac{a_2}{s_2} = -3 + 2 = -1$

Da $n = 2$, folgt nach Gl. (117) für den Endwert der Stellgröße

$$y_2 = 1$$

Aus Gl. (115) erhält man die Beziehungen

$$y_o + (y_1 - y_o)e^{0{,}333\tau/\text{sec}} + (y_2 - y_1)e^{2\cdot 0{,}333\tau/\text{sec}} = 0$$

und $y_o + (y_1 - y_o)\, e^{0{,}5\ \tau/\text{sec}} + (y_2 - y_1)\, e^{2\cdot 0{,}5\ \tau/\text{sec}} = 0$

oder $$y_o(1 - e^{0,2}) + y_1(e^{0,2} - e^{0,4}) + y_2e^{0,4} = 0$$

und $$y_o(1 - e^{0,3}) + y_1(e^{0,3} - e^{0,6}) + y_2e^{0,6} = 0$$

mit der Lösung
$$y_o = 21{,}2849$$
$$y_1 = -11{,}9099$$

Das Beispiel zeigt, daß für die Einstellung der Regelgröße in endlicher Zeit u. U. sehr große Werte der Stellgröße y notwendig sind, hier bis zum 21,3-fachen der stationären Größe $y_2 = 1$. Ob so hohe Werte gerätemäßig realisierbar sind, muß im Einzelfall entschieden werden.

Diese Berechnungsmethode läßt sich in einfacher Weise auch für den Fall erweitern, daß einige Nullstellen s_ν des Nenners der Übertragungsfunktion $F_S(s)$ konjugiert komplex sind. Nehmen wir an, es gebe m derartige Nullstellenpaare, sie seien mit $s_1 \ldots s_{2m}$ bezeichnet. Numeriert man so, daß jeweils $s_{\nu+m}$ konjugiert komplex zu s_ν ist, so gilt die Zerlegung in Real- und Imaginärteil
$$s_\nu = \sigma_\nu + j\omega_\nu , \qquad s_{\nu+m} = \sigma_\nu - j\omega_\nu \qquad (\nu = 1 \ldots m)$$
Die zu konjugiert komplexen Nullstellen gehörenden Gleichungen aus dem System Gl. (115) lassen sich dann paarweise zusammenfassen zu

$$\sum_{k=0}^{n}(y_k - y_{k-1})e^{-\sigma_\nu k\tau} \cos \omega_\nu k\tau = 0$$
$$(118)$$
und $$\sum_{k=0}^{n}(y_k - y_{k-1})e^{-\sigma_\nu k\tau} \sin \omega_\nu k\tau = 0$$

für $\nu = 1 , 2 \ldots m$. Die den reellen Nullstellen s_ν ($\nu = 2m+1 \ldots n$) entsprechenden Gleichungen aus dem System Gl. (115) bleiben unverändert. Die Anzahl der Bestimmungsgleichungen ändert sich nicht. Da alle Gleichungen reell sind, ergeben sich auch reelle Lösungen y_k.

8.6.1 Erfassung der Zustandsgrößen

In dem bisherigen Verfahren werden zwar die Eigenschaften der Regelstrecke berücksichtigt, nicht aber ihr momentaner Zustand, der sich in den Zustandsgrößen ausdrückt, erfaßt. Bis jetzt wurde stillschweigend davon ausgegangen, daß zur Zeit $t = 0$ alle Zustandsgrößen null sind. Das wird jedoch in der Regel nicht der Fall sein.

Um einen Algorithmus zu finden, der die Zustandsgrößen berücksichtigt, gehen wir wieder von der Partialbruchzerlegung Gl. (112) der Übertragungsfunktion der Regelstrecke aus. Sie entspricht der Zerlegung der Strecke in eine Parallelschaltung von n P-T_1-Gliedern, die die Übertragungsfunktionen $a_\nu/(s - s_\nu)$ $(\nu = 1.....n)$ haben. Die Ausgangsgrößen x_1^*, x_2^* ...... x_n^* dieser P-T_1-Glieder bilden eine mögliche Auswahl von Zustandsgrößen der Regelstrecke. Wir nehmen zunächst an, daß es möglich ist, diese n Zustandsgrößen zu messen und die Meßwerte dem Regler zuzuführen. Die Anfangswerte der Zustandsgrößen zur Zeit $t = 0$ seien $X_{o1}^* \ldots X_{on}^*$. Von sich aus (d. h. ohne Stellgröße) würden dann die Zustandsgrößen nach den Gleichungen

$$x_\nu^*(t) = X_{o\nu}^* e^{s_\nu t}$$

gegen null abklingen. Dieser Vorgang überlagert sich dem durch die Stellgröße erzwungenen Verlauf, so daß in Gl. (113) zusätzlich die Summe

$$\sum_{\nu=1}^{n} X_{o\nu}^* \cdot e^{s_\nu t}$$

auftritt. Gl. (114) nimmt dann die Form an

$$W_o = \sum_{\nu=1}^{n} e^{s_\nu t}\left[\frac{a_\nu}{s_\nu} \sum_{k=0}^{n} (y_k - y_{k-1}) e^{-s_\nu k\tau} + X_{o\nu}^*\right] - \sum_{\nu=1}^{n} \frac{a_\nu}{s_\nu} \sum_{k=0}^{n} (y_k - y_{k-1}) \tag{119}$$

und Gl. (115) wird zu

$$\frac{a_\nu}{s_\nu} \sum_{k=0}^{n} (y_k - y_{k-1}) e^{-s_\nu k\tau} + X_{o\nu}^* = 0 \tag{120}$$

<u>Beispiel 35</u>: Die Regelstrecke von Beispiel 30 soll in zwei Abtastperioden auf den Endwert $x = W_o$ eingestellt werden. Die Abtastperiode sei $\tau = 0{,}6$ sec, die Anfangswerte der Zustandsgrößen X^*_{o1} und X^*_{o2}.

Wie im Beipiel 34 ergibt sich

$$a_1 = \frac{1}{sec} \qquad a_2 = -\frac{1}{sec} \qquad s_1 = -\frac{0{,}33333}{sec} \qquad s_2 = -\frac{0{,}5}{sec}$$

sowie nach Gl. (117) $\quad y_2 = W_o \quad$ als konstanter Endwert der Stellgröße y.

Nach Gl. (120) erhält man die Gleichungen

$$-3\left[y_o + (y_1-y_o)e^{0{,}333\tau/sec} + (y_2-y_1)e^{2\cdot 0{,}333\tau/sec}\right] + X^*_{o1} = 0$$

$$2\left[y_o + (y_1-y_o)\,e^{0{,}5\,\tau/sec} + (y_2-y_1)\,e^{2\cdot 0{,}5\,\tau/sec}\right] + X^*_{o2} = 0$$

oder

$$y_o(1 - e^{0{,}2}) + y_1(e^{0{,}2} - e^{0{,}4}) = \tfrac{1}{3}X^*_{o1} - W_o e^{0{,}4}$$

$$y_o(1 - e^{0{,}3}) + y_1(e^{0{,}3} - e^{0{,}6}) = -\tfrac{1}{2}X^*_{o2} - W_o e^{0{,}6}$$

Dieses Gleichungssystem hat die Lösung

$$y_o = 21{,}2849\ W_o - 15{,}8208\ X^*_{o1} - 13{,}5888\ X^*_{o2}$$

$$y_1 = -11{,}9099\ W_o + 11{,}7204\ X^*_{o1} + 11{,}1256\ X^*_{o2}$$

Man beachte, daß die Koeffizienten vor der Führungsgröße W_o die gleichen wie im Beispiel 34 sind.

Von Bedeutung ist hier nur der Ausdruck für y_o, sofern die Zustandsgrößen laufend, d. h. zu jedem Abtastzeitpunkt erfaßt werden. Dadurch kann jeder dieser Zeitpunkte wieder als neuer Zeitnullpunkt aufgefaßt werden, an dem wieder der gleiche Algorithmus beginnen kann. Als neue Anfangswerte sind dann die soeben gewonnenen Abtastwerte der Zustandsgrößen x^*_1 und x^*_2 einzusetzen. Damit haben wir für den k-ten Abtastpunkt

$$y_k = 21{,}2849\ W_o - 15{,}8208\ x^*_{1k} - 13{,}5888\ x^*_{2k}$$

Diese Gleichung beschreibt den Regleralgorithmus.

Bild 104 zeigt den Verlauf der Führungssprungantwort für $W_o = 1$ und den Anfangswerten $X^*_{o1} = -1{,}5$ und $X^*_{o2} = 3{,}5$.

Zum Zeitpunkt $t = 0$ ergibt sich nach obigem Algorithmus

$$y_o = 21{,}2849 - 15{,}8208\cdot(-1{,}5) - 13{,}5888\cdot 3{,}5 = -\,2{,}5447$$

Nach einer Abtastperiode haben die Zustandsgrößen die Werte

$$x_{11}^* = x_{o1}^*\, e^{-\tau/T_1} + 3y_o(1 - e^{-\tau/T_1}) = -\,2{,}6119$$

$$x_{21}^* = x_{o2}^*\, e^{-\tau/T_2} - 2y_o(1 - e^{-\tau/T_2}) = \quad 3{,}9119$$

Daraus erhält man den nächsten Wert der Stellgröße

$$y_1 = 21{,}2849 - 15{,}8208\cdot x_{11}^* - 13{,}5888\cdot x_{21}^* = 9{,}4492$$

Nach Ablauf der zweiten Abtastperiode ergeben sich dann als Zustandsgrößen

$$x_{12}^* = x_{11}^*\, e^{-\tau/T_1} + 3y_1(1 - e^{-\tau/T_1}) = \quad 3$$

$$x_{22}^* = x_{21}^*\, e^{-\tau/T_2} - 2y_1(1 - e^{-\tau/T_2}) = -\,2$$

Das sind die stationären Endwerte.

Die Regelgröße x erhält man (entsprechend Gl. (112)) als Summe der Zustandsgrößen

$$x = x_1^* + x_2^*$$

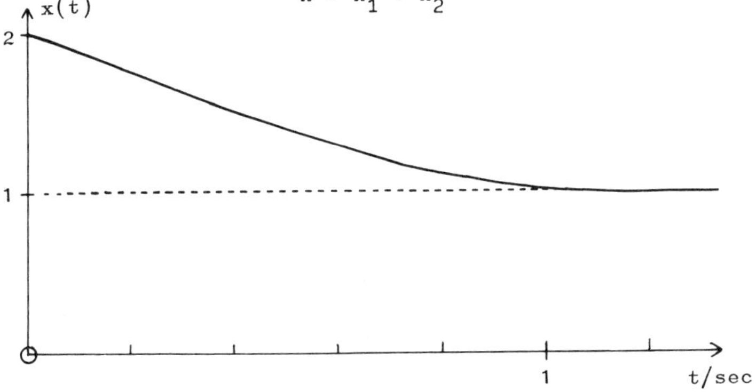

Bild 104 Führungssprungantwort des Regelkreises von Beispiel 35

8.6.2 Regelalgorithmus für endliche Einstellzeit bei beliebiger Auswahl der Zustandsgrößen

Es wird in der Regel nicht möglich sein, die Zustandsgrößen der Regelstrecke wie im vorigen Abschnitt (also entsprechend der Partialbruchzerlegung) auszuwählen. Entscheidend ist, welche Zustandsgrößen sich durch Messung erfassen lassen. Nehmen wir an, daß wir ein System x_1, x_2 .... x_n von Zustandsgrößen gefunden haben, dessen Werte laufend gemessen werden können. Nach Abschn. 7.3.1 lassen sich diese Zustandsgrößen dann in die Größen x_1^*, x_2^* .... x_n^* des vorigen Abschnitts umrechnen und umgekehrt.

Beispiel 36: Die Regelstrecke vom Beispiel 30 läßt sich durch den Wirkungsplan von Bild 105 darstellen. Es wird angenommen, daß sich die Zustandsgrößen x_1 und x_2 durch Messung erfassen lassen. Es soll ein Regelalgorithmus angegeben werden, der diese Zustandsgrößen berücksichtigt und in zwei Abtastperioden zum Endzustand $x = W_o$ führt.

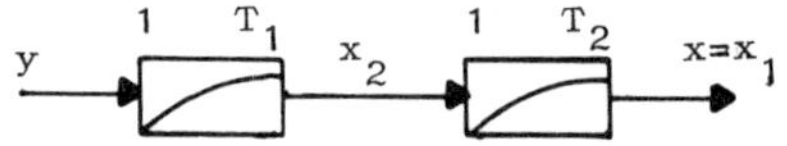

Bild 105 P-T_2-Strecke

Der Vergleich mit Beispiel 35 zeigt, daß für die Regelgröße die Beziehung

$$x = x_1 = x_1^* + x_2^*$$

gilt. Da nun einerseits (s. Bild 105) $x_2(s) = y(s)/(1 + T_1 s)$ ist und andererseits (s. Beispiel 35) $x_1^*(s) = 3y(s)/(1 + T_1 s)$ folgt

$$x_1^*(s) = 3x_2(s)$$

Die entsprechende Gleichung gilt dann auch im Zeitbereich. Damit haben wir die folgenden Gleichungen, die den Zusammenhang zwischen den verschiedenen Systemen von Zustandsgrößen beschreiben

$$x_1 = x_1^* + x_2^*$$

$$x_2 = \frac{1}{3} x_1^*$$

Durch Auflösen nach x_1^* und x_2^* erhält man

$$x_1^* = 3 x_2$$

$$x_2^* = x_1 - 3x_2$$

Der Algorithmus vom Beispiel 35 kann jetzt übernommen werden. es folgt

$$y_k = 21{,}2849\ W_o - 15{,}8208\cdot(3x_{2k}) - 13{,}5888\cdot(x_{1k} - 3x_{2k})$$

$$= 21{,}2849\ W_o - 13{,}5888\ x_{1k} - 6{,}6961\ x_{2k}$$

8.6.3 Regelungen mit begrenzter Stellgröße

Schon im Beispiel 34 wurde auf die u. U. recht großen Werte der Stellgröße y hingewiesen, die bei Regelungen mit endlicher Einstellzeit auftreten können. In vielen Fällen sind derartige Werte gar nicht realisierbar, weil sie zur Zerstörung von Geräten führen würden (z. B. wenn die Stellgröße eine Spannung ist), in anderen Fällen wäre der erforderliche wirtschaftliche Aufwand unvertretbar (z. B. bei Leistungsverstärkern). Deswegen ist zu überlegen, wie zu große Werte der Stellgröße vermieden werden können.

Grundsätzlich sollte man bei Regelungen mit endlicher Einstellzeit die Abtastperiode τ nicht zu klein wählen, denn eine kleine Periodendauer hat zwangsläufig große Stellgrößenwerte zur Folge. Die Anzahl n der Perioden, in denen der Endwert der Regelgröße erreicht wird, liegt ja fest, so daß bei kurzer Periodendauer dieser Endwert schnell eingestellt wird; dieser Vorgang erfordert hohe Stellgrößenwerte.

Andererseits ist es auch nicht sinnvoll, zu große Abtastperioden zu wählen. Dadurch würde der Einschwingvorgang auch bei Regelvorgängen kleiner Amplitude, bei denen das Problem der großen Stellgrößen gar nicht auftritt, unnötig verlängert. Es ist deswegen besser, die Stellgröße y zu begrenzen

$$|y| \leqq y_{max}$$

Bei kleineren Regelvorgängen wird die Grenze y_{max} meist nicht erreicht werden; der Vorgang läuft dann ab wie bisher. Bei Einschwingvorgängen größerer Amplitude tritt die Begrenzung ein; dadurch wird es unmöglich, den stationären Endwert in der kürzesten Zeit von n Abtastperioden einzustellen, der Einschwingvorgang verlängert sich.

Durch die Begrenzung kann der theoretische Wert der Stellgröße y nicht immer eingehalten werden. Wenn die Stellgrößenwerte im voraus über mehrere Abtastperioden programmiert werden (wie im Beispiel 34), so muß das zwangsläufig zu größeren Abweichungen im Verlauf der Regelgröße führen. Dieses Verfahren kann nur richtig arbeiten, wenn die Stellgrößenbegrenzung im Reglerprogramm besonders berücksichtigt wird.

Anders ist es, wenn die Zustandsgrößen laufend erfaßt werden. Weil der Regler den momentanen Zustand der Regelstrecke laufend berücksichtigt, ist es i. allg. nicht notwendig, den Regelalgorithmus besonders an die Begrenzung anzupassen. Vorausgesetzt werden muß, daß die Begrenzung nicht zu "hart" ist, das bedeutet, daß der Grenzwert y_{max} den Betrag des stationären Wertes deutlich übersteigt. Ein Beispiel mag das verdeutlichen.

Beispiel 37: Die Regelstrecke vom Beispiel 30 soll mit dem Regelalgorithmus vom Beispiel 36 geregelt werden. Dabei ist die Stellgröße y auf $y_{max} = 5$ zu begrenzen. Die Führungsgröße sei eine Sprungfunktion $w(t) = W_o \cdot \varepsilon(t)$ mit $W_o = 1$, die Anfangswerte der Zustandsgrößen (nach Bild (105)) seien $X_{o1} = 4$ und $X_{o2} = -1$, die Abtastperiode $\tau = 0{,}6$ sec .

Nach Beispiel 36 gilt für die Stellgröße

$$y_k = 21{,}2849\, W_o - 13{,}5888\, x_{1k} - 6{,}6961\, x_{2k}$$

Die Zustandsgrößen x_1 und x_2 erhält man am besten aus den Gleichungen

$$x_1 = x_1^* + x_2^*$$

$$x_2 = \frac{1}{3} x_1^*$$

Weil x_1^* und x_2^* Ausgangsgrößen von P-T_1-Gliedern sind, gilt unter Berücksichtigung der jeweiligen Anfangswerte

$$x_{1k}^* = x_{1,k-1}^* \, e^{-\tau/T_1} + 3y_{k-1}(1 - e^{-\tau/T_1})$$

$$x_{2k}^* = x_{2,k-1}^* \, e^{-\tau/T_2} - 2y_{k-1}(1 - e^{-\tau/T_2})$$

Im Zeitpunkt $t = 0$ erhält man als Anfangswerte der Größen x_1^* und x_2^*

$$X_{o1}^* = 3X_{o2} = -3$$

$$X_{o2}^* = X_{o1} - 3X_{o2} = 7$$

Damit ergibt sich als erster Wert der Stellgröße

$$y_o = -26{,}3742$$

Stattdessen ist der untere Grenzwert $y_o = -5$ einzusetzen. Die Begrenzung setzt also sehr deutlich ein. Die Folge ist eine merkliche Verlängerung der Einschwingzeit.

Am Ende der ersten Abtastperiode erhält man dann für x_1^* und x_2^* die Werte $x_{11}^* = -5{,}1752$ und $x_{21}^* = 7{,}7775$

und für die Zustandsgrößen x_1 und x_2

$$x_{11} = 2{,}6023 \quad \text{und} \quad x_{21} = -1{,}7251$$

Daraus errechnet sich der nächste Wert der Stellgröße

$$y_1 = -2{,}5263$$

Die weiteren Werte y_k, x_{1k}, x_{2k} seien in einer Tabelle zusammengestellt:

k	y_k	x_{1k}	x_{2k}
2	5	1,4603	-1,8703
3	5	0,771909	-0,624940
4	5	0,552993	0,394689
5	4,5029	0,629142	1,22949
6	-2,7165	0,868032	1,8229
7	0,999917	1,00001	1,00001
8	1	1	1

Man erkennt, daß die Begrenzung der Stellgröße noch dreimal wirksam wird. Nach sieben Abtastperioden ist der Regelkreis praktisch eingeschwungen, die Zustandsgrößen x_1 und x_2 haben dann ihren Endwert $x_1 = x_2 = 1$ erreicht.

8.6.4 Stabilität von Regelkreisen mit endlicher Einstellzeit

In Regelkreisen mit endlicher Einstellzeit laufen die Einschwingvorgänge innerhalb einer definierten Anzahl von Abtastperioden ab. Das bedeutet, daß die Abtastwerte x_k der Regelgröße x nur von endlich vielen Werten w_k der Führungsgröße w abhängen können; somit muß ein Zusammenhang der Form

$$x_k = \sum_{\nu=0}^{m} a_\nu w_{k-\nu} \qquad \text{(m natürliche Zahl)}$$

bestehen. Durch z-Transformation erhält man

$$\bar{x}(z) = \sum_{\nu=0}^{m} a_\nu z^{-\nu} \bar{w}(z)$$

und daraus die z-Führungsübertragungsfunktion

$$F_{zw}(z) = \frac{\bar{x}(z)}{\bar{w}(z)} = \sum_{\nu=0}^{m} a_\nu z^{-\nu} = \left(\sum_{\nu=0}^{m} a_\nu z^{m-\nu}\right)/z^m$$

Der Nenner dieser Übertragungsfunktion ist eine reine Potenz der Variablen z. Das ist kennzeichnend für die Führungs- und alle Störübertragungsfunktionen. Gleich null gesetzt ergibt sich die charakteristische z-Gleichung des Regelkreises

$$z^m = 0$$

Alle Nullstellen liegen im Ursprung und damit im Inneren des Einheitskreises. Regelkreise mit endlicher Einstellzeit sind also stabil. Dieser Sachverhalt soll noch einmal im folgenden Beispiel verifiziert werden.

Beispiel 38: Die Regelstrecke vom Beispiel 30 läßt sich - entsprechend der Partialbruchzerlegung der Übertragungsfunktion - als Parallelschaltung zweier P-T_1-Glieder mit den z-Übertragungsfunktionen $\frac{0{,}5438}{z - 0{,}8187}$ und $-\frac{0{,}5184}{z - 0{,}7408}$ auffassen (s. Beispiel 30). Im Algorithmus vom Beispiel 35 werden ihre Ausgangsgrößen x_1 und x_2 mit den Faktoren 15,8208 bzw. 13,5888 bewertet. (Die negativen Vorzeichen in diesem Algorithmus kennzeichnen die Gegenkopplung und sind bei dieser Berechnung nicht zu berücksichtigen.) Damit ergibt sich die z-Kreisübertragungsfunktion

$$F_{zo}(z) = 15{,}8208 \frac{0{,}5438}{z - 0{,}8187} - 13{,}5888 \frac{0{,}5184}{z - 0{,}7408}$$

$$= \frac{1{,}5595\ z - 0{,}60653}{z^2 - 1{,}5595\ z + 0{,}60653}$$

und damit die z-Führungsübertragungsfunktion

$$F_{zw}(z) = \frac{F_{zo}(z)}{1 + F_{zo}(z)} = \frac{1{,}5595\ z - 0{,}60653}{z^2}$$

Die Tatsache, daß der Nenner der z-Führungsübertragungsfunktion eine reine Potenz der Variablen z sein muß, läßt sich ausnutzen, um weitere Algorithmen zu berechnen.

8.6.5 Unvollständige Erfassung der Zustandsgrößen

Um die Regelgröße x zuverlässig in ihren Endwert zu überführen, muß der digitale Regler in jedem Augenblick über den Zustand der Regelstrecke informiert sein. Am besten geschieht das durch Erfassen aller Zustandsgrößen, doch nicht in jedem Falle sind diese der Messung zugänglich. Dann kann man auch aus den vorhergehenden Abtastwerten der Regelgröße x auf die nicht erfaßbaren Zustandsgrößen rückschließen. Dabei gilt die Regel: Für jeden fehlenden aktuellen Wert einer Zustandsgröße benötigt man als Ersatz einen zeitlich zurückliegenden Wert der Regelgröße x. Wenn nur diese eine Größe erfaßt wird und die Strecke von der Ordnung n ist, so müssen insgesamt n Werte der Regelgröße bekannt sein, der aktuelle Wert x_k und die $(n-1)$ Werte x_{k-1}, x_{k-2} ... x_{k-n+1} der vergangenen Abtastperioden. Infolgedessen verzögert sich die Einstellung des Endwertes um diese $(n-1)$ Abtastperioden, so daß der Einschwingvorgang insgesamt $(2n-1)$ Perioden dauert.

Der Regelalgorithmus muß demnach die n Größen $x_k \ldots x_{k-n+1}$ enthalten; sie werden mit n (noch zu berechnenden) Koeffizienten multipliziert. Für $(2n-1)$ Abtastperioden ergeben sich jedoch $(2n-1)$ Bestimmungsgleichungen für die Koeffizienten. Deswegen ist es zweckmäßig, auch von der Stellgröße y $(n-1)$ Werte der vergangenen Abtastperioden zu berücksichtigen. Gehen wir davon aus, daß die Regeldifferenz $x_d = w-x$ die Eingangsgröße des Regelverstärkers ist, so kommen wir zu dem Ansatz

$$y_k = C_1 y_{k-1} + C_2 y_{k-2} + \ldots + C_{n-1} y_{k-n+1} + $$
$$+ D_o x_{dk} + D_1 x_{d,k-1} + \ldots + D_{n-1} x_{d,k-n+1}$$

Daraus erhält man die z-Übertragungsfunktion des Regelverstärkers

$$F_{zR}(z) = \frac{\bar{y}(z)}{\bar{x}_d(z)} = \frac{D_o + D_1 z^{-1} + \ldots + D_{n-1} z^{-(n-1)}}{1 - C_1 z^{-1} - \ldots - C_{n-1} z^{-(n-1)}}$$

oder
$$F_{zR}(z) = \frac{D_o z^{n-1} + D_1 z^{n-2} + \ldots + D_{n-2} z + D_{n-1}}{z^{n-1} - C_1 z^{n-2} - \ldots - C_{n-2} z - C_{n-1}} \tag{128}$$

mit zunächst unbekannten Konstanten C_ν und D_ν ($\nu = 0\ldots n-1$ bzw. $\nu = 1\ldots n-1$). Durch Multiplikation mit der z-Übertragungsfunktion $F_{zS}(z)$ der Regelstrecke ergibt sich die Kreisübertragungsfunktion $F_{zo}(z) = F_{zS}(z) \cdot F_{zR}(z)$ und daraus die z-Führungsübertragungsfunktion

$$F_{zw}(z) = \frac{F_{zo}(z)}{1 + F_{zo}(z)} \tag{129}$$

Der Nenner dieser Übertragungsfunktion liefert, gleich null gesetzt, die charakteristische z-Gleichung des Regelkreises; sie soll eine reine Potenz der Variablen z sein.

Setzen wir voraus, daß die Sprungantwort der Regelstrecke weder Sprungverhalten zeigt noch eine Totzeit enthält, so muß der erste von null verschiedene Abtastwert der Regelgröße x um genau eine Abtastperiode τ gegenüber dem Eingangssprung verzögert auftreten. Eine solche Verzögerung wird im Bereich der z-Transformierten durch den Faktor z^{-1} wiedergegeben; somit muß der Zähler der z-Übertragungsfunktion der Strecke einen um eins niedrigeren Grad als der Nenner haben. Den Nennergrad hatten wir mit n bezeichnet, der Zählergrad ist demnach $n-1$. Für die z-Übertragungsfunktion des Regelverstärkers gilt der Ansatz Gl. (128); Zähler und Nenner haben den Grad $n-1$.

Seien $Z_o(z)$ der Zähler und $N_o(z)$ der Nenner der Kreisübertragungsfunktion

$$F_{zo}(z) = \frac{Z_{zo}(z)}{N_{zo}(z)} \tag{130}$$

so ist Z_{zo} vom Grad $2n-2$ und $N_{zo}(z)$ vom Grad $2n-1$.
Aus Gl. (129) und Gl. (130) folgt

$$F_{zw}(z) = \frac{Z_{zo}(z)}{Z_{zo}(z) + N_{zo}(z)} \tag{131}$$

Daraus erhält man die charakteristische Gleichung

$$Z_{zo}(z) + N_{zo}(z) = 0 \tag{132}$$

Da die Polynome $N_{zo}(z)$ und $Z_{zo}(z)$ verschiedenen Grad haben, kann der Koeffizient der höchsten z-Potenz auf der linken Seite von Gl. (132) nicht null sein; zudem läßt sich immer erreichen (durch Kürzen in Gl. (130)), daß er den Wert 1 hat. Wenn nun die linke Seite von Gl. (132) eine reine z-Potenz sein soll, so muß gelten

$$Z_{zo}(z) + N_{zo}(z) = z^{2n-1} \tag{133}$$

Die Koeffizienten der z-Potenzen z^0 , z^1 , ... , z^{2n-2} müssen zu null gemacht werden. Dadurch erhält man $2n-1$ Bestimmungsgleichungen für die $2n-1$ unbekannten Koeffizienten $C_1 \ldots C_{n-1}$, D_o , $D_1 \ldots D_{n-1}$.

<u>Beispiel 39:</u> Die Regelstrecke vom Beispiel 30 soll mit einem Regler geregelt werden, der die Regelgröße x in endlich vielen Schritten auf den Endwert einstellt. Nur die Regelgröße wird durch Messung erfaßt und ihr Meßwert dem digitalen Regler zugeführt. Die Abtastperiode sei $\tau = 0{,}6$ sec .

Die Regelstrecke ist von der Ordnung $n = 2$; ihre Einstellung ist in $2n-1 = 3$ Schritten möglich. Für den Algorithmus des Regelverstärkers gilt der Ansatz

$$y_k = C_1 y_{k-1} + D_o x_{dk} + D_1 x_{d,k-1}$$

daraus erhält man die z-Übertragungsfunktion

$$F_{zR}(z) = \frac{D_o z + D_1}{z - C_1}$$

Mit der z-Übertragungsfunktion der Strecke nach Beispiel 30

$$F_{zS}(z) = \frac{25,444 \cdot 10^{-3}\, z + 21,538 \cdot 10^{-3}}{z^2 - 1,5595\, z + 0,60653}$$

ergibt sich die z-Kreisübertragungsfunktion gemäß Gl. (130) mit $Z_{zo}(z) =$

$$(25,444 \cdot D_o z^2 + (25,444 \cdot D_1 + 21,538 \cdot D_o)z + 21,538 \cdot D_1) \cdot 10^{-3}$$

und $N_{zo}(z) =$

$$z^3 - (C_1 + 1,5595)z^2 + (1,5595 \cdot C_1 + 0,60653)z - 0,60653 \cdot C_1$$

Nach Gl. (133) muß die Summe aus Zähler und Nenner gleich z^3 sein; die Koeffizienten der niederen Potenzen müssen verschwinden. Diese Bedingung ergibt drei Bestimmungsgleichungen für C_1, D_o, D_1 mit den Lösungen

$$C_1 = 0,61700$$
$$D_o = 37,0437$$
$$D_1 = -17,3758$$

Bei einem Sprungverhalten der Führungsgröße $w(t) = 1 \cdot \varepsilon(t)$ können die Abtastwerte der Stellgröße y und der Regelgröße x für die Perioden $k = 0 \ldots 3$ aus der folgenden Tabelle entnommen werden:

k	y	x
0	37,0436	0
1	-38,1035	0,94255
2	11,4630	1,2983
3	0,92403	0,92403

Nach drei Abtastperioden τ ist der Regelkreis eingeschwungen, der Endwert der Regelgröße x ist $0,92403$, er erreicht die Führungsgröße $w = W_o = 1$ also nicht. Das liegt daran, daß der verwendete Algorithmus des digitalen Reglers keinen I-Anteil enthält; es gibt infolgedessen eine bleibende Regelabweichung. Sie kann für das Führungsverhalten durch "Eineichen" beseitigt werden; die Führungsgröße muß dann mit dem Faktor $1/0,92403 = 1,0822$ bewertet werden, d. h. statt der Regeldifferenz $x_d = w - x$

ist die Größe $\tilde{x}_d = 1{,}0822 \cdot w - x$

als Eingangsgröße des digitalen Reglers vorzusehen.

8.6.6 Algorithmus mit I-Anteil

Wenn auch im Regelkreis vom Beispiel 39 die bleibende Regelabweichung im Führungsverhalten durch "Eineichen" unterdrückt werden konnte, so gibt es eine solche Möglichkeit doch nicht für das Störungsverhalten; dazu ist es vielmehr notwendig, daß der Regler einen integrierenden Anteil erhält. Charakteristisch für I-Verhalten ist der Faktor $z-1$ im Nenner der z-Übertragungsfunktion (wie z. B. in Gl. (103) und Gl. (106)). Das bedeutet, daß die z-Übertragungsfunktion $F_{zR}(z)$ des Regelverstärkers einen Pol bei $z = 1$ haben muß. Bei Regelkreisen mit endlicher Einstellzeit läßt sich das erreichen, wenn der Grad der z-Übertragungsfunktion $F_{zR}(z)$ im Vergleich zu der im Abschn. 8.6.5 berechneten Funktion um eins erhöht wird. Dadurch verlängert sich die Einschwingzeit um eine Abtastperiode τ und dauert dann $2n$ Perioden.

Zähler und Nenner der z-Übertragungsfunktion $F_{zR}(z)$ des Regelverstärkers haben jetzt den Grad n ; entsprechend zu Gl. (128) ist anzusetzen

$$F_{zR}(z) = \frac{D_o z^n + D_1 z^{n-1} + \ldots + D_{n-1} z + D_n}{z^n - C_1 z^{n-1} - \ldots - C_{n-1} z - C_n} \qquad (134)$$

Das entspricht dem Regelalgorithmus

$$y_k = C_1 y_{k-1} + C_2 y_{k-2} + \ldots + C_n y_{k-n} + \\ + D_o x_{dk} + D_1 x_{d,k-1} + \ldots + D_n x_{d,k-n}$$

Durch Multiplikation der z-Übertragungsfunktionen von Strecke und Regelverstärker berechnet man die z-Kreisübertragungsfunktion $F_{zo}(z) = F_{zS}(z) \cdot F_{zR}(z)$, deren Zähler $Z_{zo}(z)$ jetzt den Grad $2n-1$, und deren Nenner $N_{zo}(z)$ den Grad $2n$ hat. Beider Summe soll wieder eine reine z-Potenz sein, in diesem Falle

$$Z_{zo}(z) + N_{zo}(z) = z^{2n} \qquad (135)$$

Die Koeffizienten der niedrigeren z-Potenzen müssen zu null gemacht werden; daraus ergeben sich $2n$ Gleichungen für $2n+1$ Unbekannte C_1 , ... C_n , D_o , ... D_n . Aus der Bedingung, daß $F_{zo}(z)$ bei $z = 1$ einen Pol haben muß, folgt ferner

$$C_1 + C_2 + \ldots + C_n = 1 \qquad (136)$$

Damit lassen sich die gesuchten Koeffizienten berechnen.

Beispiel 40: Die Regelstrecke vom Beispiel 30 soll mit einem digitalen Regler mit endlicher Einstellzeit geregelt werden. Es wird nur die Regelgröße x durch Messung erfaßt. Der Regelverstärker soll einen I-Anteil enthalten. Die Abtastperiode sei wiederum $\tau = 0{,}6$ sec.

Da die Regelstrecke von zweiter Ordnung ist, muß nach Gl. (134) für die z-Übertragungsfunktion $F_{zR}(z)$ des Regelverstärkers angesetzt werden

$$F_{zR}(z) = \frac{D_o z^2 + D_1 z + D_2}{z^2 - C_1 z - C_2}$$

Zusammen mit der z-Übertragungsfunktion $F_{zS}(z)$ der Strecke von Beispiel 30 erhält man für die Kreisübertragungsfunktion

$$F_{zo}(z) = F_{zS}(z)\cdot F_{zR}(z) = Z_{zo}(z)/N_{zo}(z) \qquad \text{mit}$$

$$Z_{zo}(z) = 25{,}444\cdot 10^{-3}\cdot D_o z^3 + (21{,}538\cdot D_o + 25{,}444\cdot D_1)\cdot 10^{-3}\cdot z^2 + (21{,}538\cdot D_1 + 25{,}444\cdot D_2)\cdot 10^{-3}\cdot z + 21{,}538\cdot 10^{-3}\cdot D_2$$

und $$N_{zo}(z) = z^4 - (1{,}5595 + C_1)z^3 + (0{,}60653 + 1{,}5595\cdot C_1 - C_2)z^2 + (-0{,}60653\cdot C_1 + 1{,}5595\cdot C_2)z - 0{,}60653\cdot C_2$$

Gl. (135) und Gl. (136) liefern dann ein Gleichungssystem für die Konstanten C_1 ... C_n , D_o ... D_n mit den Lösungen

$$C_1 = 0{,}25873 \qquad C_2 = 0{,}74127$$

$$D_o = 71{,}4614 \qquad D_1 = -\,71{,}0519 \qquad D_2 = 20{,}8754$$

Damit ist der gesuchte Regelalgorithmus berechnet. Die folgende Tabelle gibt die ersten Abtastwerte $(k = 0 \ldots 4)$ der Stellgröße y und der Regelgröße x bei Sprungverhalten der Führungsgröße $w = 1 \cdot \varepsilon(t)$ an.

k	y	x
0	71,4614	0
1	-111,0381	1,8183
2	63,9898	1,5495
3	-11,6616	0,55040
4	1	1

Damit sind die Endwerte erreicht.

In diesem Beispiel treten sehr große Werte der Stellgröße y auf, die in der Praxis kaum oder nur mit unverhältnismäßig großem Aufwand realisiert werden können. Es liegt nahe, die Stellgröße in gleicher Weise wie im Abschn. 8.6.3 zu begrenzen. Die hier entwickelten Algorithmen vertragen eine derartige Begrenzung ohne weiteres, doch verlängert sich dadurch der Einschwingvorgang. Die folgende Tabelle zeigt die Wirkung einer Begrenzung auf $y_{max} = 5$ (bei sonst unveränderten Daten).

k	y	x
0	5	0
1	-5	0,12722
2	5	0,17887
3	5	0,22133
4	4,5761	0,47159
5	-3,9183	0,82535
6	1	1

Der Regelkreis ist nach 6 Abtastperioden eingeschwungen.

Anhang

Laplace - Korrespondenztabelle

Nr.	Bildbereich	Originalbereich (für $t > 0$; ab Nr. 5 Sprungerregung $\varepsilon(t)$ weggelassen
1	s	$\delta'(t) = \frac{d^2\varepsilon(t)}{dt^2}$
2	1	$\delta(t) = \frac{d\varepsilon(t)}{dt}$
3	$1/s$	$\varepsilon(t)$
4	$1/s^2$	$r(t) = t \cdot \varepsilon(t) = \int \varepsilon(t)dt$
5	$1/s^3$	$t^2/2 = \int r(t)dt$
6	$1/s^{n+1}$	$t^n/n!$
7	$1/(s - a)$	e^{at}
8	$\frac{1}{s(s - a)}$	$(e^{at} - 1)/a$
9	$\frac{1}{s^2(s - a)}$	$(e^{at} - 1 - at)/a^2$
10	$\frac{1}{1 + Ts}$	$\frac{1}{T} e^{-t/T}$
11	$\frac{1}{s(1 + Ts)}$	$1 - e^{-t/T}$
12	$\frac{1}{s^2(1 + Ts)}$	$t - T(1 - e^{-t/T})$
13	$\frac{s}{s^2 + a^2}$	$\cos at$
14	$\frac{1}{s^2 + a^2}$	$\frac{1}{a} \sin at$
15	$\frac{1}{s(s^2 + a^2)}$	$(1 - \cos at)/a^2$
16	$\frac{1}{s^2(s^2 + a^2)}$	$(t - \frac{1}{a} \sin at)/a^2$
17	$\frac{s}{1 + 2\vartheta s/\omega_o + (s/\omega_o)^2}$	$(\vartheta < 1)$ $\frac{\omega_o^3}{\omega_d} e^{-\delta t} \cos(\omega_d t + \Theta)$ mit $\delta = \vartheta\omega_o$, $\omega_d = \omega_o\sqrt{1 - \vartheta^2}$ $\Theta = \arcsin \vartheta = \arccos(\omega_d/\omega_o)$

Laplace-Korrespondenztabelle (Fortsetzung)

Nr.	Bildbereich	Originalbereich (für $t > 0$)
18	$\frac{1}{1 + 2\vartheta s/\omega_o + (s/\omega_o)^2}$	$(\vartheta < 1)$ $\frac{\omega_o^2}{\omega_d} e^{-\delta t} \sin \omega_d t$
19	$\frac{1}{s\left[1 + 2\vartheta s/\omega_o + (s/\omega_o)^2\right]}$	$(\vartheta < 1)$ $1 - \frac{\omega_o}{\omega_d} e^{-\delta t} \cos(\omega_d t - \Theta)$
20	$\frac{1}{s^2\left[1 + 2\vartheta s/\omega_o + (s/\omega_o)^2\right]}$	$t - \frac{1}{\omega_d} e^{-\delta t} \sin(\omega_d t - 2\Theta) - \frac{2\vartheta}{\omega_o}$ $(\vartheta < 1)$
21	$\frac{s}{(s - a)^2}$	$(1 + at)\, e^{at}$
22	$\frac{1}{(s - a)^2}$	$t\, e^{at}$
23	$\frac{1}{s(s - a)^2}$	$\left[1 - (1 - at)e^{at}\right]/a^2$
24	$\frac{1}{s^2(s - a)^2}$	$\left[2 + at - (2 - at)e^{at}\right]/a^3$
25	$\frac{s}{(1 + Ts)^2}$	$\frac{T - t}{T^3} e^{-t/T}$
26	$\frac{1}{(1 + Ts)^2}$	$\frac{t}{T^2} e^{-t/T}$
27	$\frac{1}{s(1 + Ts)^2}$	$1 - (1 + \frac{t}{T})\, e^{-t/T}$
28	$\frac{1}{s^2(1 + Ts)^2}$	$t + (2T + t)\, e^{-t/T} - 2T$
29	$\frac{s}{(s - a)(s - b)}$	$(a\, e^{at} - b\, e^{bt})/(a - b)$
30	$\frac{1}{(s - a)(s - b)}$	$(e^{at} - e^{bt})/(a - b)$
31	$\frac{1}{s(s - a)(s - b)}$	$\frac{1}{ab} (1 - \frac{a\, e^{bt} - b\, e^{at}}{a - b})$
32	$\frac{1}{s^2(s - a)(s - b)}$	$\frac{1}{a^2 b} + \frac{1}{ab^2} + \frac{t}{ab} + \frac{1}{a-b} (\frac{e^{at}}{a^2} - \frac{e^{bt}}{b^2})$
33	$\frac{s}{(1 + T_1 s)(1 + T_2 s)}$	$\frac{1}{T_1 T_2 (T_1 - T_2)} (T_1 e^{-t/T_2} - T_2 e^{-t/T_1})$

Laplace-Korrespondenztabelle (Fortsetzung)

Nr.	Bildbereich	Originalbereich (für $t > 0$)
34	$\frac{1}{(1 + T_1 s)(1 + T_2 s)}$	$\frac{1}{T_1 - T_2}(e^{-t/T_1} - e^{-t/T_2})$
35	$\frac{1}{s(1 + T_1 s)(1 + T_2 s)}$	$1 - \frac{1}{T_1 - T_2}(T_1 e^{-t/T_1} - T_2 e^{-t/T_2})$
36	$\frac{s^2}{(s - a)(s - b)^2}$	$\frac{1}{(a - b)^2}\left\{a^2 e^{at} - \left[2ab - b^2 + (a - b)b^2 t\right]e^{bt}\right\}$
37	$\frac{s}{(s - a)(s - b)^2}$	$\frac{1}{(a-b)^2}\left\{ae^{at} - \left[a + (a-b)bt\right]e^{bt}\right\}$
38	$\frac{1}{(s - a)(s - b)^2}$	$\frac{1}{(a-b)^2}\left\{e^{at} - \left[1 + (a-b)t\right]e^{bt}\right\}$
39	$\frac{1}{s(s - a)(s - b)^2}$	$\frac{1}{ab^2}\left[- 1 + \frac{b^2 e^{at}}{(a - b)^2} - \frac{2ab - a^2 + ab(a - b)t}{(a - b)^2} e^{bt}\right]$
40	$\frac{s^2}{(s - a)(s - b)(s - c)}$	$\frac{a^2 e^{at}}{(a-b)(a-c)} + \frac{b^2 e^{bt}}{(b-a)(b-c)} + \frac{c^2 e^{ct}}{(c-a)(c-b)}$
41	$\frac{s}{(s - a)(s - b)(s - c)}$	$\frac{a e^{at}}{(a-b)(a-c)} + \frac{b e^{bt}}{(b-a)(b-c)} + \frac{c e^{ct}}{(c-a)(c-b)}$
42	$\frac{1}{(s - a)(s - b)(s - c)}$	$\frac{e^{at}}{(a-b)(a-c)} + \frac{e^{bt}}{(b-a)(b-c)} + \frac{e^{ct}}{(c-a)(c-b)}$
43	$\frac{1}{s(s - a)(s - b)(s - c)}$	$\frac{1}{abc}\left[-1 + \frac{bc e^{at}}{(a-b)(a-c)} + \frac{ca e^{bt}}{(b-a)(b-c)} + \frac{ab e^{ct}}{(c-a)(c-b)}\right]$

Laplace-Korrespondenztabelle (Fortsetzung)

Nr.	Bildbereich	Originalbereich (für $t > 0$)
44	$\frac{s}{(s-a)^{n+1}}$	$\frac{t^{n-1}}{(n-1)!}\left(1+\frac{at}{n}\right)e^{at}$
45	$\frac{1}{(s-a)^{n+1}}$	$\frac{t^n}{n!}e^{at}$
46	$\frac{1}{s(s-a)^{n+1}}$	$\frac{(-1)^{n+1}}{a^{n+1}}\left[1-\sum_{\nu=0}^{n}\frac{(-at)^{\nu}}{\nu!}e^{at}\right]$
47	$\frac{s}{s^2-a^2}$	$\cosh at$
48	$\frac{1}{s^2-a^2}$	$\frac{1}{a}\sinh at$
49	$\frac{1}{s(s^2-a^2)}$	$\frac{1}{a^2}(\cosh at-1)$

Verschiebungssatz der Laplace-Transformation:

Besteht die Zuordnung

$f(s)$ $\qquad$ $f(t)$

so sind zugeordnet

$f(s)\cdot e^{-sT}$ $\qquad$ $f(t-T)$ $\qquad$ $(T > 0)$

Die wichtigsten z-Korrespondenzen

Für alle Zeitfunktionen gilt $f(t) = 0$ für $t < 0$

Nr.	Bildbereich	Originalbereich (für $t > 0$)
1	$\frac{z}{z-1}$	1
2	$\frac{\tau z}{(z-1)^2}$	t
3	$\tau^2\cdot\frac{z(z+1)}{(z-1)^3}$	t^2
4	$\frac{z}{z-e^{a\tau}}$	e^{at} (a beliebig komplex)

z-Korrespondenzen (Fortsetzung)

Nr.	Bildbereich	Originalbereich (für $t > 0$)
5	$\frac{z \sin \omega\tau}{z^2 - 2z \cos \omega\tau + 1}$	$\sin \omega t$
6	$\frac{z(z - \cos \omega\tau)}{z^2 - 2z \cos \omega\tau + 1}$	$\cos \omega t$
7	$\frac{\tau z e^{a\tau}}{(z - e^{a\tau})^2}$	$t\, e^{at}$
8	$\frac{z e^{a\tau} \sin \omega\tau}{z^2 - 2z e^{a\tau} \cos \omega\tau + e^{2a\tau}}$	$e^{at} \sin \omega t$
9	$\frac{z(z - e^{a\tau} \cos \omega\tau)}{z^2 - 2z e^{a\tau} \cos \omega\tau + e^{2a\tau}}$	$e^{at} \cos \omega t$

Rechenregeln der z-Transformation:

Besteht die Zuordnung

$f(z)$	$f(t)$	

so sind zugeordnet

$z^{-k} f(z)$	$f(t - k\tau)$	$(k = 1, 2, \ldots)$
$f(ze^{-a\tau})$	$f(t)\, e^{at}$	(a beliebig komplex)

Lösung zur Übungsaufgabe von Beispiel 15

Das Bode-Diagramm zum Bild 65 ist im Bild 106 dargestellt (entsprechend der Aufgabenstellung als Näherung). Das Verzögerungsverhalten der Rückführungsschleife wirkt sich erst bei Kreisfrequenzen ω aus, die außerhalb des Diagramms liegen; es kann i. allg. vernachlässigt werden, weil die Streckenamplitude F_S in diesem Bereich bereits so klein ist, daß das Stabilitätsverhalten nicht mehr beeinflußt wird.

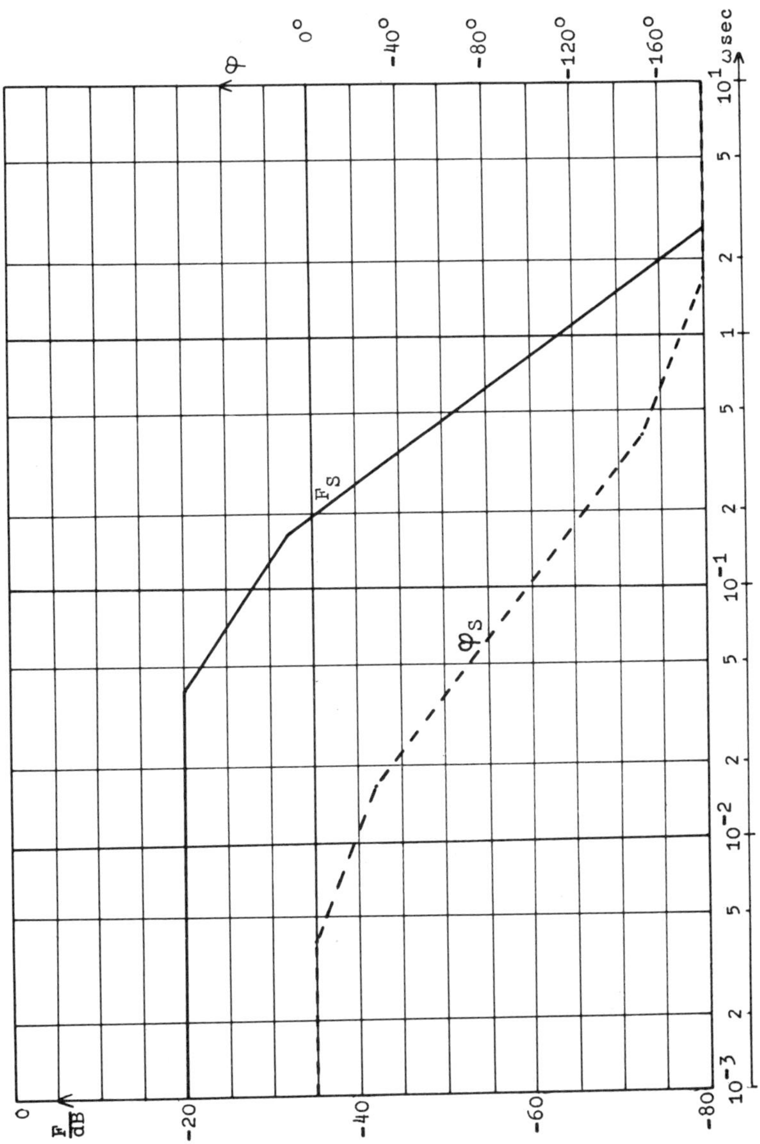

Bild 106 Bode-Diagramm zum Beispiel 15

Literatur

Vorbereitende Literatur:

[1] Vaske, P.: Übertragungsverhalten elektrischer Netzwerke. 2. Auflage, Stuttgart 1977 (Teubner Studienskripten Band 7).

Ergänzende und weiterführende Literatur:

[2] Leonhard, W.: Einführung in die Regelungstechnik, Lineare Regelvorgänge. Braunschweig 1972

[3] Leonhard, W.: Einführung in die Regelungstechnik, Nichtlineare Regelvorgänge. Braunschweig 1969

[4] Föllinger, O.: Nichtlineare Regelungen. München 1969

[5] Föllinger, O.: Lineare Abtastsysteme. München 1974

Formelzeichen

Veränderliche Größen sind im allgemeinen mit kleinen, Konstanten mit großen Buchstaben bezeichnet. Von dieser Regel müssen einige Ausnahmen gemacht werden, um Verwechselungen zu vermeiden. Bei unterschiedlichen Bezeichnungen für Variable und Konstante ist in dieser Zusammenstellung jeweils nur das Zeichen für die Veränderliche aufgeführt. Formelzeichen, die nur in einem Beispiel vorkommen, sind in der Liste nicht enthalten. Es ist unvermeidbar, daß einige Zeichen in mehrfacher Bedeutung auftreten, doch sind Verwechselungen praktisch ausgeschlossen. Fortlaufende Zahlen als Indizes dienen der Unterscheidung bzw. Numerierung. Zahlen in Klammern in diesem Verzeichnis sind Seitenzahlen der Einführung; sie fehlen, wenn die betreffende Größe als bekannt vorausgesetzt werden kann.

Index	Bezeichnung für	Index	Bezeichnung für
a	Ausgang	e	Eingang
B	Basis	F	Feld-
D	Differenzier-	G	Generator
E	Emitter	I	Integrier-

Index	Bezeichnung für	Index	Bezeichnung für
i,k,ν	laufende Indizes	S	Strecke
k	Kettenschaltung	s	Scheitelwert
L	Last	x	Regelgröße
M	Motor	w	Führungsgröße
m	Maximum, Minimum	z	Störgröße
P	Proportional-	o	offener Regelkreis
R	Regler, Regelverstärker	o	Konstante

~ Bezeichnung für normierte Übertragungsfunktionen und -beiwerte

‾ Bezeichnung für Abtastfunktionen im Bildbereich

* Bezeichnung für Treppenfunktionen

Formelzeichen

A	Anlaufwert (119)	$j = \sqrt{-1}$	imaginäre Einheit
a	Ende des linearen Bereichs (118)	K	Übertragungsbeiwert (18)
		K_M	Maßstabsfaktor (85)
a,b,c	Koeffizienten	L	Induktivität
C	Kapazität	$\mathcal{L}\{\ \}$	Laplace-Transformierte
Det	Determinante (129)	M	Drehmoment
e	= 2,718281828..	m	Steigungsmaß (63)
F	Kraft	m	Masse
f	Frequenz	$\dot{m}$	Massenstrom (54)
f( )	Funktion von ( )	m,n	natürliche Zahlen
F(s)	Übertragungsfunktion (27)	N(s)	Nennerpolynom (37)
		$N(X_s)$	Beschreibungsfunktion (143)
$F_z(z)$	z-Übertragungsfunktion (173)	R	Wirkwiderstand
$\underline{F} = F(j\omega)$	Komplexer Frequenzgang (39)	r	Regelfaktor (20)
		r(t)	Anstiegsfunktion (26)
$F = \lvert F(j\omega)\rvert$	Amplitudengang (42)	S	Steilheit (22)
h(t)	Übergangsfunktion (25)	t	Zeit
i	Strom	T	Zeitkonstante (30)
J	Trägheitsmoment	T_n	Nachstellzeit (47)

T_r	Anstiegszeit (26)
T_t	Totzeit (30)
T_v	Vorhaltzeit (49)
T_δ	Impulszeit (26)
u	Spannung
u_q	Quellenspannung (89)
v	$= \omega t$ (144)
$\dot{V}$	Volumenstrom (111)
w	Führungsgröße (13)
W_h	Führungsbereich (119)
x	Regelgröße (13)
x_a	Ausgangsgröße (14)
x_d	Regeldifferenz (13)
x_e	Eingangsgröße (14)
x_w	Regelabweichung (13)
$x_1 .. x_n$	Zustandsgrößen (128)
y	Stellgröße (13)
y	Ausgangsgröße d.nichtlinearen Gliedes (142)
Y_h	Stellbereich (119)
z	Störgröße (14)
z	komplexe Variable im Bildbereich (170)
Z_h	Störbereich (119)
$Z(s)$	Zählerpolynom (37)
$\underline{Z}$	Scheinwiderstand
$\mathfrak{Z}\{\ \}$	z-Transformierte (171)
δ	Phasenrand (43)

$\delta(t)$	Diracfunktion (26)
ε	Hysterese des Zweipunktgliedes (137)
ε, η	Kenndaten des Dreipunktgliedes (145)
ε	Amplitudenrand (42)
$\varepsilon(t)$	Einheitssprungerregung (25)
Θ	Dämpfungswinkel (189)
ϑ	Dämpfungsgrad (30)
ϑ	Temperatur (Celsius)
ϑ_E	Endtemperatur (138)
$\Delta\vartheta$	Übertemperatur (138)
π	= 3,141592654..
σ	Realteil der komplexen Kreisfrequenz (27)
τ	Abtastperiode (165)
ω	Imaginärteil der kompl. Kreisfrequenz (27)
ω	Kreisfrequenz
ω	Winkelgeschwindigkeit
ω_o	Kennkreisfrequenz (30)
ω_d	Eigenkreisfrequenz (189)
ω_D	Durchtrittskreisfrequenz (63)
ω_E	Eckkreisfrequenz (66)
φ	Phasenwinkel

Sachweiser